洋中脊多金属硫化物成矿定量预测

陈建平　任梦依　方　捷　邵　珂　刘露诗　著

科学出版社

北　京

内 容 简 介

矿产资源是极其宝贵的自然财富，是人类赖以生存和发展的物质基础。21世纪以来，陆域矿产资源面临难识别、难发现和难开发的局面，海洋矿产资源作为矿产资源的新类型和新领域，已成为学科前缘研究的热点。本书在多年矿产资源成矿定量预测研究成果的基础上，针对海底多金属硫化物的海洋调查工作需求，系统地建立了海底多金属硫化物资源定量预测评价的方法体系，并成功地应用于大西洋和印度洋海底多金属硫化物的成矿预测研究中，采用二维成矿定量预测方法到三维成矿定量预测方法再到双向预测评价的创新技术方法，实现逐步缩小找矿靶区范围的定量化评价过程。研究成果为海底多金属硫化物的勘探规划提供了科学依据，对于开展其他类型的海洋矿产资源找矿预测研究具有较大的参考意义。

本书可供矿产勘查、海洋资源预测、大数据信息挖掘与应用等相关方面的科研及技术人员、高等院校有关专业师生参考。

图书在版编目（CIP）数据

洋中脊多金属硫化物成矿定量预测 / 陈建平等著．—北京：科学出版社，2017.4

ISBN 978-7-03-052553-6

Ⅰ．①洋…　Ⅱ．①陈…　Ⅲ．①洋中脊—海底矿物资源—硫化物矿床—成矿预测　Ⅳ．① P736.3

中国版本图书馆CIP数据核字（2017）第080870号

责任编辑：王　运　陈姣姣 / 责任校对：何艳萍
责任印制：肖　兴 / 封面设计：铭轩堂

科学出版社 出版
北京东黄城根北街16号
邮政编码:100717
http://www.sciencep.com

中国科学院印刷厂 印刷
科学出版社发行　各地新华书店经销
*
2017年4月第　一　版　开本：787 × 1092　1/16
2017年4月第一次印刷　印张：15 1/2
字数：370 000

定价：186.00元
（如有印装质量问题，我社负责调换）

序

21 世纪以来，无论发达国家还是发展中国家，对于矿产资源的需求都是有增无减，矿物原料采掘业是国民经济的重要组成部分。尽管近 20 年来世界上有许多重要的矿床发现，如铜、金、铬、金刚石等储量都有了很大增长，但由于矿产资源分布的不均匀性，从总的趋势看，仍然是矿产品消费的增长大于储量的增长，在我国，这一问题尤为突出。作为非传统矿产资源的海洋矿产资源将是人类利用矿产资源的一个重要新领域，海洋矿产不仅矿种多、类型多，而且资源量大。开发海洋矿产具有长远战略意义，在政治上可以维护国家开发深海资源的应有权益；在经济上可以开辟矿产资源的新来源，弥补多种资源陆地供给的不足；技术上还能促进我国深海采矿高新技术产业的形成与发展。认知、发现和开发非传统矿产资源，将是 21 世纪地质工作者的新使命和新任务。

发展是硬道理，而创新是驱动发展的第一动力。为了适应知识经济和信息时代的要求，资源勘查将以创新的思维和科学方法面对新世纪的“数字”“信息”和“网络”，乃至“数字地球”“数字找矿”和“智慧地球”“智慧找矿”，这对于有效地认知和发现海洋矿产资源，探索解决矿产资源供给的新途径，无疑是一个巨大的挑战和全新的课题。

面对这个机遇和挑战，作者及其团队以矿床学和矿产勘查学理论为指导，以多年积累的矿产资源定量预测方法为技术支撑，针对海底多金属硫化物的海洋调查工作的需求，即公海专属合同区申请，到随后 8 年和 10 年后分别放弃 50% 和 75% 勘探区的三个勘查（找矿）阶段，系统地建立了海底多金属硫化物矿产资源定量预测评价的方法体系，实现了面中求点，逐步缩小找矿靶区定量化评价的全过程。在系统收集海域公开数据的基础上，成功地应用这一技术方法体系开展了大西洋和印度洋海底多金属硫化物的预测研究，圈定了找矿有利区段，为海底多金属硫化物的勘探规划提供科学依据。该书正是这样一个创新性研究成果的高度概括与凝练。

面对全球化、网络化和“大数据”蓬勃发展的新世纪的到来，这一成果的完成表现出我国的地质研究已把科学前沿与国家需求紧密相结合，由实验分析迈向实际应用，从技术引进转变为自主开发，从定性综合分析提高到数据挖掘与知识创新。因此，这一成果不仅对我国海洋矿产资源勘查与开发具有重要参考价值，而且其技术方法在“大数据”广泛应用的其他领域也将具有推广和借鉴意义。

值此专著付梓之际，谨以此序表示祝贺之忱。

中国科学院院士 赵鹏大

2016 年 7 月 21 日

前　言

矿产资源是极其宝贵的自然财富，是人类赖以生存和发展的物质基础。从原始人类利用坚硬岩石制造石刀、石斧、石箭开始，乃至后来不断发现和利用各种金属非金属矿产，直至今日人们可利用300种以上天然矿物和数十种岩石制造生产和生活必需品。可以说，人类不能一日不利用矿产。正因为如此，历史学家不无道理地将人类利用天然岩矿材料的历史作为划分人类进步和时代的标志，如石器时代、铜器时代、铁器时代、原子能时代等。21世纪以来，陆域矿产资源的勘查和开发难度日益加大，面临着所谓的“三难”局面，“三难”即难识别、难发现和难开发。要满足人类社会日益增长的需求，面对如此责任重大而又困难重重的局面，解决问题的办法无外乎两种：一是在找矿与勘查评价过程中应用新理论、新技术和新方法，进而有效地发现新矿床；二是在研究思路和理论上创新，寻找与发现矿产资源的新类型和新领域。海洋矿产资源的发现与勘查不仅需要新的技术方法，而且开辟了寻找矿物宝藏的新领域，因此，自然成为了学科前缘研究的热点问题，引起了世界各国的广泛关注。

众所周知，地球表面由大陆和海洋这两个基本地貌单元构成。海洋面积约$3.62\times10^8km^2$，近地球表面积的71%。海洋中含有$13.5\times10^8km^3$以上的水，约占地球上总水量的97%。全球海洋一般分为四大洋，即太平洋、大西洋、印度洋和北冰洋（有科学家又加上第五大洋，即南极洲附近的海域），大部分以陆地和海底地形线为界。在地球表面上大陆和洋底呈现为两个不同的台阶面，陆地大部分地区海拔为0～1km，洋底大部分地区深度为4～6km。整个海底可分为三大基本地形单元：大陆边缘、大洋盆地和大洋中脊。大陆边缘为大陆与洋底两大台阶面之间广阔的过渡地带，约占海洋总面积的22%，通常将大陆边缘划分为大西洋型大陆边缘（也称被动大陆边缘）和太平洋型大陆边缘（也称活动大陆边缘）。大洋盆地位于大洋中脊与大陆边缘之间，它的一侧与中脊平缓的坡麓相接，另一侧与大陆隆（大西洋型大陆边缘）或海沟（太平洋型大陆边缘）相邻，约占海洋总面积的45%。大洋中脊是地球上最长最宽的环球性洋中山系，占海洋总面积的33%。太平洋内，山系位置偏东，起伏程度小于大西洋中脊，称东太平洋海隆。大西洋中脊呈S形，与两岸轮廓平行。印度洋中脊歧分三支，呈“入”字形。三大洋的中脊南端在南半球相互连接，北端分别经浅海或海湾潜伏进大陆。中脊被一系列与山系走向垂直或稍斜交的大断裂错开，沿断裂带出现狭长的沟槽、海脊和崖壁，断裂带两侧海底被分割成深度不同的台阶。

同大陆地貌单元一样，浩瀚的海洋蕴藏着丰富的矿产资源。海洋矿产资源又称海底矿产资源，包括海滨、浅海、深海、大洋盆地和洋中脊底部的各类矿产资源。按矿床成因和赋存状况分为：①砂矿，主要来源于陆上的岩矿碎屑，经河流、海水（包括海流与潮汐）、冰川和风的搬运与分选，最后在海滨或陆架区的适宜地段沉积富集而成，如砂金、砂铂、金刚石、砂锡与砂铁矿，以及钛铁石与锆石、金红石与独居石等共生复合型砂矿；②海底自生矿产，由化学、生物和热液作用等在海洋内生成的自然矿物，可直接形成或经过富集后形成，如磷灰石、海绿石、重晶石、海底锰结核及海底多金属热液矿（以锌、铜为主）；③海底固结岩中的矿产，大多属于陆上矿床向海下的延伸，如海底油气资源、硫矿及煤等。根据目前的研究程度，海底油气资源、海底锰结核及海滨复合型砂矿的工作程度相对较高，资源勘查与开发已经不同程度地进入到实用化阶段。

国际海底区域面积达 $2.517 \times 10^8 km^2$，占地球表面积的 49%，是国家领土、专属经济区及大陆架以外的海底及其底土，不受任何国家管辖。这一广阔的海底区域内蕴藏着丰富的紧缺矿产资源，如多金属硫化物、多金属结核和富钴结壳等。随着深海调查技术的发展及陆地矿产资源的日益消耗，海底矿产资源的勘探开发即将成为现实，这也使其成为各国竞相研究开发的目标。

海底地形与陆地地形一样，是由内、外动力地质营力的共同作用而形成的，不过，海底大地形通常是内力作用的直接产物，与海底扩张、板块构造活动息息相关。大洋中脊轴部是海底扩张中心，宏伟的中脊地形实际上是上涌的热膨胀地幔物质的反映。海底在向两侧扩张的过程中伴随着冷却下沉。海底扩张慢，有充分时间冷却沉陷，中脊两坡较陡，如大西洋中脊；海底扩张快，则两坡较缓，如东太平洋海隆。自中脊轴带向两侧，随着海底年龄变老，水深加大，沉积层加厚；相应地，大洋中脊过渡为大洋盆地，中脊顶部崎岖的地形被深海丘陵以至深海平原代替。自大洋盆地向大陆一侧，出现两种情况：一是未发生板块俯冲活动，形成宽缓的大西洋型大陆边缘；二是板块的俯冲形成深邃的海沟与伴生的火山弧（太平洋型大陆边缘），地形高低悬殊，火山弧陆侧可因弧后扩张作用形成边缘盆地。

与海底热液活动相伴生的多金属硫化物富含 Cu、Zn、Pb、Au 和 Ag 等金属元素，广泛分布于大洋中脊、岛弧和弧后盆地等不同构造环境。Hannington 估算全球多金属硫化物总含量达到 $1 \times 10^8 t$，铜和锌含量约 $3 \times 10^7 t$，与陆地上新生代块状多金属硫化物矿床发现的铜、锌含量相当。海底多金属硫化物资源具有巨大的开发潜力和远景，将成为人类未来可开采的海底矿产资源的重要组成部分，是 21 世纪人类可持续发展的战略替代资源之一。2011 年 7 月国际海底管理局第 17 次会议核准了中国关于西南印度洋中脊上 $10000 km^2$ 硫化物矿区的申请，包含 12 个区块组，共 100 个区块，我国获得了该区的专属勘探权和优先商业开采权。根据国际海底管理局的章程，10 年后我国只能保有 25%的面积的勘探开采权，因此，勘探区资源评价和区域放弃工作刻不容缓。深海硫化物资源因其特殊的海洋环境，由于受其特殊的自然环境和物理化学条件限制，调查和实地勘探难度很大，与陆地同类型多金属硫化物矿床研究程度相比，调查程度及资料精度亦相对较低。数百年以来，人们在陆域找矿积累了丰富的理论和经验，而对于大洋深处的找矿与勘查，从理论到方法都急需创新性的研究。

“发展是硬道理，创新是发展的硬道理”。进入 21 世纪，大数据科学成为新的科学范式。中国科学院院士赵鹏大提出，大数据时代需重视数字地质研究，认为大数据时代数字地质推动地质找矿新发展，要重视数字地质与矿产资源评价研究。成矿预测新方法应将矿床学家和数学地质学家的预测方法结合起来，总结成矿规律与成矿模式、建立区域成矿模型，并尽可能多地建立定量评价模型，对地质、地球物理、地球化学等综合信息进行深入的信息挖掘和知识发现，根据成矿地质模型和实际勘探资料圈定缩小靶区，真正实现定量分析与地质找矿的有机结合。

由此可见：海洋矿产资源勘查，特别是国际海底区域内丰富的紧缺金属矿产资源的发现与勘查，总体面临着这样一个客观的现实：各类资料少、可借鉴的经验不多，工作程度低、难度大，交通运输不便，技术方法受限，海域工作时间与周期受各种条件限制，等等。因此，开展这样一个新领域的矿产资源勘查研究，必须首先解决以下几个关键问题：①理论创新，借鉴陆域矿产勘查的理论与方法，针对国际海洋矿产资源管理的有关公约，即公海专属合同区申请，到随后 8 年和 10 年后分别放弃 50% 和 75% 勘探区的三个勘查（找矿）阶段的实际需求，建立海洋矿产资源勘查（找矿）的技术方法体系；②方法创新，应用大数据分析的理论与方法在充分收集和应用海洋矿产资源调查的有关资料和数据的同时，充分利用现有国际公开发布的各类数据，以信息挖掘和综合分析技术为海洋矿产资源勘查不同阶段的预测与评价提供科学依据；③实践检验，这样的技术方法不仅是学科理论的创新与发展，更重要的是需要具有可行性和可操作性，能够直接为国际公海的找矿实践提供服务。这样的三个关键科学问题的研究和成果积累，就构成了本书的三个篇章。

本书上篇为基础理论，针对矿产资源勘查（找矿）的三个不同阶段，以现代成矿理论和矿产勘查学为指导，以各种数据综合信息的定量分析为技术手段，建立应用于各阶段海洋矿产资源勘查的完整理论和技术方法体系，即第一阶段公海区域专属合同区的快速评价（区块申请建议），第二阶段专属合同区内有利成矿区带圈定（8 年后减持 50% 勘探区的部署建议），第三阶段成矿区带中的找矿靶区优选（10 年后减持 75% 勘探区的部署建议）。本书中篇为方法验证，选择国际公认的研究程度相对较高的大西洋为方法验证区，系统开展洋中脊多金属硫化物找矿的定量预测与评价，结果表明了方法的可行性和有效性。本书下篇为应用实例，选择我国在西南印度洋脊上拥有专属勘探权和优先商业开采权的 10000km^2 为研究应用区，通过系统的应用分析进一步明确了找矿靶区，并分别为我国在 2019 年和 2021 年放弃 50% 和 75% 的勘探区面积的工作需要提供了科学依据和部署建议。

上述成果的取得历时 5 年，是一个研究团队共同努力、集体智慧创造与辛勤劳动的结晶。团队成员包括：陈建平教授、任梦依博士、于森博士、于萍萍博士、李珂博士，以及方捷硕士、邵珂硕士、刘露诗硕士、常慧娟硕士、尹晓云硕士、柴福山硕士、孙海雪硕士等。这一成果是在中国地质大学（北京）、北京市国土资源信息研究开发重点实验室、国土资源部非传统矿产资源开放研究实验室、国家海洋局第二海洋研究所、中国地质科学院地质研究所以及矿产资源研究所领导和专家的指导帮助下取得的。还要特别感谢赵鹏大院士、李裕伟教授、陶春辉研究员、侯增谦研究员、苏新教授、李振清博士、张盛博士、裴英茹博士、张柏松硕士等。

目　　录

上篇　基础理论

中篇　方法验证

下篇 应用实例

上篇
基础理论

第1章　多金属硫化物成矿预测研究现状

国际海底区域面积为 $2.517\times10^8km^2$，十分广阔，占地球表面积的49%，在这片区域内蕴藏着丰富的矿产资源，如富钴结壳、多金属结核和多金属硫化物等。随着深海勘探技术的发展以及陆上矿产资源的日渐消耗，海底矿产资源的勘探与开发即将成为现实，这使其成为各国竞相研究的目标（陶春辉等，2014）。

Hannington 等（2011）估算全球海底多金属硫化物总含量可以达到 1×10^8t，铜和锌含量约为 3×10^7t，与陆上新生代块状多金属硫化物矿床中发现的铜、锌含量相当。海底多金属硫化物因其巨大的成矿远景和开发潜力，将成为未来可开采海底矿产资源的重要组成部分，也是21世纪可持续发展的战略替代资源之一。

与海底热液活动相伴生的多金属硫化物矿床富含Cu、Zn、Pb、Au和Ag等金属元素，广泛分布于板块边界，与岩浆活动、地震活动及高温热液活动均具有较强的时空关系。在大洋中的板块边界总长大概89000km，包括洋底扩张中心（64000km）以及火山弧和弧后盆地（25000km）（Bird，2003；de Ronde *et al.*，2003）。大部分的硫化物矿床在大洋中脊环境中发现，也有许多位于火山弧及弧后扩张中心等构造环境。

已有研究表明，快速扩张脊在构造活动末期，地壳破裂严重，渗透性较高，所以热液流体沿断层面破裂处弥散排放，易形成大量的小型硫化物烟囱（Fouquet，1997）。而在慢速扩张洋中脊上，热液流体会沿着主干断裂集中排放，可以形成比较大型的块状硫化物丘（季敏，2004）。因此，现阶段国际上对于海底多金属硫化物的勘探调查多集中于慢速、超慢速扩张洋中脊上。

围绕本书的方向和目标，分别从海底多金属硫化物调查情况、矿产资源定量预测的研究现状及基于地质大数据信息提取分析三个方面总结国内外研究现状。

1.1　海底多金属硫化物调查情况

20世纪60～70年代，人们逐渐认识到海底构造活动过程中还伴随着热量和物质的交换，这种交换的规模和程度有多大，是否可以将其定量化并对其过程合理解释成为地学界十分前沿的科学命题。Revelle 等（1952）和 Elder 等（1965）的开创性工作，使人们逐渐意识到大洋地球内部的热散失可以通过海底热液循环来解释，并在研究热液循环的过程中发现了海底热液活动的证据。

1948年，“信天翁”号调查船在红海调查的过程中发现了海水盐度和温度异常，但当时并没有引起注意，直到1963～1966年，国际印度洋调查计划执行期间，美国“发现者”号经过红海时，用声学设备观测到了海水的异常，这种现象才逐渐引起重视。随后的采样工作使人们发现了规模巨大的多金属软泥和金属热卤水，自此揭开了人类研究海底矿产资源的序幕（Bischoff，1969）。对海底热液活动及其成矿作用的调查和探索，以1977年人类第一次通过深潜器观察到海底热液活动现象作为分界线，可以大致划分为两个阶段。

第一阶段是1977年之前的热液活动异常现象发现阶段，主要通过采集水样、测量海底温度和拖网取样为主的调查方法，工作区域主要集中于东太平洋和大西洋。1972～1973年，美国国家海洋和大气管理局（NOAA）在大西洋中脊裂谷区测到了近海底存在水温异常，并用拖网在TAG区获得了低温热液产物样品（氧化锰结壳），证实了在大洋中脊环境中存在热液活动（Scott *et al.*，1974）。1972年，Scripps海洋研究所使用带照相设备的拖体，在东太平洋Galapagos洋中脊发现了热液成因的丘状体（Klitogord and Mudie，1974）。1976年，他们又通过对近海底水样温度和^{3}He的分析，进一步证实了该处存在热液活动（Jenkins *et al.*，1978）。

第二阶段是1977年以后海底热液活动的调查发现阶段，该阶段的一个重要标志是载人潜器的投入使用，包括对少数热液活动区开展了大洋钻探的工作。在这个时期，新的调查设备开发使用，如海底摄像、电视抓斗、各种现象传感器、声学和光学设备拖体、遥控水下机器人（ROV）和水下自治机器人（AUV）等，调查区域范围也不断扩大。1977年，美国“Alvin”号载人深潜器在东太平洋Galapagos扩张中心首次发现了成行排列分布的热液丘状体，同时首次从热液喷口处获得水样，测得热液温度达17℃，证实了海底热液系统的存在（Corliss *et al.*，1979）。1978年，美国和法国在东太平洋海隆（EPR）执行CYAMEX航次时，利用法国的“Cyana”深潜器下潜到2620m水深的海底处，观察到了很多热液活动的迹象，并在洋中脊构造环境中第一次采集到块状硫化物样品（Francheteau *et al.*，1979）。划时代的发现是在1979年4月，美国“Alvin”号载人深潜器经过综合技术装备在EPR相同位置下潜，其“ANGUS”系统成功地沿洋中脊轴部定位出25个正在活动的高温“黑烟囱”，观测到喷口流体中正在沉淀着硫化物及其他多种矿物，测量出喷出流体温度高达350℃，这是人类首次近距离发现并观察到海底热液对流循环在洋底喷溢时产生的黑烟囱（Macdonald *et al.*，1980；Spiess *et al.*，1980；Haymon and Kastner，1981）。

继EPR 21°N热液区发现之后，包括美国、德国、法国、澳大利亚、日本及俄罗斯等国家，先后对全球各主要洋脊进行了热液活动的调查，相继发现了多处海底活动热液区及其硫化物产物（Hekinian *et al.*，1983；Renard *et al.*，1985；Tunnicliffe *et al.*，1986；Herzig *et al.*，1988；Thompson *et al.*，1988）。海底热液多金属硫化物矿床的发现与研究，表明热液硫化物矿床的发育与海底热液系统密切相关（Rona，1988；Rona and Scott，1993）。在1979年首次发现黑烟囱后不到5年的时间内，全球有超过50个热液喷口及其硫化物产物被发现（Rona and Scott，1993）。与此同时，在弧后扩张中心、弧前海沟以及洋壳板块内热点等多处构造环境中都发现热液活动区的存在。1987年，美国“Alvin”号载人潜器对Mariana海槽的热液硫化物进行了调查（Craig *et al.*，1978）。1988～1990年日本海洋科学技术中心（JAMSTEC）利用“Shinkai 2000”号载人潜器对冲绳海槽的热液活动区进行了潜水观测及取样。1995年，日本JAMSTEC在冲绳海槽Iheye脊北部发现了高温热液活动，并获得了热液流体、烟囱物和火山岩样品。1996年，“Tangaroa”号科考船在Kermadec弧前火山南部两个破火山口内发现了热液矿化现象，并用拖网获得了含金的硫化物样品（Wright *et al.*，1998）。2000年和2001年，日本科学家和美国科学家分别在中印度洋中脊上发现了Kairei热液区（Gamo *et al.*，2001）和Edmond热液区（Van Dover *et al.*，2001）。2001年，美国、英国、德国三国科学家合作在超慢速扩张Gakkel洋脊上发现了多个热液喷口，并采集到了新鲜的硫化物样品（Edmonds *et al.*，2003）。2004年，美国与日本科学家合作，使用自动化海底探测器（Autonomous Benthic Explorer，ABE）和盐温深测量仪（Conductivity-Temperature-Depth，CTD）在劳海盆发现了4处新的热液喷口分布区。2005～2006年，多国科学家合作在南大西洋脊5° S、8° S和9° S附近发现了4处活动的热液区分布。随着海底探测技术的发展，更广的海底区域被探测，越来越多的热液活动区被发现，通过获得的硫化物样品，人们对于海底多金属硫化物的成矿环境、成矿过程及成矿潜力有了更深入的了解。

我国的海底热液活动调查工作起步较晚，最早开始于20世纪80年代后期。1988年，中（国家海洋局第一海洋研究所）德（基尔大学地质与古生物研究所）合作执行了“太阳号”第57航次（简称SO57）考察，对Mariana海槽热液硫化物及其海洋地质环境进行了调查。1988～1989年，中国科学院海洋研究所参与了由苏联科学院组织的太平洋综合调查，并在东太平洋海隆采集到了热液产物样品。1990年，中国、美国、德国三国科学家再度合作，执行了SO69航次，对Mariana海槽进行了详细的调查，获取了沉积物样品、地球物理数据等大量的调查资料。1992年，中国科学院海洋研究所在国家自然科学基金委员会的支持下，独立对冲绳海槽的海底热液活动进行了调查采样，这是首次由我国单独完成的海底调查工作。1998年，我国“大洋一号”调查船在Mariana海槽开展了首次大洋热液矿点试验调查，围绕18° N附近主要的热液区进行了多波束水深地形测量和拖网调查（曾志刚等，2011）。自2003年以来，我国开始自主独立进行大洋中脊热液活动及硫化物资源的调查工作，首先在EPR（13° N～15° N）开展工作，获取了硫化物样品。在“十一五”期间，我国相继开展了一系列环球大洋科考，在太平洋、大西洋、印度洋等海域进行了调查，获取了丰富的硫化物、岩石、深海沉积物和底层海水等样品。

2005年，中国海底热液硫化物调查技术及设备有了很大的进步，通过环球航次的实施，在大西洋的Logatchev热液区获得了热液硫化物、烟囱体等样品并对热液区的地质环境有了初步的认识，在印度洋的Kairei热液区和Edmond热液区观察到了活动热液喷口并采集到硫化物样品。2007年1～3月，中国大洋调查航次在西南印度洋中脊49° 39′ E，37° 47′ S发现了第一个热液活动区（龙旂热液区），拍摄到了正在冒“黑烟”的硫化物烟囱体及大量的硫化物和生物照片，并采到了硫化物烟囱体、玄武岩等样品（陶春辉，2011；陶春辉等，2014）。2007～2010年，中国大洋调查航次先后在西南印度洋中脊发现了8处热液区点，在49°E～53°E段发现6处，分别位于49°16′E/37°56′S（玉皇热液区）、49°39′E/37°47′S（龙旂热液区）、50°24′E/37°39′S（断桥热液区）、50°56′E/37°37′S（长白山碳酸盐区）、51°19′E/37°27′S（51°19′E热液区）和53°15′E/36°6′S（53°15′E热液区），在63°E～64°E段发现了2处。在断桥热液区采到了大量以蛋白石为主的富硅沉积物和硫化物，在长白山碳酸盐区发现了大范围覆盖的碳酸盐沉积物。在51°19′E热液区探测到温度和浊度异常，并获得硫化物样品。在53°15′E热液区探测到多处温度和浊度异常，获得贻贝等热液生物。2009年10月，我国使用自主研制的"海龙2号"ROV在东太平洋海隆观察到了热液硫化物烟囱体，并利用机械手获取了硫化物样品。2009年11～12月，我国科学家在南大西洋脊13°12′S以及14°S附近也发现了海底热液活动，同时在13°12′S区观察到正在活动的黑烟囱，并获取了热液硫化物样品（陶春辉等，2011）。之后又在2011年执行的第22航次第3、4航段中，在南大西洋15°3′S～15°12′S范围内以及26°S附近，分别发现了热液活动，并采集到相当数量的热液硫化物样品。2012年8月，中国大洋第26航次在南大西洋15°3′S～15°12′S洋脊段调查过程中，借助"海龙2号"ROV在该区域发现呈三层结构的正在喷发的黑烟囱，并成功利用ROV在该烟囱附近进行了取样及释放标志物的工作。

截至2015年9月全球现阶段发现热液异常点已达688个（https：//vents-data.interridge.org），并不断有新的热液喷口和矿点被发现。这些热液活动区分布在全球从超慢速到快速扩张速率的各大洋中脊、弧后扩张中心、板内裂谷、离轴火山、板内火山及洋中脊－热点交叉处等。在这些热液矿点中，预测多处海底多金属硫化物矿床资源量可以达到百万至千万吨级（Rona，1988；Herzig and Hannington，1995）。

1.2 矿产资源定量预测的研究现状

成矿预测研究的发展与矿产资源勘探的发展紧密联系，且随着找矿难度的增大，越来越显示出其对勘探工作的重要指导作用。

20世纪30年代，苏联地质学家毕利宾提出了槽区三阶段发展的系统成矿分析理论，该理论通过构造建造分析法建立。后续各国的地质学家为成矿预测的发展进行了许多开创性的工作。斯米尔诺夫、拉德凯维奇等许多著名学者对苏联境内的重要成矿带进行了预测，开展了成矿预测图的编制工作。

20世纪50～60年代是现代矿产资源定量预测评价的起步时期，也是理论方法形成和确定的阶段。1957年，Allais在对撒哈拉沙漠地区的矿床数量进行预测研究时提出预测单元中的矿床数服从泊松分布的模型，从而开启了定量预测评价的新纪元（Allais，1957）。1960年，Slicher证实了这一结论（Slicker，1960），随后在一系列应用判别分析模型进行矿产资源定量预测的研究中，逐步奠定了多元统计分析方法的地位。1965年，Harris应用判别函数建立矿产资源量同产出地质环境的定量关系数学预测模型，继而提出多元统计评价和主观概率评价模型。

20世纪70～80年代是矿产资源定量预测评价全面发展和应用时期，这期间大批学者对定量预测理论方法和其应用开展了系统深入的总结研究，并形成了一套以统计分析为主体的矿产资源预测方法体系。比较具有代表性的论文和专著如1971年Agterberg和Kelly发表的《地质统计学方法在预测中的应用》（Agterberg and Kelly，1971）、1976年A.H.布加耶茨的专著《矿床预测的数学方法》以及1984年Harris编著的《矿产资源评价》（Harris，1984）等都对矿产资源定量评价进行了综合性论述。

20世纪80～90年代，地学领域的专家开始认识到了地理信息系统（GIS）在自然资源分析中的应用潜力。GIS的出现使矿产资源预测评价逐步进入基于GIS等高新技术的矿产资源数字化与定量化预测评价阶段。1982年美国地质调查局的国土资源评价计划（CUSMAP）开展试验研究项目，根据由GIS得出的采用数字编码的多元地学数据的空间关系，建立可能发现的矿床类型的经验模型，确定了矿产资源评价对栅格、矢量与表格式数据处理能力及相互间的接口，并将表示评价结果的制图功能以及应用模型在GIS内建立（Trautwein *et al.*，1988）。80年代中后期，加拿大地质调查局基于GIS平台完成矿产资源潜力填图，Bonham-Carter和Agterberg分别于1988年和1989年提出用条件概率与贝叶斯规则相结合的证据加权法实现二元模式图综合的新方法（Bonham-Carter *et al.*，1988；Agterberg，1989），首先将GIS的空间分析与定量模拟结合起来。经多次改进，这种方法已在世界各国得到了广泛的应用，并作为基于GIS的矿产资源评价的主要方法。澳大利亚地质调查局在GIS平台上开发了"成因概念模型GIS资源评价系统"，通过建立矿产资源评价的GIS数据集，实现了多矿种预测评价（Wyborn and Gallagher，1995；Lewis，1997）。

进入21世纪，由于多学科的快速发展，需要充分地将成矿理论与最新的勘查数据相结合，将数学地质定量统计学的科学方法与当前发展的高新技术相结合，建立全新的矿产资源定量预测评价体系。国际上较有代表性的如Huston等（2004）、Barnicoat和Andrews（2007）、Kreuzer等（2008）、McCuaig等（2010）和Czarnota等（2010）。综合利用各类数据集，研究不同矿床类型的关键控矿因素，全面了解其成矿作用，提炼出成矿过程中最关键的控矿因素与找矿标志，从而建立定量化的找矿预测模型，完成整个区域的矿产资源评价工作。

矿产资源定量预测一直以来是基于二维形式实现的，随着研究的深入和研究对象性质的改变，二维形式已经越来越难以适应时代的需求。计算机图形学技术及三维空间数据处理研究不断深入发展，三维建模与可视化技术越来越被人们所认识。1993年，加拿大学者Simon最早提出三维地质建模，建立了基于三棱柱模型的层状地质体（Simon，1994）。1998年，Houlding和Renholme论述了地质建模的一些基本方法，包括空间数据库的建立、三角网模型的构建、地质体边界勾画和连接及储量计算等（Houlding and

Renholme，1998）。2001 年，在美国地质学会和加拿大地质协会的联合会议上提出关于三维地质图的 6 个专题，探讨如何将二维制图向三维地质建模转换的问题（Thorleifson *et al.*，2010），并明确指出这种转化要配合 GIS 技术、数字制图、数据整理分析及可视化技术才能全面实现（Whitmeyer *et al.*，2010）。英国地质调查局开展了 3D-Geology 项目，分别在不同范围区域内进行了不同尺度的三维地质体建模，建立了全国 1∶100 万地质模型、英格兰和威尔士范围内 1∶25 万地质模型及南 Anglia 地区 1∶5 万地质模型。澳大利亚的"玻璃地球"计划，目标是建立澳大利亚大陆地表 1km 范围内三维地质模型，清晰直观再现地质体形态，用于矿产资源预测与勘探的研究。加拿大地质调查局将三维地质建模用于地下水盐度和水位变化的研究，取得了较好的效果（Berg *et al.*，2011）。随着地质体三维建模理论的发展和市场需求的增多，逐步形成了许多商业化的三维矿业软件，比较著名的有加拿大 MicroLynx 软件系统，澳大利亚的 Micromine 软件、Surpac Vision 软件，法国的 GOCAD 软件及美国的 Earth Vision 软件系统等。

随着国外研究的不断进步，国内学者在矿产资源定量预测与评价研究领域内也进行了一系列的探索研究。我国矿床统计预测评价的工作开始于 1976 年，赵鹏大等开展了宁芜地区铁矿床统计预测研究（赵鹏大，1978）。1978 年李裕伟等对闽南铁矿开展了统计预测工作（李裕伟等，1980）。随后，王世称（1989）倡导了"综合信息预测"的成矿预测方法等。基于实际应用研究，结合国外理论方法，我国逐渐形成具有自身工作特点的成矿规律和成矿预测相关理论方法，如程裕淇等的矿床成矿系列理论（程裕淇等，1979）、翟裕生的成矿系统论（翟裕生，1999）、王世称等的综合信息成矿预测理论（王世称等，2000）、赵鹏大的地质异常致矿理论和"三联式"成矿预测与资源评价方法（赵鹏大、池顺都，1991；赵鹏大，2002）、叶天竺等的矿床模型综合地质信息预测技术（叶天竺等，2004）等。这些理论方法大大推动了我国成矿预测评价与矿产资源勘查工作的开展。

20 世纪 90 年代后期，随着计算机行业的快速发展，开发了大量的信息数据处理软件，如金属矿产资源评价分析系统（MORPAS）（胡光道、陈建国，1998）、综合信息矿产资源预测系统（KCYC）（王世称等，1999）、矿产资源评价系统（MRAS）（肖克炎等，2000）、MapGIS 软件等。赵鹏大提出了基于地质异常的"5P"圈定方法，总结了与 GIS 结合应用的成矿预测方法步骤，并在不同研究区进行了应用，取得了显著的成果（赵鹏大等，2000；赵鹏大，2001，2010）。2004 年，中国地质调查局组织有关专家编写了《固体矿产预测评价方法技术》（叶天竺等，2004），建立了基于 GIS 的综合地质信息预测评价技术方法体系，开展了全国矿产资源潜力评价工作（叶天竺等，2007；肖克炎等，2007）。陈建平等基于地质异常致矿理论，结合 GIS 技术，分别在西南三江、陕西潼关小秦岭及内蒙古赤峰等地区开展了多元信息成矿预测研究（陈建平等，2005，2008a，2011a）。这些研究为我国矿产资源预测与评价提供了有力的技术支持，促进了我国矿产资源勘查工作向深部的拓展。

相对于国外发达国家，我国三维地质体可视化技术研究起步较晚，尤其是在与矿产资源定量预测评价的结合更是很长时期还处于起步阶段。20 世纪 90 年代初，赵鹏大团队在安徽月山地区开展了大比例尺三维立体矿床统计预测研究，采用了新的方法技术，填补了国内深部矿体三维预测方面的空白（李紫金，1991；赵鹏大，1992）。张正伟等（1999）对三维立体填图基础上的地质制图预测法和综合信息量预测等关键技术进行了总结。吴健生等（2001）以阿舍勒铜锌矿为研究对象，建立了三维地质体模型，并转化为立方块结构，利用数学地质方法估算储量。修群业等（2005）基于 Surpac 软件利用钻孔和剖面数据首次建立了可从任意角度观察的金顶矿床矿体三维空间实体模型。毛先成等（2009，2010）在广西大厂锡多金属矿床和安徽铜陵凤凰山矿田开展了针对危机矿山可接替资源的预测评价研究，提出了隐伏矿体立体定量预测工作的核心流程。肖克炎等（2012）初步研究了矿床模型的三维可视化以及三维信息综合定量预测等关键技术问题，总结了大比例尺三维成矿预测的具体工作流程，并应用于我国甲玛等十几个矿山的三维建模预测工作中。随着我国三维成矿预测技术的发展，许多国内学者也致力于三维建模软件的开发，如张新宇开发的 Gsis（地学三维空间可视化储量计算辅助分析系统）、北京三地曼矿业科技有限公司开发的 3DMine 矿业工程软件、中南大学数字矿山中心开发的 DIMine 三维地质工程软件系统，以及近年来由中国地质科学院矿产资源研究所肖克炎团队开发并不断完善的 Minexplorer 三维地质体建模软件等，已在全国多个地区成矿预测工作中得到应用。

此外，中国地质大学（北京）陈建平团队在云南个旧锡矿隐伏矿体预测评价研究中，提出了一种基于三维建模的“立方体预测模型”找矿方法，综合地质、地球物理、地球化学、遥感等多元信息，开展深部矿体定位、定量、定概率一体化的预测评价，并对矿区的资源量进行了估算（陈建平等，2007）。该方法将传统区域二维成矿预测方法与先进的三维可视化技术结合，后续在新疆可可托海（陈建平等，2008b，2011b）、云南个旧（陈建平等，2009；戎景会等，2012；严琼等，2012）、西藏玉龙（王丽梅等，2010）、陕西小秦岭（史蕊等，2011；陈建平等，2012b）、福建永梅（陈建平等，2012a）、湖南黄沙坪（陈建平等，2012c）、山东焦家（史蕊等，2014）及安徽铜陵（向杰等，2016）等多个地区的找矿预测研究工作中得到应用，结合研究实例建立了一套可行的三维矿床建模以及三维定位定量预测方法体系（陈建平等，2014a，2014b）。

1.3　基于地质大数据信息提取分析

当今，我们正面临一个数据无处不在，而且实时大量出现，由数据可以产生知识、效益和财富的时代，一个被称为“大数据”的时代。进入 21 世纪，大数据科学将成为新的科学范式。赵鹏大提出：大数据时代数字地质推动地质找矿新发展，要重视数字地质与矿产资源预测评价的研究（赵鹏大，2013）。

数字地质是以地质科学和信息技术为基础，以建立和应用地质体、地质过程和地质工作方法的各种数学模型为手段，用数据科学的方法对地质学中的大数据进行智能处理，从中分析和挖掘出有价值的核心信息和关键数据，形成浓缩的数字知识，来解决地质学和地质工作中的认知、预测、决策和评价等理论和实际问题（赵鹏大，2015）。

在“大数据”时代，数字地质面临着严重的挑战和机遇。目前，由于地质学属于数据密集型科学，尤其是矿产勘查、环境灾害评价、地质工程技术等更是数据密集型分支学科和应用领域，所以形成了地质数据的以下特点。

（1）具有深地、深空、深海和深时的特点，即空间和时间跨度大，数据获取难度大、成本高、局限性强。

（2）地质数据具有多元、多源、异构、时空性、方向性、相关性、随机性、模糊性、非线性等特征。

（3）地质数据的混合性和多总体性。

（4）地质体的变化性、观测的抽样性和事件结果的不确定性。

在地质找矿领域，国家每年都要投入大量的人力、物力、财力以及各种手段，如遥感、遥测、物探、化探、普查、勘探等从野外采集回大量的图片、文字、曲线、数据等资料。如果这些资料能得到妥善管理和充分利用，那么它们为我们提供的有用信息将成倍增加，会进一步开阔我们的眼界和进一步加深我们对客观世界的认识，进一步提高找矿效果和经济效益。

地质研究的目标要求是定性、定量、定位、定向、定级、定度、定类、定型、定因、定果、定优劣、定概率，因此，从大数据中要获取有助于给出上述各“定”的关键数据或核心数据（赵鹏大，2013）。

地质数据的类型包括标准化数据和非标准化数据，通常是以数字、文字、图表形式进行展示的。目前，地质数据的存储介质主要有纸质、Excel、AutoCAD、MapGIS、ArcGIS等。各类数据的存储结构也各不相同。在信息化时代，运用数字化的技术手段，深度挖掘矿产资源勘探、开发的信息，实现地质资源高效、国土资源优化配置、合理管理的一条最为有效的道路。对于大数据来说，存储它并不是最终目标，只有从数据中分析出它所蕴藏的价值，它才变得有意义。

成功的成矿预测应有效地将地球动力学系统、成矿系统和勘查评价系统有机结合，充分挖掘成矿地质及预测评价密切相关的数据，对这些数据进行科学集成和智能分析，从中提取找矿预测和资源评价的有用信息，实现定量分析与地质找矿的有机结合，使“数字找矿”发展到“智慧找矿”的新阶段。

第 2 章　洋中脊多金属硫化物地质特征

现代海底热液活动普遍发生在大洋活动板块边界及板内火山活动中心等构造环境中，是岩石圈与海水之间进行物质及能量交换的过程，是板块构造活动的重要表象之一。现代海底热液活动分布范围广泛，30 多年来，据不完全统计，调查发现新海底热液活动区的平均速率大于 4 处/年。预计 30 ～ 50 年的时间，全球约 60000km 的洋脊可以被初步调查一遍，并有可能发现不少于 30 处的新海底热液活动区（曾志刚，2011）。海底多金属硫化物作为热液活动的产物，具有较好的成矿远景和开发潜力，已成为各国海洋矿产勘探的重点。了解海底多金属硫化物地质背景是开展成矿预测工作的基础。本章概括热液流体循环模式及多金属硫化物的沉积模式，通过统计已经发现的热液异常点信息，分析热液喷口和硫化物的分布特征，并依据热液区点所处的构造背景分类，概括不同构造背景下典型热液活动区的地质特征。

2.1　热液循环系统及沉积模式

James 等（1999）通过取自 Escanaba 海槽（ODP Site 1038）裂隙水和沉积物样品中的 Li、B 同位素发现，影响裂隙水化学成分的因素有热液流体与海水或裂隙水的反应、洋壳与海水的相互作用，以及沉积物与热液流体的相互作用，热液循环是导致海底热液活动发生及硫化物形成的重要基础。

热液循环过程中，首先冷海水在海底表面扩散性注入，然后流体与深部洋壳岩石反应，最后在海底表面释放出热液流体。其中，洋壳的渗透性是控制热液 - 岩石或沉积物相互作用的关键物理参数。洋壳的渗透率主要与玄武岩降温引起的热收缩有关。热液活动往往发育在大洋盆地或离散板块边界，火山作用使这些地区地震、断裂活动剧烈和频繁，火成岩的降温导致岩石收缩，易形成破碎带使洋壳渗透率增大，且后期洋脊裂谷正断层、转换断层和其他一系列与洋中脊平行或斜交断层的发育可进一步增大洋壳渗透率，为海水的渗入循环提供通道，为海水洋壳间的相互作用提供空间。

一般认为，低温海水受重力影响沿扩张裂隙下渗到具有高渗透性的上部洋壳中，形成酸性的、具有溶蚀能力的热水，随着深度增加，水温不断增高，并与周围的玄武岩相互作用。海水的反应程度随着温度、压力的增加而增加，当到达岩浆房上方时，成分已发生明显改变，具有低水岩比和高温（约 400℃）的特点。在对流循环的上升过程中，经过岩浆房加热的高温热水可萃取玄武岩及沉积物中的大量金属元素。在上升区，若其为高渗透性的区域，则流体快速上升，以高温流体形式（250 ~ 400℃）喷出，并形成烟囱体结构；若上升区为低渗透性的区域，热液流体将与底部海水混合冷却，以扩散流体的形式在低温喷口（8 ~ 50℃）喷出。当流体以热液或蒸气状态喷入海水中，往往形成热液烟囱、热液丘、热液脉体等多种热液沉积，部分则形成大型的热液硫化物矿床（Kastner and Martin，1993；杨慧宁、萧绪琦，1995；季敏，2004；曾志刚，2011）（图 2-1）。

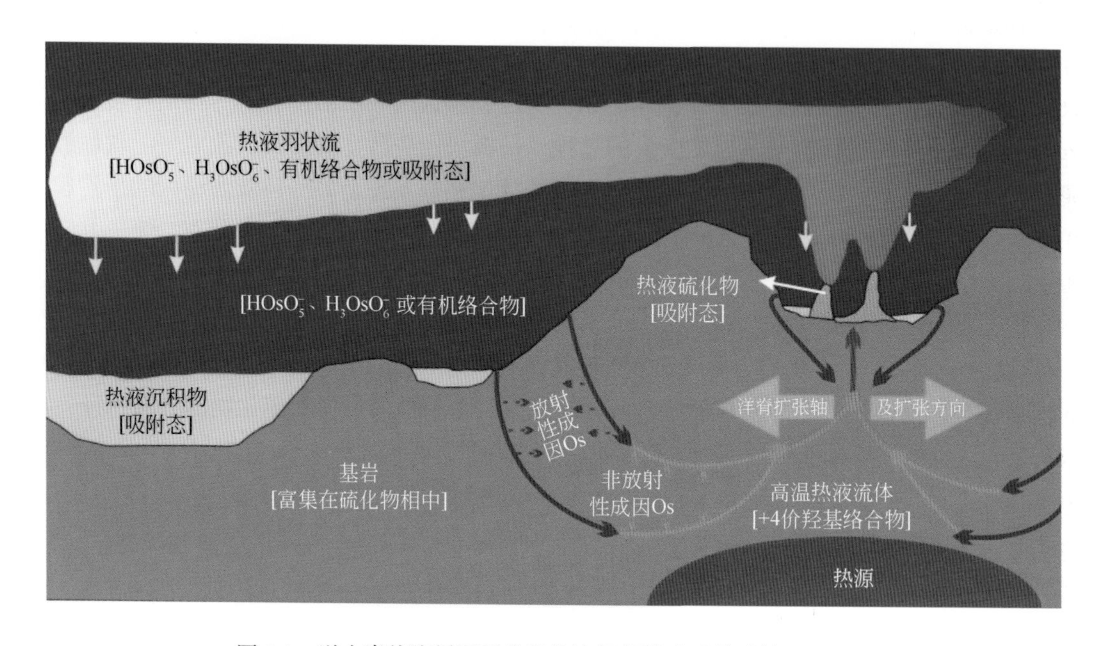

图 2-1　洋中脊热液循环系统及热液沉积模式（黄威等，2016）

一般人们认为热液在洋壳中以单径循环的模式对流（图 2-2），洋底的扩张中心往往发育张性裂隙和断裂，海水在高渗透性的岩石中能够下渗到比较深的部位，流体受高热流或深部岩浆活动的热驱动在洋壳中进行对流循环，从不同类型围岩中淋滤出大量的成矿物质，形成富含多种金属组分的高温成矿热液。热液在洋底喷发后与冷海水混合，并析出多金属硫化物，从而形成“黑烟囱”。按照流经路线的物理、化学环境以及热液的性质，可将对流通道进一步细分为下渗区、高温反应区和上升区，每个区间经历不同的水岩反应。

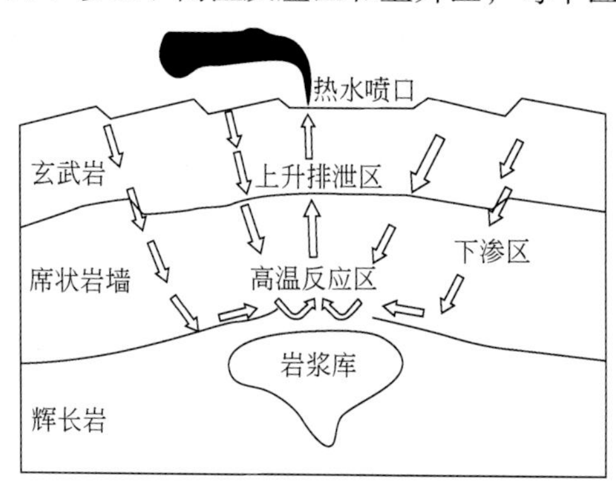

图 2-2　单径循环模式对流（据 Bischoff and Roserbauser，1989；付伟等，2005）

但是，在解释矿床形成时，简单的单径循环对流模式仍存在许多问题。例如，沸腾使得热液系统难以长期稳定在 350℃左右的高温条件。理论推算显示，已知岩浆侵入体驱动的热液系统产生的成矿规模比实际情况小很多。实际上，同一个热液活动区甚至同一个热液喷口的热液流体在盐度上都存在较大的差异。热液系统深部流体可能存在蒸汽相、卤水相等多种状态，活动的方式也各有差异。

Bischoff 等发展了简单的单径循环对流模式，提出了一个双扩散对流循环模型（图 2-3）：海底热液系统由两个垂向上分离的对流循环胞构成，下部为热卤水层，加热并驱动上部冷的海水循环胞。卤水层因高热和高盐度可作为稳定介质，与海水层界面进行热和物质的扩散。在稳态条件下，两个对流循环各自独立。但突发性的岩浆或构造事件，会致使海水向热卤水中注入并导致卤水因密度降低而向上运移，从而形成富含金属组分的热水流体在海底发生喷流（Bischoff and Roserbauser，1989）。这种模式可以比较合理地解释大规模热水喷流事件的发生。侯增谦等通过对古代与现代块状硫化物矿床热液体系的对比研究，同样得出了相似的认识，但他们认为卤水层的高盐度部分是由于海水在临界下发生相分离导致的，部分来源于岩浆水的贡献。同时，提出了“密度窗”的概念，认为热卤水的性状与壳下玄武岩浆类似。在稳态条件下，因其密度较大，故而稳定地处于上部低盐低温的海水单元之下。岩浆或构造事件的发生，可扰乱卤水与海水的双扩散状态，海水向卤水注入必定使得卤水因密度降低而出现重力不稳定现象，从而穿过“密度窗”向上运移并与循环海水混合，形成较高盐度且富含金属物质的热液流体（侯增谦、莫宣学，1996）。尽管双扩散对流循环模式仍有许多问题需要进一步研究解决，但至少可以对现在观察到的众多事实给出最为合理的解释。

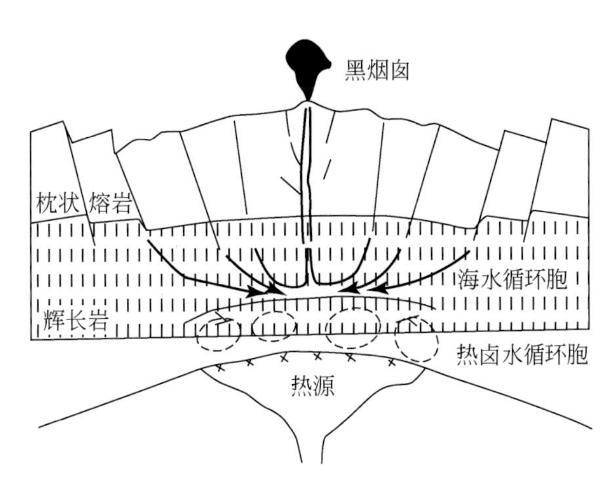

图 2-3　双扩散对流循环模型（据 Bischoff and Roserbauser，1989；付伟等，2005）

海水对流循环模式，不仅能够有效地解释大洋中脊与洋壳生长等相伴的高热流异常及洋中脊多金属硫化物矿床的形成，而且逐渐成为各种构造背景下多金属硫化物矿床成矿模式的基本内容。

2.2　海底热液活动与硫化物分布特征

热液喷口和多金属硫化物矿点形成的板块构造位置多种多样，目前在全球洋中脊、岛弧、弧后扩张中心、板内热点或大陆裂谷等大多数构造环境下均有发现（图 2-4）。

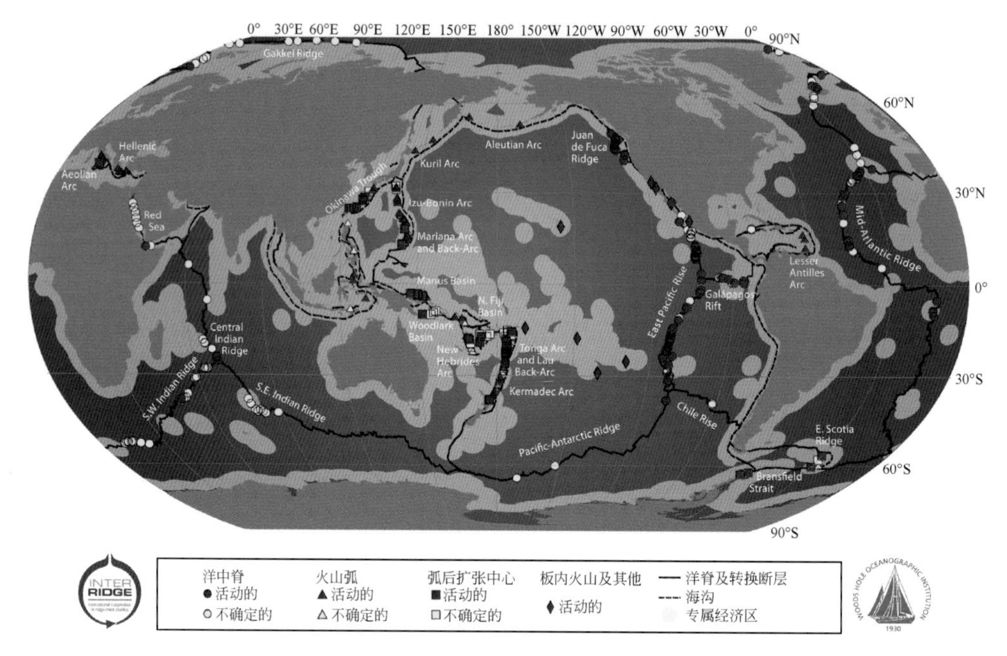

图 2-4　全球热液活动分布图（据 www.interridge.org 网站）

根据 www.interridge.org 网站上最新的热液区点信息，包括活动的和不活动的热液区点，全球现阶段已发现热液异常点 688 个。本书对获得的热液区点的分布进行了如下统计分析。

现代海底热液活动的分布范围相当广泛，在太平洋、大西洋、印度洋、北冰洋、南极洲、红海及地中海均存在热液活动。迄今为止，已发现的海底热液区点在太平洋 436 处（约占 63.4%）；在大西洋和印度洋，均是 96 处（分别约占 14.0%）；其次在北冰洋 23 处（约占 3.3%）、地中海 21 处（约占 3.0%）、红海和南极洲等其他海区中海底热液活动分布地点的数量相对较少（分别约占 1.0%和 1.3%）（图 2-5）。

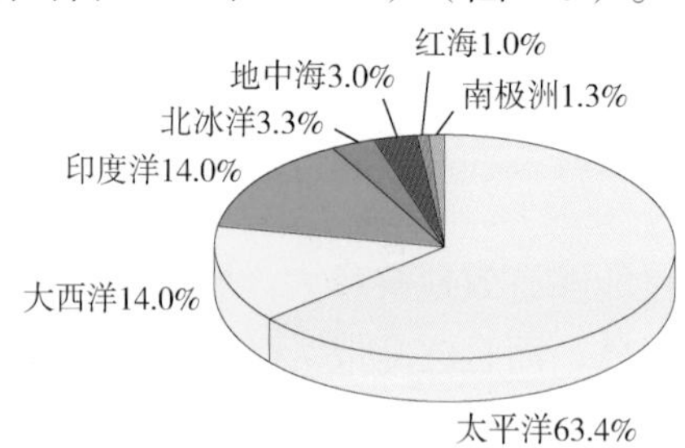

图 2-5　海底热液活动在各大洋中的分布

对热液活动区分布的纬度统计分析发现，北半球已经发现的热液区点有 329 处，南半球有 359 处，南纬和北纬已知热液区点分布具有相似的趋势，在 10° N ～ 20° N 和 10° S ～ 20° S 两个纬度带上热液异常点数目最多（图 2-6）。栾锡武在 2004 年曾用 490 多个热液活动区进行三维空间分布的统计，发现北半球的热液活动区数目（331 处）明显高于南半球的热液活动区数目（161 处）。然而，随着调查范围的扩大和调查程度的提高，在南大西洋中脊、印度洋中脊、极地海区及弧后扩张中心等地均有新的热液异常点发现，南半球热液异常点数目不断增多，与北半球热液异常点数目逐渐趋于一致，甚至高于北半球热液区点的数目。栾锡武还发现热液活动区主要集中在 40° N 和 40° S 中、低纬度带之间，这与本章的统计结果相同：0° N ～ 40° N 区带内热液异常点数目为 254 处，占北半球热液区点总数的 77%；0° S ～ 40° S 区带内热液异常点数目为 298 处，占南半球热液区点总数的 83%。40° N 和 40° S 中、低纬度带之间热液异常点总数为 552 处，占全球热液区点总数的 80%。这样的分布规律可能与热液活动区热源的分布相关。现代海底热液活动的热源主要为地球由内向外的对流热，即在热液活动区下方的某一深度具有从地球深部向上迁移而来的热物质。考虑到地球自转的因素，地球热物质由内向外的迁移方向会更趋向于垂直于地球的自转轴。这不仅可以解释地球物质在赤道和中低纬度地区的膨胀、在两极地区的塌陷，也可以解释热液活动区主要集中在 40° N 和 40° S 中、低纬度带之间这一统计结果（栾锡武，2004）。

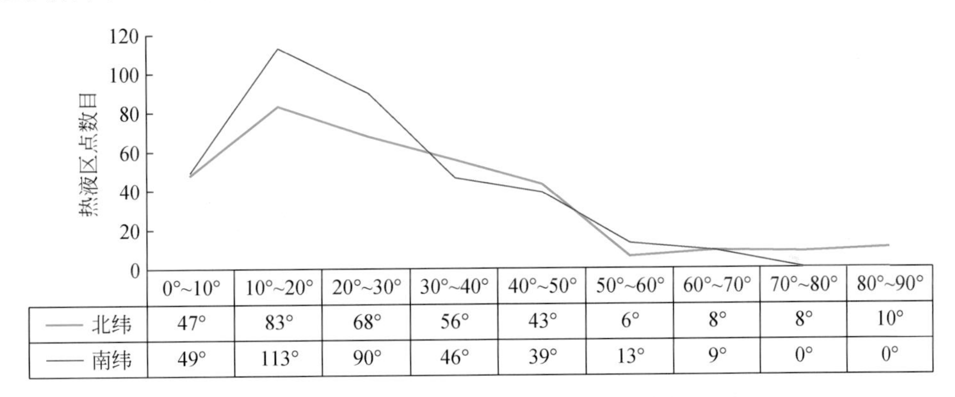

	0°~10°	10°~20°	20°~30°	30°~40°	40°~50°	50°~60°	60°~70°	70°~80°	80°~90°
—— 北纬	47°	83°	68°	56°	43°	6°	8°	8°	10°
—— 南纬	49°	113°	90°	46°	39°	13°	9°	0°	0°

图 2-6　海底热液活动在不同纬度的分布

发育现代海底热液活动的水深范围具有很大的跨度。最浅的热液活动区位于俄罗斯千岛弧，水深仅为 1m；最深的热液区位于北太平洋西菲律宾盆地，是一个已经不活动的热液区，水深为 5800m。全球热液区点分布最多的在 2000 ～ 3000m 区间内，为 298 处，占全球热液异常点总数的 43%（图 2-7）。现代海底热液活动区的水深虽然深可超过 5000m，浅可到 1m，但多为 2000 ～ 3000m，平均水深为 2089m。通过查阅资料可知，太平洋平均水深为 4570m，大西洋平均水深为 3627m，印度洋平均水深为 3872m，世界大洋的平均水深为 3800m（朱德洲、钱秀丽，2014）。因此，现代海底热液区发育的位置往往不在海盆的最底部，而是位于高于海盆底部超过 1000m 或者更高的海底高地形中的负地形上，包括大洋中脊和海底火山。尽管弧后盆地是一个负地形，但热液活动仍分布在弧后盆地高地形中的负地形上。这些海底上的高地形通常是地球内部热物质由内向外迁移的结果，显然海底热液活动区的水深分布特征和其成因机制之间存在密切的关系。

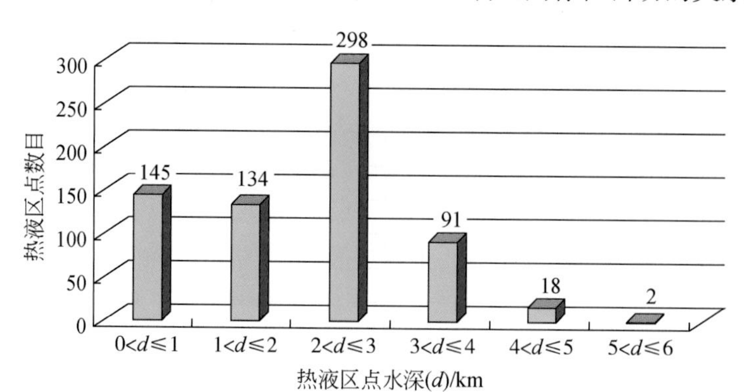

图 2-7　海底热液活动的水深范围

从海底热液区点所处的构造背景看，虽然多种构造环境均可能发育现代海底热液活动，但不是每一种构造环境发育热液活动的概率均等（图 2-8）。统计发现，发育热液活动区最多的构造环境是洋中脊，为 390 处，约占热液异常点总数的 57%；其次是弧火山和弧后扩张中心，分别为 150 处和 131 处，分别约占热液异常点总数的 22% 和 19%；板内火山发现的热液活动区较少，仅 8 处，约占热液异常点总数的 1%；其他一些构造环境目前已知的热液活动区数目也很少，仅占热液异常点总数的 1%。近些年来大量对不同构造背景下的热液活动区调查表明，热液区主要分布在地质构造不稳定的区域，如洋中脊、弧后盆地、板内热点等。这些区域大都与地震、火山、断裂、扩张紧密相关（杜同军等，2002）。栾锡武在 2004 年的统计研究也表明，现代海底热液活动区主要分布在地球表面沿经向等间距分布的构造活动带内。

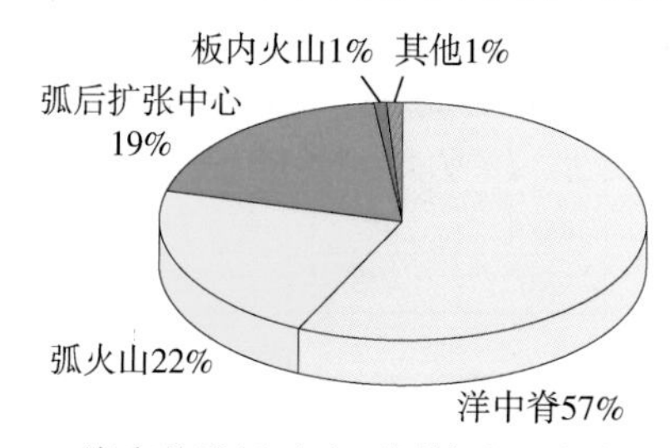

图 2-8　海底热液活动在不同构造环境中的分布

2.2.1　洋中脊构造环境

洋中脊是洋壳的发源地，也是全球发现热液区点最多（390 个，约占全部热液矿点的 57%）的构造环境。洋中脊上构造活动活跃，地震和火山活动强烈。然而，发生热液活动洋中脊的扩张速率相差巨大：从最快的南太平洋海隆（155mm/a），到大西洋中脊（30mm/a），再到超慢速的印度洋中脊（14mm/a）都存在热液活动。在洋中脊构造环境中，根据扩张速率的不同，洋中脊扩张型构造环境又可进一步分为超慢速扩张洋中脊（<22mm/a）、慢速扩张洋中脊（22 ～ 55mm/a）、中速扩张洋中脊（55 ～ 80mm/a）和快速扩张洋中脊

（>80mm/a）（Dick *et al.*，2003）四类。目前已发现的海底热液区中约有 33%分布在快速扩张洋中脊、35%分布在中速扩张洋中脊、40%分布在慢速扩张洋中脊、24%分布在超慢速扩张洋中脊（图 2-9）。

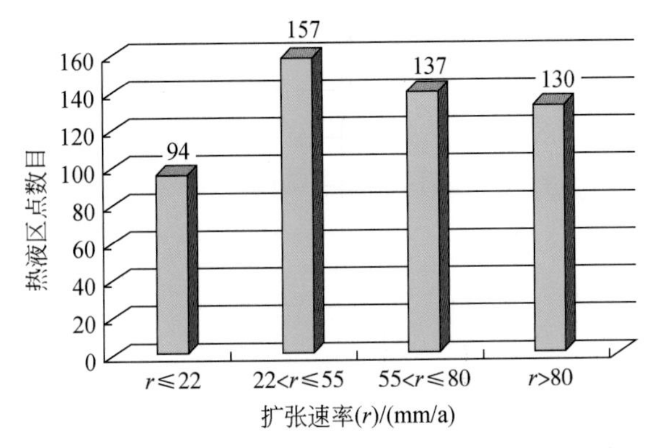

图 2-9　海底热液活动与洋中脊扩张速率关系图

统计发育在洋中脊构造环境中的热液区点发现（图 2-10），快速扩张洋中脊环境产生的热液区点主要位于东太平洋隆起脊，水深范围为 2000 ～ 3000m。目前在扩张速率超过 160mm/a 的洋中脊构造环境中仅发现一处热液活动，位于南太平洋 31°51′S，112°1′48″W 处的 Saguaro 热液区，扩张速率高达 194.2mm/a，水深 2330m。中速扩张洋中脊环境下的热液区点主要位于东北太平洋胡安德富卡洋中脊及印度洋东南印度洋中脊，水深范围为 1500 ～ 3500m。慢速扩张洋中脊环境下的热液区点在大西洋、太平洋、印度洋中均有分布，水深范围为 1500 ～ 4500m，包括在北大西洋中脊发现的著名的 Logatchev、TAG、Snake Pit 等热液区以及中印度洋中脊上发现的 Edmond、Kairei 等热液区。超慢速扩张洋中脊环境中发现的热液区点主要位于印度洋的西南印度洋中脊、北冰洋的 Gakkel 洋中脊、红海海区以及北大西洋中脊北部冰岛区域，水深范围跨度较大，水深小于 1000m 的范围也有较多热液区点的分布，推测其原因可能与热点活动造成的局部地形高有关。

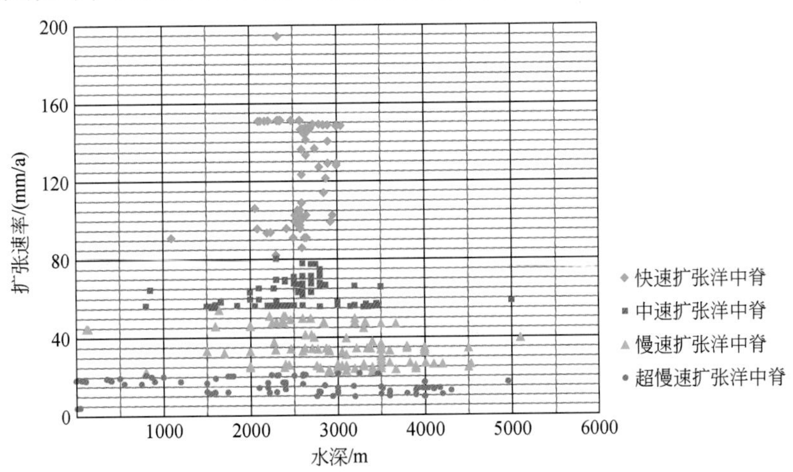

图 2-10　洋中脊扩张速率与水深关系图

从洋中脊环境下热液区点所分布的地形地貌来看，快速扩张洋中脊上的热液活动主要发生在两个主断裂之间的地形高地，或是离轴的海山上。例如，轴部火山脊附近（如南东太平洋海隆 17° 30′ S 附近热液区）、轴部裂谷中央（如东太平洋海隆 13° N 附近的洋脊轴部热液区）和边部（如东太平洋海隆 18° 15′ S 附近热液区）以及有塌陷火山口的离轴海山（如东太平洋海隆 13° N 附近的离轴海山热液区）均是热液活动分布的有利部位。但从小的范围来看，则需考虑到这一区域所处的地质构造背景：如果处于火山喷发阶段，那么喷口倾向于轴向火山口和熔岩湖处；如果处于构造阶段，那么喷口倾向于地堑断裂处。

在慢速扩张洋中脊中，典型地貌是两端存在断裂带的深断裂，断裂中央发育的狭窄新火山脊，常被数百个分散的轴火山或是离轴火山所切断。慢速扩张洋中脊上热液活动最发育的部位倾向于轴部火山脊的地形高地（如 Snake Pit 和 Lucky Strike 热液区）、洋脊中轴裂谷壁的底部（如 TAG 热液区）、洋脊中轴裂谷壁的顶部（如大西洋中脊 14° 45′ N 附近热液区）和洋脊附近的非转换断裂处（如 Azores 附近热液区）是热液活动分布的有利区域。上述区域中，洋脊轴顶部塌陷火山口（如 Snake Pit 和 Broken Spur 热液区）、洋脊海山上的塌陷火山口（如 Lucky Strike 热液区）以及洋脊与横切断层的交错处（如 TAG 热液区和大西洋中脊 14° 45′ N 附近热液区），则是热液活动分布的有利部位。在超慢速扩张洋中脊中，以印度洋中脊为代表，热液活动多与洋脊、断裂和火山活动带紧密相关，常分布在洋脊的顶部、翼部、中脊裂谷洼地、断层崖、海底火山、深海丘等地形上。

2.2.2　岛弧型构造环境

最有潜力发生海底热液活动的环境是火山岛弧环境。与岛弧相关的环境不仅包括弧后扩张中心，而且包括岛弧与大洋海沟在俯冲板块边界间的前弧区。岛弧环境与俯冲带岛弧下的岩石圈板块消减所引起的火山作用密切相关（Rona *et al.*，1993a）。世界上最主要的火山岛弧环境集中在火山、地震都极其发育的西太平洋区，主要为发育于不同时代的弧后盆地和相应的弧后扩张中心，以西南太平洋的劳海盆、马努斯盆地，北斐济弧后盆地，以及西北太平洋的冲绳海槽和马里亚纳海槽等为代表；部分热液活动出现在岛弧区，如汤加岛弧、马里亚纳岛弧、伊豆－小笠原岛弧等。

2.2.3　板内火山及其他构造环境

板内火山构造环境下形成的热液矿点较少，热液区产出的深度变化较大，最深至 5000m，最浅只有 50m。主要分布于太平洋板块内部，热液矿点的形成受地幔热点火山作用的控制，如塔希提岛、复活节火山链和夏威夷群岛的洛希海山。此外，地中海、东太平洋的加利福尼亚湾和墨西哥湾水深不超过 30m 的浅海地区也发现了少量热液矿点。

2.3　典型硫化物热液区地质特征

全球海底钻探调查发现了至少15处与陆地上矿床硫化物资源量相当的海底硫化物矿床，这些矿床主要集中分布在大洋中脊和弧后盆地扩张脊的离散板块边界以及岛弧和火山板块中心，而在岛弧环境中的多金属硫化物品位较低，矿化较弱，尚未发现成规模的矿床（侯增谦、莫宣学，1996）。目前全球最为典型的洋中脊多金属硫化物矿床主要有东太平洋海隆区的胡安德富卡（Juan De Fuca Ridge）海脊Middle Valley热液区、大西洋中脊TAG热液区以及西南印度洋中脊热液区等。

2.3.1　胡安德富卡海脊Middle Valley热液区

胡安德富卡海脊是太平洋板块和胡安德富卡板块的分界线，该洋脊全长525km，45° 03′ N处为南、北胡安德富卡洋脊的分界线，是距北美海岸几百千米的一条海底扩张中心，以2.8cm/a左右的半扩张速率扩张，属于中速扩张洋中脊（图2-11）。自南向北，依次细分为Cleft断块、Vance断块、Axial海山、Co-axial断块、Cobb断块（或称为Northern Symmetrical）、Endeavour断块和West Valley断块，各断块表现出的海底地形地貌、热液喷口温度和岩浆收支差异（Kappel and Ryan，1986；Bohnenstiehl *et al.*，2004）是海脊演化历程中所经历的复杂构造活动的反映。

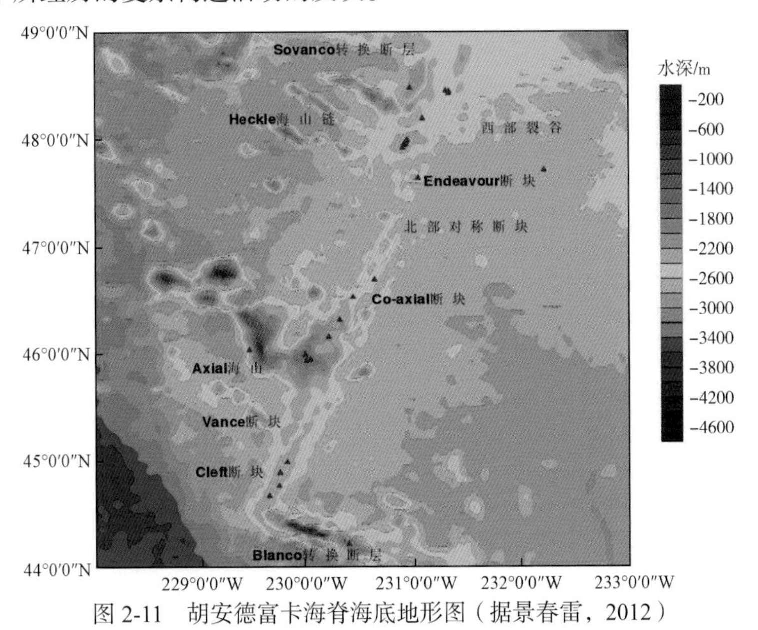

图2-11　胡安德富卡海脊海底地形图（据景春雷，2012）

胡安德富卡海脊的地球物理调查最早开始于20世纪70年代。重力数据表明洋脊及两侧洋壳表现为负异常值，海山和断块表现为条带状正异常，而南部的Blanco转换断层和最北部的 Sovanco 转换断层则表现为明显的线性负异常值，与邻区之间界限明显（图 2-12）。

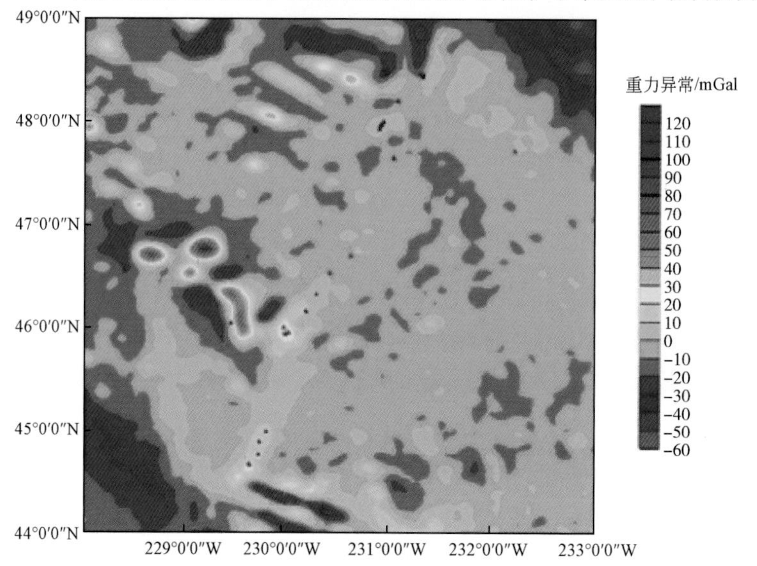

图 2-12　胡安德富卡海脊的空间重力异常图（据景春雷，2012）

Middle Valley 热液区位于胡安德富卡海脊的最北端，坐标位置为 48°27′N，128°42′W，半扩张速率为 29mm/a，轴部为一个深大宽阔的海槽，这与典型的慢速扩张洋脊环境中的地形类型相似。该区岩浆活动相对较弱，沉积物较厚，达 200 ～ 1000m，生物地层学研究表明该区沉积速率为 17 ～ 33cm/ka。

ODPLeg139 钻探到 Middle Valley 洋脊的沉积物之下有辉绿岩床的分布（Davis and Villinger，1992），在 ODPLeg169 的 856H 孔中，钻探到五个辉绿岩床，位于洋底沉积物之下 432 ～ 471m，岩床厚度为 0.3 ～ 7.2m，被沉积物相互隔开。钻孔下部有玄武岩物质，在厚度为 29m 处，表明该处洋脊存在岩浆活动。

Middle Valley 的热液活动主要分布在 Dead Dog 喷口区，该喷口长 800m，宽 400m，呈椭球状，位于水深 2400m 的洋底，沿着 Middle Valley 洋脊东部边界断裂以西的正断层分布（Davis and Villinger，1992）。Dead Dog 喷口区存在至少 20 个正在活动的硬石膏－硫化物烟囱体，喷口喷出的热液流体温度可达 280℃，这些喷口分布在堆丘上，堆丘被沉积物覆盖，高 5 ～ 15m，直径几十米。初步认为这些堆丘是多金属硫化物堆积而成的。

在 Dead Dog 喷口区东南 3km 处为 Bent Hill 热液活动区，该区为直径约 400m 的圆形高地形，主要由沉积物组成，与周围洋底相比高出近 50m，可能是深部的岩浆入侵活动造成的。Bent Hill 以南为两个块状硫化物堆丘 Bent Hill 堆丘和 ODP 堆丘，这些堆丘沿着一个南北向的断裂构造分布。Bent Hill 堆丘直径近 500m，高约 60m，主要由沉积物、块状硫化物、硬石膏等堆积而成，基地岩石为玄武岩，水深 2400m。Zierenberg 等（1996）在对该区进行洋底观测调查研究发现一个正在活动的烟囱以及多个消亡的块状硫化物烟囱堆丘。活动喷口烟囱体位于 ODP 钻孔 856H 以南约 230m 处，两排堆积体构造下方。高度约为 15m，最高为 28m，喷口温度约 264℃，主要由硫化物露头和硫化物岩屑组成，烟囱外部由硬石膏层包裹。这些硫化物堆积体位于断层错断位置两侧，显示出明显的断裂构造控矿成因（Ames *et al.*，1993）。

热液区硫化物矿物主要有块状黄铁矿、磁黄铁矿、闪锌矿、白铁矿，以及少量方铅矿、黄铜矿、重晶石等。另外，硫化物也显示出广泛的重结晶、晶粒加大、次生置换和海底风化等特征，这些硫化物矿体明显受到多期热液活动的影响（Ames *et al.*，1993）。热液区烟囱体富 Ca、Fe 和 S，微量元素中 Sr、Ba、Zn、Pb、As 和 Cu 等元素含量较高。而在块状硫化物中，Si、Fe 和 S 含量也比较高，微量元素中 Zn、Pb、Cu、Ba、As 和 Sb 等含量较高（Ames *et al.*，1993）。

2.3.2　大西洋中脊 TAG 热液区

TAG 热液活动区位于北大西洋中脊 Atlantis 断裂带（30° N）和 Kane 断裂带（24° N）之间的慢速扩张洋中脊上，坐标 26° 08′ N，44° 50′ W，水深约 3500m。TAG 热液区的高温热液喷口发现于 1985 年，热液区面积约为 $25km^2$，位于洋中脊轴部裂谷的东侧，无沉积物覆盖，基底玄武岩年龄约 0.1Ma，由热液产物、火山岩及一系列与洋脊平行的断裂组成。裂谷东壁由一系列阶状断块组成，断块边界为断层，地形起伏，构造复杂。多波束测深调查显示沿裂谷中心的洋脊扩张轴及裂谷边缘上分布着多个火山穹窿，裂谷高差超千米。TAG 热液区的热液产物可以分为三个区：①低温热液区；② Mir 和 Alvin 热液硫化物堆丘区；③正在活动的高温热液区。此外，在 TAG 区南侧的洋脊处也分布着海底火山群，岩浆和火山活动多集中在火山群的中部区域。其中，黑烟囱喷口热液流体温度高达 360℃，白烟囱热液流体温度也高达 200℃以上。

低温热液区分布在水深 2400 ～ 3000m 的轴部裂谷东侧断壁的阶地上，热液产物主要是块状和层状的铁锰氧化物和绿脱石。正在活动的高温热液区位于轴部裂谷谷底和东侧断壁交界区域的玄武岩洋壳上。热液堆丘平面上呈近圆形，直径达 200m，高近百米，呈环形陡边结构，具有两层环形平台，表明该区可能存在至少两个热液阶段。堆丘主要由块状硫化物、直立烟囱体、倒塌烟囱体及铁锰氧化物等热液产物组成，周围是碳酸盐和层状多金属硫化物、氧化物。堆丘喷口中心主要是块状黄铜矿、黄铁矿及硬石膏；堆丘喷口周围的台地主要覆盖着硫化物细粒 – 粗粒碎屑、烟囱体及铁氧化物；堆丘边缘主要是覆盖着硫化物碎屑和多金属沉积物，以及硫化物露头剥蚀形成的黄铁矿富矿块。

非活动热液硫化物堆丘主要分布在裂谷谷底靠近东壁的地段，Alvin 热液堆丘位于两个枕状熔岩丘之间，主要由几个不连续的硫化物丘体组成，热液产物主要由烟囱体、层状热液壳、碳酸盐泥质沉积物及热液蚀变物组成，硫化物主要由致密坚硬的黄铁矿、黄铜矿及微量闪锌矿组成。Mir 热液堆丘为一个非活动的热液点，位于两个枕状熔岩丘之间，主要由一个大的硫化物堆丘组成，局部有多个高大的硫化物烟囱体。该区热液产物主要为烟囱体、顶部块状硫化物、铁锰氧化物、层状硫化物等，硫化物主要是块状、粒状的黄铁矿、黄铜矿、白铁矿、闪锌矿组合。

根据重力、磁力数据，TAG 区的重力异常与海底地形具有很好的对应关系，负的重力异常值沿着洋脊轴部低地形分布，向两侧的高地形逐渐升高。在地幔布格重力异常上，沿着 TAG 洋脊轴部也表现为低异常值（Zervas *et al.*，1990），推测可能是地壳厚度的增加也可能是地壳或地幔密度的减小所引起（Kuo and Forsyth，1988；Lin *et al.*，1990）。McGregor 等（1977）通过拖曳式磁力仪研究了 TAG 及邻区的磁场特征，研究表明 TAG 区发生热液活动的区域具有较低的剩余磁性强度值。低的磁异常值可以归因于洋脊轴部之下新生洋壳的温度较高所致（Wooldridge *et al.*，1990）。

根据估测活动 TAG 丘体的吨位（William and Wilcock，1996）：总的块状硫化物为 3.9×10^6t，出露的丘状体为 2.7×10^6t，海底网脉状体为 1.2×10^6t，块状 Fe 为 2.3×10^6t，块状 Cu 为（30～60）$\times10^3$t，块状 Zn 为 15.2×10^3t。通过对海丘上五个地区共 17 个钻孔的研究分析，查明了海丘内部的三维几何形状（图 2-13），并确定此矿化网脉带侧向延伸约 80m。

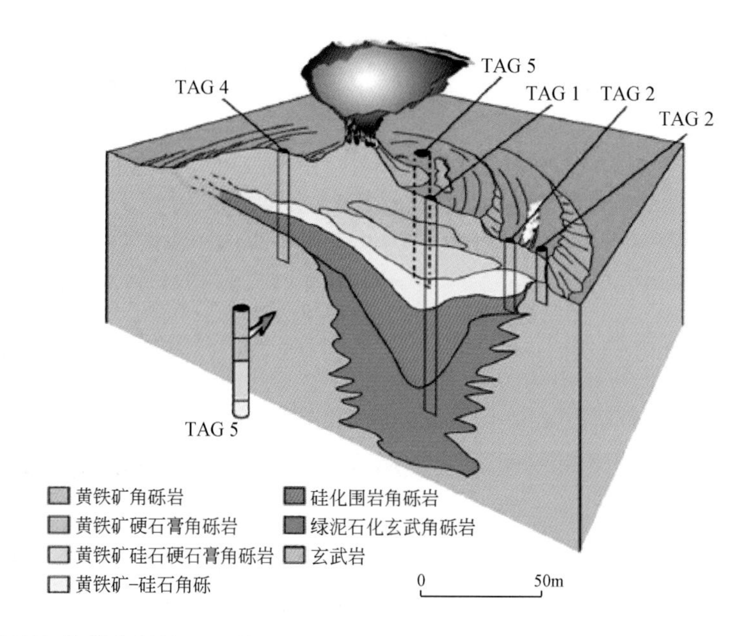

图 2-13　据钻探资料绘制的 TAG 热液活动区示意图（据 Herzig *et al.*，1998；景春雷，2012）

2.3.3　西南印度洋中脊

西南印度洋中脊（SWIR）从西布维三联点（BJT）到东端罗德里格斯三联点（RTJ）全长约 8000km，是非洲板块与南极洲板块之间的主要边界。西南印度洋中脊的扩张速率为 7～9mm/a，属于典型的超慢速扩张洋中脊，也是全球扩张速率最慢的洋中脊之一。根据扩张历史和集合形态，将 SWIR 分为七个脊段（曾志刚，2011）：第一段从 BJT 到 10° E，转换断层密集分布；第二段从 10° E 至 15° E。全长约 400km，是除北冰洋中脊外最慢的洋中脊；第三段从 15° E 至 25° E，由一系列非转换位移错开的洋脊段组成；第四段为 Andrew Bain 转换断层和 Du Toit 转换断层之间的洋脊；第五段为 Marion 转换断层和

Gallieni 转换断层之间的洋脊；第六段位于 Gallieni 转换断层和 Atlantis Ⅱ转换断层之间，卫星重力图上显示该段平移距离相当大；第七段位于 Melville 转换断层和 RTJ 之间，该脊段相对缺少火山活动，可能缺乏岩浆活动（Georgen *et al.*，2001）。

SWIR 分布着岩浆作用扩张脊段和非岩浆作用扩张脊段，轴向裂谷及构造变化多样，地形变化较大，根据已有地质资料和调查资料分析该区局部地段火山构造活动很活跃，具备形成热液系统的条件。火山构造主要有正在蚀变的熔岩流、玄武岩等。目前在 SWIR 已经发现了多处热液活动区，如 A 区热液区、Mt.Jourdanne 热液区等。

西南印度洋中脊开展的大洋调查活动较晚，数据较少，实测数据资料有限。Georgen 等（2001）依据重力异常资料对西南印度洋开展了研究，部分涉及了西南印度洋中脊。研究结果显示地幔布格重力异常变化比较明显（图 2-14），其中，地幔布格重力异常的最大异常值位于 Crozet 海底高地的东南侧；最小异常值位于 Kerguelen 海底高地。在剩余地幔重力异常（RMBA）图中（图 2-15），最大异常值位于 Rodrigues 转换带，异常值为 294mGal；最小异常值位于 Crozet 海底高地，异常值为 –231mGal，表明该区域洋壳没有受岩石圈变冷效应的影响。沿西南印度洋中脊轴部，地幔布格重力异常具有中长波变化趋势，从西向东，其值从 Bouvet 岛的 –181mGal 增加到 Andrew Bain 断裂带的 62mGal。剩余地幔布格异常与地幔布格异常变化一致。

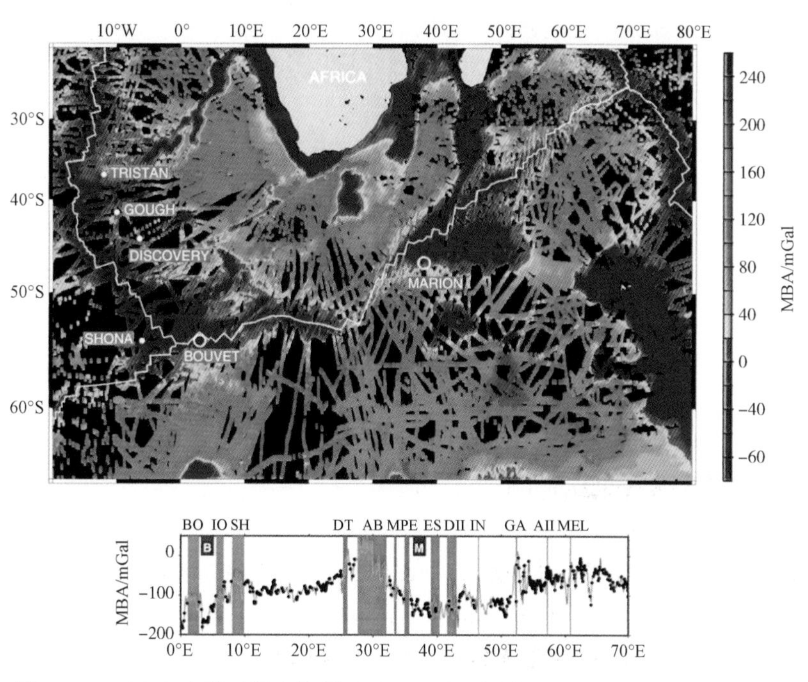

图 2-14　西南印度洋地幔布格异常（MBA）图（据 Georgen *et al.*，2001）

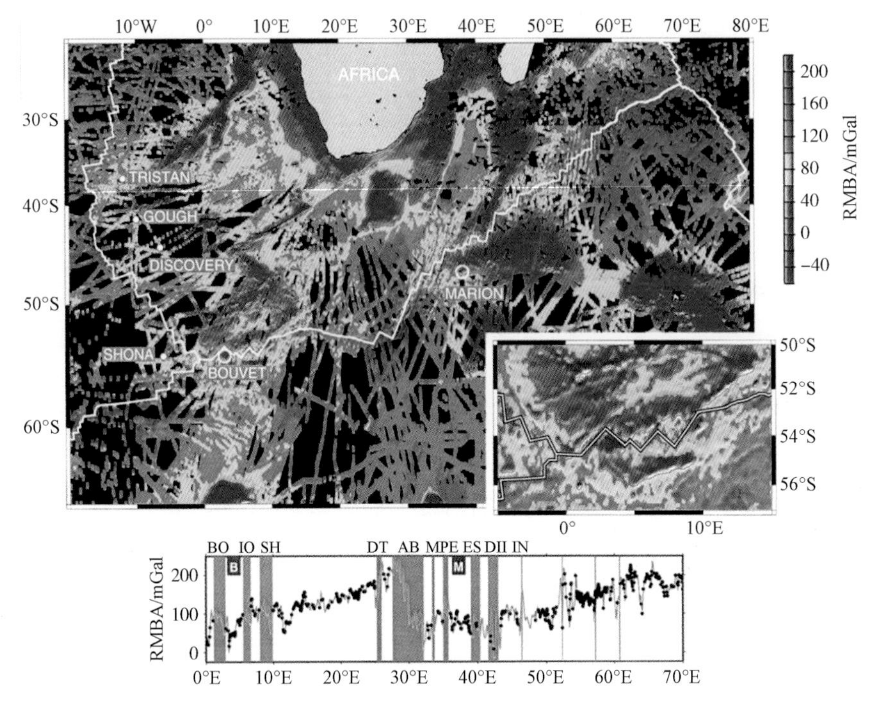

图 2-15　西南印度洋剩余地幔布格异常（RMBA）图（Georgen *et al.*，2001）

Mt.Jourdanne 热液矿点位于西南印度洋 Melville 断裂带以东的一个轴部火山脊的顶部，坐标为 27° 51′S，63° 55′E，火山脊高约 300m，火山脊峰顶水深为 2740m，扩张速率为 9.6mm/a。顶部主要由火山岩组成，包括席状熔岩、裂片状熔岩及枕状玄武岩。该区基底岩石以大洋中脊玄武岩、富集型洋中脊玄武岩、超基性岩为主，沉积类型为多金属块状硫化物，火山脊的顶部块状硫化物包括烟囱、丘体、碎屑矿物三种分布类型。该区广泛发育裂隙和断层，其走向平行或者垂直于地堑。这些裂隙通常为几十厘米宽，横向扩张达几十米。构造作用的规模从 10 ～ 20m 宽的断层陡崖到小于 20cm 宽的成群的小破裂。该区热液硫化物的发现首次证明了在西南印度洋中脊这样的超慢速扩张洋中脊上也存在着热液活动。

A 区位于 Indomed 断裂带和 Gallieni 断裂带之间的洋脊上，中心坐标为 49° 40′E，37° 45′S，为西南印度洋中脊已得到确认的活动热液区，水深约为 2800m，基底岩石以玄武岩为主，矿点规模为 1.2×10^4m，具有三组活动高温喷口，为在 SWIR 超慢速扩张洋中脊发现的第一个黑烟囱。2005 年中国环球航次对该区进行了调查，探测到该区周围分布四条新火山脊，同时在 A 区西部探测到水体存在着强烈的浊度异常和温度异常，反映该区附近存在一个大型的正在活动的热液喷口区。2007 年中国大洋协会组织的 DY115-19 航次以及 2008 ～ 2009 年的 20 航次都在该区周围发现了新的热液活动点，并采集到烟囱体样品和块状硫化物样品。未来该区及周围可能会发展为多个热液区。

第3章　洋中脊多金属硫化物找矿模型

海底热水活动是一个开放的体系，参与以及制约海底热水活动的地质营力可能包括洋、壳、幔三个圈层的多重交互作用，故而组成海底热水地质系统的地质要素（物源、水源、热源、动力源、空间和时间）是一个多元体系，而相关的地质作用（构造作用、岩浆作用和沉积作用）也具有多样性。本章归纳了与海底多金属硫化物相关的控矿要素和找矿标志，梳理了基于GIS的找矿预测方法，总结了用于建立海底多金属硫化物找矿模型的数据类型，为后续海底多金属硫化物成矿预测奠定了地质理论基础、技术方法基础及数据基础。

3.1　控矿要素分析

热液多金属硫化物矿床主要发育在板块运移或具有扩张裂隙的构造活动区，是由海水在洋壳中发生水－岩热液作用形成的。热液流体、断裂、洋壳渗透率和流体成分是控制硫化物矿化类型和程度的因素（Nath，2007）。单一的控矿要素往往仅形成小而不稳定的热液循环体系，只有多个因素的共同耦合才能形成大型硫化物矿床。

3.1.1　水深条件

海水是一种非常复杂的多组分水溶液，体积巨大，呈弱碱性。海水中的元素都以一定的物理化学形态存在。海水某些成分如铜、锰、铁、镍是海底沉积矿产的成矿物质主要来源（徐东禹，2013）。海水通过海裂隙通道下渗时，在深部岩浆房的热量以及高压环境下易形成热液流体。海水中富含的大量卤元素在热液形成时与岩石中的金属元素结合形成卤化物，并与岩石中的金属元素发生交代、置换等反应，导致元素的富集和迁移，最终形成含矿热液。高温热液流体在上升过程中，在通道内或喷出海底后都会与冷海水接触并发生能量和物质上的交换，从而造成温度、压力、pH等的变化，使热液中的成矿元素在海底界面附近发生沉淀。水深也影响着热液产物的矿物、化学组成和分布。

栾锡武（2004）对全球490多个热液活动区的水深分布进行了统计，认为全球热液活动区大部分水深集中在1300～3700m。平均水深为2532m。出现热液活动概率最高的水深为2600m，其次为1700m、1900m、2200m、3000m和3700m。Hannington等（2005）分析了全球110个热液喷口及其硫化物发现，热液喷口主要集中在2000～3000m的水深范围内，不同构造环境中热液区的产出水深范围不同，洋中脊主要集中在 2200 ～ 2800m 的深度，弧后扩张中心主要集中在 1600 ～ 2000m 的深度，而海底火山弧明显较浅，主要在小于 1600m 的范围。景春雷（2012）通过对洋中脊地区的 315 个热液矿点进行分析，表明热液矿点集中分布于水深 2000 ～ 4000m 的洋中脊地区，其中在 3000m 左右的大洋中脊发现的热液活动区数目最多。水深对现代海底热液成矿作用的影响主要表现在对流体沸腾和相分离的控制，进而影响金属硫化物沉淀的物理化学条件。当海底热液流体迁移时，因为外界条件的改变就会发生冷却和沉淀。

在水深约 3000m 的地方，典型的热液喷口流体温度为 350℃（远低于该压力下的沸点），喷口流体到达海底表面后，将冷却沉淀出硫化物。在浅水区，由于压力相对低，沸点也低，流体与海水接触混合将沸腾，发生气相分离。沸腾和蒸气相的分离使残余液体盐度升高（由于 NaCl 进入液相）、金属元素含量增高，但温度降低且亏损 H_2S（由于 H_2S 进入气相）。该过程的发生将导致富含金属元素的流体在洋壳中形成网脉状的热液产物，而气相喷出海底后，由于所含金属元素的减少，在海底表面以低温和亏损金属的矿化作用为主（Ohmoto，1996；Fouquet，1997；崔汝勇，2001；曾志刚，2011）。在深水环境中，流体中的金属元素也可在海水界面附近沉淀，热液流体与海水混合发生相分离，富含气体的热液流体中具有低金属含量的变化，形成的主要是重晶石和硬石膏。

3.1.2　沉积物盖层

Fouquet（1997）曾提出地质盖层是控制海底大型热液硫化物堆积体形态和规模的因素之一。在热液活动区，盖层的存在有利于金属元素的沉淀聚集，这对形成较大规模的热液硫化物等热液产物具有明显的促进作用。早期形成的热液产物，随着热液活动的持续作用，孔隙度及渗透性逐渐降低，可构成盖层，使流体在下部聚集并与海水发生混合作用，导致盖层下部大量的金属元素沉淀。

1977 年在有沉积物覆盖的 California 湾的 Guaymas 盆地中发现了大型硫化物矿床的存在（Lonsdale *et al.*，1980），而 1991 年、1996 年在胡安德富卡海脊的 Middle Valley 区的钻探结果也证实有沉积物覆盖的洋脊区同样可能是热液硫化物的富集区（Zierenberg *et al.*，1996）。

渗透率较低的沉积层可以使液体在高温下的滞留时间加长，防止高温热液热量的散失，使进行化学交换的岩石总量增多，以提供热液失热、析出成分的多孔空间，从而在圈闭系统内部发生剧烈的稳定热液对流。覆盖在洋脊上部的沉积物盖层可以使海底热液活动形成一个有效的圈闭系统，沉积物盖层与玄武岩组合在一起形成洋壳的最上层，形成一个相对恒温的热液储存器（Zierenberg *et al.*，1998）。

深海的钻探调查表明，大洋中脊有无沉积物覆盖，是造成热液作用不同类型的主要因素（吴世迎，1995）。在沉积物覆盖的洋中脊，沉积物为海底热液成矿提供了部分甚至是主要的物质来源；而在无沉积物覆盖的洋中脊，洋脊玄武岩或地幔岩是成矿金属的主要供应者（李军等，2014）。曾志刚等（2001）对收集到的现代海底热液沉积物的 1264 个硫同位素数据进行分析发现，无沉积物覆盖洋中脊中热液成因硫化物的硫主要来源于玄武岩，部分来自海水，是玄武岩和海水硫酸盐中硫以不同比例混合的结果；而在弧后盆地和有沉积物覆盖的洋中脊，除火山岩以外，沉积物和有机质都可能为热液硫化物的形成提供硫。Herzig 和 Hannington（1995）对比了以火山岩为主的洋中脊和以沉积物为主的洋中脊中的硫化物的矿物差异，发现在以火山岩为主的洋中脊中的硫化物缺少方铅矿，而以沉积物为主的洋中脊的硫化物则含有方铅矿，并且成分比较复杂，这也许是热液穿过沉积物盖层与沉积物发生交换而引起的矿物组成差异。

海底沉积物随着洋壳年龄的不同而呈区域性分布特征，在大洋中脊地区，慢速扩张洋中脊比快速扩张洋中脊有更多更厚的沉积物累积（Baker and German，2004），而一般新生洋壳之上沉积物厚度均比较薄，甚至缺失。

3.1.3　围岩类型

热液活动及热液沉积的多样性主要是地球动力环境和源岩性质造成的。海底热液矿床的围岩类型主要有玄武岩、安山岩、流纹岩、浊积岩等。不同构造环境有各种潜在的源岩，如洋脊形成大洋中脊玄武岩和碎屑沉积，洋内弧后区形成中性熔岩（玄武质安山岩、安山岩）以及年轻的陆内弧后裂谷形成典型的长英质火山岩（英安岩、流纹岩）。围岩是海底热液活动最重要的成矿物质来源之一，不同构造环境下热液矿区具有不同的围岩类型，将会造成形成的热液硫化物矿体矿物组成及元素组合存在明显差异（表 3-1、表 3-2）。

表 3-1　不同构造环境下热液多金属硫化物主要矿物组成（据 Herzig and Hannington，1995）

构造环境	围岩类型	磁黄铁矿	黄铁矿/白铁矿	闪锌矿/纤维锌矿	黄铜矿	SiO_2	硬石膏	重晶石	方铅矿	砷黝铜矿（As）	黝铜矿（Sb）	硫盐矿物	雌黄/雄黄（As）
洋中脊	火山岩为主	+	+	+	+	+	+	+					
	沉积物为主	+	+	+	+	+	+	+	+				
弧后扩张中心	玄武质安山岩、安山岩		+	+	+	+	+	+	+	+		+	
	英安岩、流纹岩		+	+	+	+		+	+	+	+	+	+

表 3-2　不同构造环境下热液多金属硫化物主要化学元素组成（据 Herzig and Hannington，1995）

构造环境	围岩类型	n	Fe/wt%	Zn/wt%	Cu/wt%	Pb/wt%	As/wt%	Sb/wt%	Ba/wt%	Ag/ppm	Au/ppm
洋中脊	火山岩为主	890	23.6	11.7	4.3	0.2	0.03	0.01	1.7	143	1.2
	沉积物为主	57	24.0	4.7	1.3	1.1	0.3	0.06	7.0	142	0.8
弧后扩张中心	玄武质安山岩、安山岩	317	13.3	15.1	5.1	1.2	0.1	0.01	13.0	195	2.9
	流纹岩、英安岩	28	7.0	18.4	2.0	11.5	1.5	0.3	7.2	2766	3.8

在洋中脊构造环境中，所有洋中脊的矿物组成中均以黄铁矿、磁黄铁矿及闪锌矿或纤维锌矿为主要成分，围岩类型导致的差异是有沉积物覆盖的洋中脊中含有方铅矿，而弧后扩张中心构造环境中缺少磁黄铁矿。

在洋脊环境，有沉积物盖层的洋中脊较火山岩为主的洋中脊具有 Pb、As、Sb、Ba 元素富集，而贫 Zn、Cu 的特征（景春雷，2012）。但是，快速扩张洋中脊或慢速扩张洋中脊在决定硫化物组合、流体成分和温度等方面并没有显著的差异，仅仅是不同洋中脊上不同的构造环境对硫化物沉积的成熟度产生了影响。在岛弧张裂环境中，岛弧下部的“基底”多为陆壳或过渡壳，火山作用的产物主要为相对富含 Pb、Zn 的长英质火山岩系。故而，在海水循环和水 – 岩反应过程中，岛弧环境的火山 – 沉积岩系无疑比洋脊环境的玄武岩系提供更多的 Pb、Zn 和更少的 Cu、Fe 组分。岛弧张裂环境的硫化物矿床比洋脊环境的硫化物矿床普遍低 Cu、Fe 和 Se，显著高 Pb、As 和 Sb，中等富 Mn、Zn、Ag（别风雷等，2000）。

3.1.4　断裂构造

断裂构造是海底多金属硫化物重要的控矿因素之一，其成矿有利部位主要有以下几个方面：①不同方向断裂构造的交叉处，主干断裂与次级断裂的交汇处。②断裂产状发生变化的部位，如平面上断层走向发生扭曲的转弯处、剖面上张性断层倾角由缓变陡处，以及压性断层由陡变缓处。③断裂中局部圈闭较好的部位。④断裂构造与成矿有利岩层地层交汇或其他构造的交切处等。探讨区域性构造断裂的展布特征能够更好地指明区域找矿方向。

海底断裂构造的发育程度与海底多金属硫化物成矿密切相关，区域性的断裂构造控制着岩浆的侵入及热液的运移等，断裂系统是海水下渗对流、热液与玄武岩发生物质交换、交代、萃取等作用以及热液运移、喷出的良好通道，又是热液活动区最重要的导矿和容矿通道，对热液硫化物的形成起着重要的控制作用。吴世迎（1995）从理论上分析讨论了洋壳的裂隙构造和海水循环对海底热液成矿作用的意义，认为海底裂隙系统是海水下渗的通道，在热液系统中，海水通过裂缝、裂隙或断层向下流动，对海底热液成矿作用产生重要影响。高爱国（1996）认为海底热液活动均与海底构造相关，构造系统为热液流体的运移提供了通道，也为热液多金属硫化物的沉淀提供了有利场所。Glasby（1998）对 92 个热液喷口进行了统计，发现 81% 的热液喷口出现在断裂交错区。侯增谦（2003）指出在海底环境，只有张裂作用和裂谷作用可以同时满足硫化物成矿的基本要素，热液成矿作用多与张裂活动密切相关。栾锡武（2004）对全球 400 多个热液活动区进行研究，也指出海底热液活动区主要分布在构造活动剧烈的拉张环境中。

目前，从热液矿床发育的构造环境看，不论是板块汇聚的岛弧带还是板块增生带的扩张洋脊，热液活动均与张性构造密切相关。张性构造对热液活动的影响除了导矿（热液流通）和存矿功能外，还表现在以下三个方面：①改变了热液活动的物理化学条件。由于张应力的存在，将导致张性构造内的压力低于周围环境的压力，从而使成矿物质在热液中的溶解度减小，发生沉淀，形成热液矿床。②张性构造由于其围岩性质及张应力的大小不同，其张裂的方式与速率均不相同。这会影响岩浆房上侵的范围和规模、海底水岩反应进行的程度以及热液流体中矿物的分离、沉淀机制。结果往往反映在热液沉积物的矿物组合和元素组合的不同。③构造是控制热液活动导矿、存矿的因素，因此构造变化的规律在某种意义上也就是矿体分布的规律（高爱国，1996）。作为常发现热液活动及其硫化物产物的裂陷盆地、断陷地堑、凹陷火山口等地貌，在一定程度上决定了热液活动区的形态和分布。火山活动以爆发的方式进行直接释放热量，其产出位置直接指示了构造薄弱带和岩浆高通量区，与火山活动伴随发育的断裂系统往往是热液活动发育的优良场所，破火山口是断裂集中的地区，具有较高热流，其放射性的断裂对热液流体的集中喷溢起到了很重要的作用，热液矿床往往为透镜状的形态，热液活动受地堑断裂控制，其产物则沿裂隙走向分布（季敏，2004）。

3.1.5 扩张速率

洋中脊构造环境是现阶段发现最多热液区点的区域，许多研究表明，洋中脊扩张速率对热液硫化物区点产出的频率和规模具有一定的影响。快速扩张洋中脊往往洋壳较薄，扩张速度为 6 ～ 10cm/a，并伴有大量火山喷发活动。中速扩张洋中脊（4 ～ 6cm/a）和慢速扩张洋中脊（1 ～ 4cm/a）洋壳相对较厚，仅在较长时期的构造扩张活动之间发生间歇性的火山活动。岩浆供应速率、轴下岩浆的深度，以及岩浆与构造活动的强度均会影响热液循环的规模和强度。因此，扩张速率和热液活动的发生率之间存在一个相关性（Baker *et al.*，1995，1996；Baker and German，2004）。然而，较大的硫化物矿点往往发育在火山呈幕式喷发，并伴有长期强烈的构造活动的区域（Hannington *et al.*，2005）。

Huang 和 Solomon（1998）通过对洋中脊区域地震资料的研究发现，断层作用深度会随着扩张速率的增加而减少。慢速扩张洋中脊上可以发育大型的拆离断层，其作用深度可达深部岩浆房上方，而快速扩张洋中脊上断裂作用主要集中在洋壳浅部，以一些小的断层或裂隙构造为主。Macdonald（2001）在对洋中脊区域地形和断层的研究中发现，岩浆上涌的速率是影响洋中脊地形的重要因素之一，且区域内断层发育的形态与扩张速率有关。在慢速扩张洋中脊呈 1 ～ 3km 深的轴向裂谷地形，80%的断层向轴部倾斜。在快速扩张洋中脊往往形成几百米高的轴向高地，且倾向轴内和轴外的断层比例相近（图 3-1）。

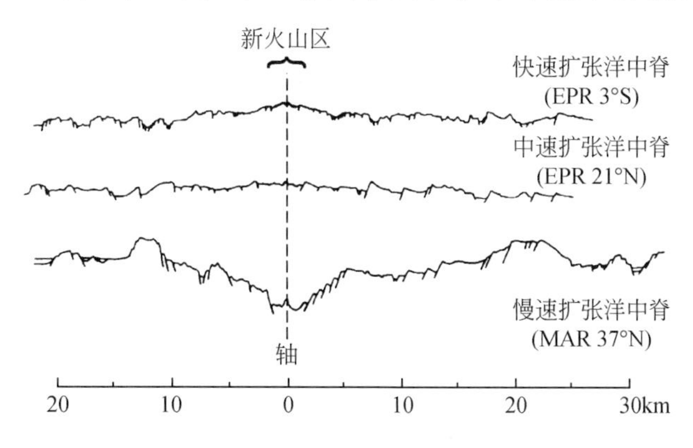

图 3-1　不同扩张速率洋中脊的地形（据 Macdonald，2001）

在快速扩张洋中脊，如东太平洋海隆的南部，岩浆上涌的速度比扩张速率快，因此，岩浆冷却积聚形成比周边海底高100多米的火山高地。喷发裂缝通常处于相对狭窄的轴向地堑（约1km宽），这是发育热液喷口最常见的位置。然而，快速扩张洋中脊上频繁剧烈的构造和火山活动会改造先期的构造格局，破坏热液流体的循环，并埋藏沿局部裂隙发育的硫化物矿体。快速扩张洋中脊在构造活动末期，地壳破裂严重，具有较高的渗透性，所以一般沿断层面破裂处弥散排放，易形成众多小型的硫化物烟囱（Fouquet，1997）。因此，在快速扩张洋中脊上海底多金属硫化物矿床往往数量较多，但规模均较小。

慢速扩张洋中脊和中速扩张洋中脊，如大西洋中脊和印度洋中脊，其岩浆供应率较低，相对快速扩张洋中脊，热液流体在上涌过程中，更加受到断裂构造的控制。慢速扩张洋中脊具有较宽的（宽至15km）以及较深的（深达2km）轴向断层裂谷。火山喷发非常少甚至几千年间隔才活动一次，在速率最慢的慢速扩张洋中脊上，很可能是数万年时间火山才会喷发。直到1984年，人们普遍认为，慢速扩张洋中脊上的热液活动会因为缺少近海底的岩浆热源而受到限制。然而，大西洋中脊上TAG热液区的发现表明慢速扩张洋中脊上也可以发育大型的热液系统。相对于快速扩张洋中脊，慢速扩张洋中脊上的深大断裂可以使热液循环的流体下渗到洋壳更深的部位，与规模更大的岩浆热源接触，不太频繁的构造活动使热液上升流长期存在，热液流体沿主要断裂集中排放，这有助于形成长期的热液循环系统并发育更大型的海底多金属硫化物矿床（Hannington *et al.*，2010）。

3.1.6　洋壳年龄

海底热液活动及其硫化物成矿作用与大洋板块的构造演化具有十分密切的关系。大西洋、印度洋、太平洋从中侏罗世（171Ma）开始演化，其演化过程可大致划分为四个主要阶段：① 171 ~ 120Ma，无定向扩张洋中脊，古大洋板块和磁静带形成；② 120 ~ 80Ma，过渡阶段，广泛发育火山作用，形成规模较大的火山带；③ 80 ~ 27Ma，洋脊线性扩张，形成较年轻的大洋板块；④ 27 ~ 0Ma，形成全球相关联的扩张洋脊。

通过对ODP钻孔获得的沉积物化学成分测定，统计不同阶段含金属沉积物（无碳酸盐沉积的沉积物Fe+Mn>10%，指示沉积时有热液活动）在层间的出现频率如图3-2所示，在大洋板块构造演化的过程中，热液活动具有幕式增强的特点（图3-2），分别在后白垩纪（97.5 ~ 65.0Ma）、始新世（54.9 ~ 38.0Ma）、中新世（24.6 ~ 5.1Ma）及更新世（<2Ma）表现出较强的热液活动（杨耀民等，2007）。热液活动促进了成矿物质的运移与交换，有利于硫化物的形成。

现阶段已发现的最大热液硫化物矿床成矿时期大概经历了1000 ~ 100000年。目前，TAG热液区活动的硫化物丘位于100000 ~ 200000年前的洋壳上，这个区域的热液活动被认为开始于130000年前（Rona *et al.*，1993a，1993b；Humphris and Tivey，2000；Hannington *et al.*，2010）。热液活动期一般时间较长，而热液硫化物成矿期往往时间相对较短，且一般处于热液活动后期。因此，可以通过洋壳年龄来限定热液点位置与洋脊的距离。

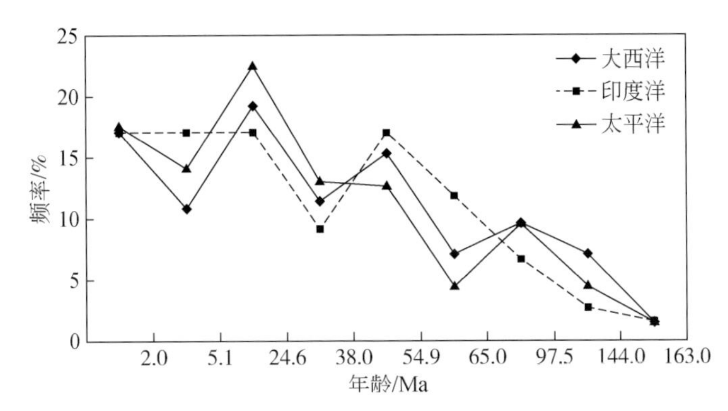

图 3-2　三大洋不同地质历史时期热液活动频率变化图（据杨耀民等，2007）

3.1.7　岩浆作用

近年来，通过海底地震仪及电磁探测技术对大洋中脊、弧后盆地等地区开展了深部探测研究，获得了反映岩石圈上部和洋壳内部结构的信息，对这些信息的解译研究使人们对于热液循环系统以及热液多金属硫化物成矿机制有了更深入的了解。研究表明，发生热液活动通常需要岩浆房的存在，流体运移及热液循环系统均依赖于岩浆房形态和岩浆供给情况（Fouquet，1997）。在不同的构造扩张环境中，岩浆供给率也不同，海底地形与洋中脊轴下岩浆供给情况、岩浆房大小均有关系（Macdonald *et al.*，1988；Sinton and Detrick，1992；Macdonald，2001）。高岩浆供给区岩浆房埋深浅且规模大，洋脊顶部水深较浅，洋壳厚度薄，洋壳裂隙、断层数量较少且规模较小，形成的多金属硫化物矿体具有高温、高 MgO 富集、低密度的特征。低岩浆供给区岩浆房深度大且规模小，洋脊顶部水深较深，海底地形表现为深地堑裂谷形态，洋壳易发育大规模裂隙和断裂构造，形成的多金属硫化物矿体具有低温、低 MgO 富集、高密度的特征（景春雷，2012）。洋壳深部岩浆供给细微的变化也会引起洋中脊轴部地形地貌、洋壳厚度、断裂分布形态等显著变化，从而影响洋中脊热液硫化物的分布，形成不同规模的多金属硫化物矿体。

3.2　找矿标志总结

本节主要从地球化学元素异常与地球物理重磁异常两方面总结与海底多金属硫化物相关的找矿标志。

3.2.1 地球化学元素异常

现如今，化探找矿是一种重要的找矿方式，根据各类化探方法所圈出的各种化探异常，是重要的矿化信息和预测找矿标志。与热液硫化物相关的地球化学元素如表3-3所示。然而，洋底大区域的化探数据比较难以得到，因此化探数据暂时不作为成矿预测的有利因素。

表 3-3 热液硫化物相关地球化学元素表

相关元素	与成矿的关系
CH_4	海洋中热液喷发是 CH_4 的主要来源，因此，CH_4 已成为一个用于热液活动探测的示踪器（Charlou *et al.*，1988）
Mn	Mn 是活动的热液来源（黑烟囱类型）的示踪物，它能够在大洋尺度下扩散
Zn、Cu、Ag、Au	（1）硫化物矿床靶元素（成矿的金属元素） （2）洋中脊环境的硫化物矿床多为 Cu-Zn 型或 Cu 型，岛弧张裂环境的硫化物矿床多属 Zn-Pb-Cu 型或 Pb-Zn-Cu 型
Hg、As、S、Sb、Se、Cd、Ba、F、Bi	（1）硫化物矿床探途元素（容易探测的而且与成矿作用有关的元素） （2）岛弧张裂环境的硫化物矿床比洋脊环境的硫化物矿床普遍低 Cu、Fe 和 Se，显著高 Pb、As 和 Sb，中等富 Mn、Zn 和 Ag
Pb 同位素	铅同位素组成与成矿构造背景、围岩组成和沉积物发育程度等有很好的相关性，具有高放射成因铅的金属成矿作用主要发生在以长英质火山岩为围岩或有沉积物覆盖的区域
氧逸度、硫逸度	热液体系的硫逸度和氧逸度直接影响硫化物的沉淀，在碱性溶液中（pH>7）低浓度的 S^{2-} 即可以与金属离子反应形成难溶的金属硫化物；在高温略显酸性的热液中 HS^- 和 S^{2-} 的优势场范围扩大，金属硫化物可以在氧逸度比常温下稍高的环境中生成并稳定

3.2.2 地球物理重磁异常

物探异常是重要的矿化信息，为洋底热液硫化物矿床的预测提供了重要线索，发挥了重要作用。海底热液多金属硫化物主要指闪锌矿、黄铁矿、黄铜矿及磁黄铁矿等，其围岩一般为大洋玄武岩，部分区域被沉积物覆盖。就密度而言，黄铁矿密度为 4.9 ～ $5.2g/cm^3$，黄铜矿密度为 4.1 ～ $4.3g/cm^3$，磁黄铁矿密度为 4.3 ～ $4.8g/cm^3$，而玄武岩密度仅为 2.6 ～ $3.3g/cm^3$（曾华霖，2005），硫化物矿物的密度明显比玄武岩大。另外，若热液硫化物区域存在较厚沉积层且厚度变化较大，则密度差异更大。就磁性而言，热液系统围岩岩性很不相同，从玄武岩至蛇纹石化橄榄岩均在底层洋壳中出露。热液活动过程对洋壳及上地幔的磁结构均具有重要的影响。热液过程既可以破坏玄武岩、辉绿岩、辉长岩的磁性矿物，又可以通过超镁铁质岩石的蛇纹石化或磁性矿物的沉积产生新的磁性矿物（Tivey and Dyment，2010）。热液硫化物与其围岩或者沉积物之间的密度和磁化强度的差异，是利用重力、磁力方法进行海底热液硫化物勘探的物性基础。海底热液硫化物区在磁化强度反演结果上多表现为等轴状低值异常，在剩余布格重力异常结果上表现为局部重力高异常（杨永等，2011），这是热液硫化物矿床勘探中的重要找矿标志。

3.3　地质大数据与找矿模型的建立

与陆地多金属硫化物矿床相比，海底多金属硫化物矿床的研究程度相对较低，可收集到的用于成矿预测的区域性数据较为受限。在大数据时代背景下，本书基于对控矿要素的分析，主要从地形条件、地质条件、地球物理条件等收集与海底热液硫化物矿床相关的数据，充分挖掘对成矿预测有利的信息，将定性的概念转化为可以定量分析的变量，建立用于后续成矿预测的找矿模型。由于海底区域性的数据种类相对较少，海底多金属硫化物找矿模型适当简化了其概念模型，但仍反映了硫化物矿床成矿过程中较为关键的因素或对于找矿具有较大影响的因素。找矿模型中涉及的数据包括热液区点、水深、扩张速率、重磁异常、断裂构造、地震点、洋壳年龄及沉积物厚度等（表 3-4）。

表 3-4　基于数据的找矿模型

<table>
<tr><th>控矿因素</th><th colspan="2">成矿预测因子</th><th>数据类型</th><th>数据格式</th><th>分辨率</th><th>来源</th></tr>
<tr><td rowspan="2">地形信息</td><td colspan="2">水深条件</td><td rowspan="2">水深数据</td><td rowspan="2">.xyz</td><td rowspan="2">1′</td><td rowspan="2">NGDC</td></tr>
<tr><td colspan="2">坡度条件</td></tr>
<tr><td rowspan="6">地质信息</td><td rowspan="4">构造条件</td><td>有利构造影响区</td><td rowspan="4">构造</td><td rowspan="4">.shp</td><td rowspan="4">—</td><td rowspan="4">文献及重磁解译</td></tr>
<tr><td>主干构造发育</td></tr>
<tr><td>构造发育程度</td></tr>
<tr><td>构造对称特征</td></tr>
<tr><td colspan="2">洋壳年龄条件</td><td>洋壳年龄</td><td>.xyz</td><td>2′</td><td>NGDC</td></tr>
<tr><td colspan="2">沉积物条件</td><td>沉积物厚度</td><td>.xyz</td><td>5′</td><td>NGDC</td></tr>
<tr><td rowspan="2">地球物理信息</td><td colspan="2" rowspan="2">重磁异常分析</td><td>重力异常</td><td>.xyz</td><td>2′</td><td>BGI</td></tr>
<tr><td>磁力异常</td><td>.xyz</td><td>2′</td><td>CIRES</td></tr>
<tr><td rowspan="2">其他信息</td><td colspan="2">地震活动频率</td><td>地震点（≥5 级）</td><td>.exl</td><td>—</td><td>USGS</td></tr>
<tr><td colspan="2">洋脊扩张速率</td><td>扩张速率</td><td>.xyz</td><td>2′</td><td>NGDC</td></tr>
</table>

热液点数据主要通过 InterRidge 网站以及相关文献中收集整理得到（Rona and Scott，1993；Bach *et al.*，2002；陶春辉等，2014）。热液点数据包括已经确认硫化物产物的热液区点以及通过发现热液异常推测的热液异常点。热液异常包括热液羽状流标志、温度异常及浊度异常，往往指示了周边区域极有可能发现活动的热液喷口以及相关的硫化物产物。

水深数据来自美国国家海洋和大气管理局（NOAA）地球物理数据中心（NGDC）的 ETOPO1 模型，分辨率为 1′，该模型综合了陆地地形及海底水深数据（Amante and Eakins，2009）。前文统计分析结果表明水深与热液多金属硫化物的分布相关，因此水深数据可以作为找矿模型中的变量之一。

重力异常数据来自国际地磁局（BGI）建立的 WGM2012 全球重力异常数据模型（Bonvalot *et al.*，2012），分辨率为 2′。磁力异常数据来自全球磁力异常网格模型（EMAG2），由科罗拉多大学环境科学合作研究所（CIRES）发表，分辨率为 2′（Maus *et al.*，2009）。由于热液循环活动和热液喷发以及硫化物矿体的出现造成了与周围未有热液活动或者未矿化地段的一系列物性、磁性的差异，因此地球物理数据也是研究海底多金属硫化物矿床的重要手段之一。

构造数据是海底多金属硫化物找矿模型中较为关键的因素，主要通过相关文献中构造信息的矢量化（Bernard *et al.*，2005）以及重磁异常的构造解译获得。洋壳年龄数据同样来自美国国家海洋和大气管理局（NOAA）地球物理数据中心（NGDC），分辨率为2′（Muller *et al.*，2008）。硫化物成矿期一般比热液活动期短，且往往位于热液活动后期，通过洋壳年龄数据，可以限定热液点位置与洋脊间的最远距离。沉积物厚度数据与洋壳年龄来源相同，分辨率为5′（Divins，2003）。有沉积物覆盖的洋脊硫化物成矿规模往往相对较大，沉积物盖层可以阻止热液循环中温度散失及热液羽状流中金属元素的流失，从而保护热液多金属硫化物矿床免遭氧化和破坏（Hannington *et al.*，2005）。

地震点数据来自美国地质调查局（USGS），主要收集了1950～2013年震级大于5级的地震点数据。构造活动和火山活动是控制热液活动及硫化物成矿的关键要素之一，而地震活动往往反映了洋壳中构造活动和火山活动的存在。因此，地震点数据可以作为找矿模型中一个间接的控矿要素。扩张速率数据来自美国国家海洋和大气管理局（NOAA）地球物理数据中心（NGDC），分辨率为2′（Muller *et al.*，2008）。洋脊扩张速率的不同往往反映了区域构造应力及岩浆供应速率的不用。岩浆供应率、轴部岩浆深度及构造扩张运动的程度会影响热液循环的规模和强度。因此，扩张速率也可以作为找矿模型中的预测要素之一。

第 4 章　洋中脊多金属硫化物成矿定量预测方法

在科学预测理论的指导下，应用地质成矿理论和科学方法综合研究地质、地球化学、地球物理等方面的地质找矿信息进行成矿预测，其预测结果可以正确指导不同层次、不同种类找矿工作的布局，布置具体的勘查工程或提出勘查工作的重点区段，提高找矿工作的科学性、有效性，提高成矿地质研究程度（赵鹏大，2006）。陆上找矿勘探工作中的成矿预测方法流程已经相对成熟，应用也较为广泛，海底多金属硫化物作为矿产资源的新领域，这套方法流程应同样适用。

4.1　成矿预测理论与方法

4.1.1　成矿预测基本理论

成矿预测是一项在不确定条件下制定最优决策的工作。成矿预测作为一种地质系统，与其他技术、经济系统存在重要区别（赵鹏大，2007）。如果将勘查工作视为一个包含众多子系统的大系统，那么成矿预测就是一个动态的子系统。我们在强调勘查大系统完整性的基础上，还要重视勘查子系统的相互依赖性以及相对独立性，既要重视勘查工作的循序渐进性，又要充分考虑找矿工作不同阶段在找矿方法、找矿标志、控矿因素上的特殊性及差异性。成矿预测是一项贯穿矿产勘查全过程的工作，赵鹏大等 1990 年率先提出成矿预测的基本理论，可以概括为以下三个方面。

（1）相似类比理论：相似类比理论认为在相似地质环境下，应该有相似的成矿系列和矿床产出；相同的地区范围内应该有相似的矿产资源量。根据这一理论，指导成矿预测的首要工作就是建立矿床模型。这也是进行地质类比的基本工具。矿床模型是对矿床所处三维地质环境的描述。对大比例尺成矿预测来说，尤其要加强地球物理特征的概括和深部地质环境的描述，因此，有人提出建立矿床的“物理 - 地质模型”的概念。矿床模型法实质上就是成矿地质环境的相似类比法。通过预测区与已知矿床地质特征的相似程度来判断预测区成矿远景大小是矿床统计预测的聚类分析法的依据。

（2）求异理论：众所周知，物探、化探异常是矿床预测的重要依据，然而却较少论及“地质异常”的概念和意义。在一定环境和作用条件下，在连续的时间进程中所形成的地质体应该具有一定的并且是稳定的结构构造、物质成分和成因序次。一旦环境（地质的、物理的、化学的或生物的）发生变化、作用发生改变或各种环境作用的时间进程发生变异，则会导致所形成的地质体发生物质成分、结构构造或成因序次上的改变。这种发生在地壳或其某一部分的变化在整个地质历史发展过程中是十分频繁、普遍的，有时是很剧烈的，因而可能构成很复杂的结果，并使得一些地区地质过程的产物具有显著的与周围产物相区别的特征。这样的地区，实际上形成了一种“地质异常体”（赵鹏大、池顺都，1991）。矿体的形成与地质异常现象是分不开的，地质找矿的关键因素是找到地质异常。

一般认为，矿床的形成应具备：①矿源、热源和水源的有机组合和匹配；②导矿、散矿及运矿通道的有机组合和匹配；③赋矿、聚矿及成矿的空间与时间的有机组合和匹配；④导致矿质沉淀失衡、失稳与失常的物理化学和生物环境；⑤导致矿床形成的富集—耗散—富集的过程（赵鹏大、池顺都，1996）。因此，形成“致矿地质异常”需要一个复杂的过程。受与成矿作用有密切关系的地质因素控制而形成的地质异常体是矿床形成的必备条件。有地质异常并不一定导致成矿，但矿床的形成必然有地质异常的存在（赵鹏大、胡旺亮，1992）。这一概念已经涵盖了矿床作为“地壳中有用组分自然浓集地段”的自然属性。因此，成矿预测的基础是查明地质异常。它同样是物化探异常产生的根源，也是产生新类型和特殊类型矿床的前提条件（Zhao，1992；赵鹏大等，2000）。

地质异常是包含有定量的，且是某种强度的概念。异常是相对背景而言的，每个控矿地质因素或地质条件都有一个正常的背景场。如果使用一个数值区间（或阈值）来表示背景场，只要是超过或低于该阈值的场就构成地质异常，它具有一定的空间范围以及时间范围，是地壳结构不均匀性的综合反映。地质异常与物化探异常在时间和空间上可能存在某种联系，但是它们又有着重要的区别。物化探异常是矿化所致，是由于矿床的形成而导致地壳局部物理场和化学场的变异，是矿床存在的标志（指矿致异常），而地质异常则是矿床形成的前提（赵鹏大、孟宪国，1993）。

依据目前已知矿床所建立的模型，只能预测与之类型相同、规模相似或更小的矿床，而无法预测出未曾发现过的矿床新类型或迄今尚未发现过的规模巨大的矿床。因此，不能只关注与已知类型的成矿环境类比，还要关注“求异”。

（3）定量组合控矿理论：成矿并非靠单一因素，也不是靠任意因素的组合，而是需要“必要和充分”因素的组合。现在，我们尚不能对其充分认识和查明。因此，成矿和找矿就成了非确定性事件。故而，我们的任务就是最大限度地提高找矿概率。这要求我们必须最大限度地查明“控矿因素定量组合”；同时，这也是成矿预测必须提取、构置、优化各种成矿信息，并加以综合定量处理的依据。另外，必须研究各种成矿因素在成矿中所起作用的大小、性质和方向；研究各种成矿因素在成矿中的参与度或合理“剂量”。也就是说，必须尽可能地定量研究成矿因素组合，而不仅限于定性的分析和判断。通常，在地质条件相似的情况下，一些地区有矿而另一些地区无矿的原因就是，“相似的地质条件”并不一定是成矿的“充分条件”。一般而言，一个地区成矿概率的大小与有利因素组合程度相关，也与关键因素是否存在相关。

在上述三个理论中，相似类比理论是成矿预测的基础，它要求我们详细了解并大量总结国内外各类已知矿床的成矿条件、矿床特征和找矿标志；求异理论是成矿预测的核心，它要求在相似类比的基础上重点发现不同层次或不同尺度水平、不同类型的异常；定量组合控矿理论是成矿预测的依据，它要求我们掌握所有与矿床成因相联系的地质、化学、物理及生物作用，掌握所有与成矿相关的因素及其特征。相似类比理论指导我们开展成矿环境的对比，从而增加在广泛的地壳范围内选择所要寻找和预测的最可能成矿环境的可能性，或者在特定的地段内，根据其地质环境判断可能寻找和预测的矿产。求异理论指导我们进行成矿背景场和地质、物探、化探及遥感等异常的综合分析，从而使我们有可能在确定的有利成矿环境或地段内进行预测靶区的选择。定量组合控矿理论指导我们进行成矿概率大小和成矿优劣程度的分析，从而使我们有可能在圈定的成矿远景区中评价并优选最有可能成矿的地段以及最佳地段（赵鹏大，2006）。三个理论之间的关系及作用如图 4-1 所示。

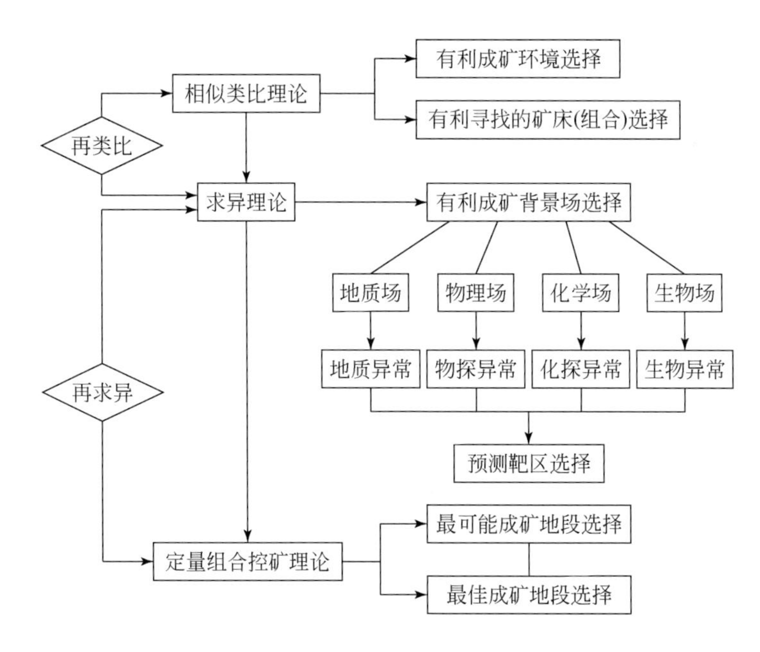

图 4-1　成矿预测理论、作用及相互关系概图（据赵鹏大，2006）

4.1.2　成矿预测方法

在成矿预测研究中，数学方法（传统数学方法和非线性数学方法）和高新信息技术（GIS、GPS、RS 等）具有极其重要的作用。矿产资源评价涉及的所有信息都属于地理信息的范畴，即几乎都直接或间接地与空间位置相关。脱离空间位置讨论地质体、构造、岩性、采样、样品分析、物化探异常甚至矿产资源评价是没有意义的。而地理信息系统（GIS）正是处理空间数据的强有力工具，它能以很快的速度处理空间数据和各种特征信息，并把不同类型的数据合成为一种单个的分析。

自 20 世纪 90 年代，随着 GIS 空间信息技术的发展，矿产资源预测与评价进入了 GIS 时代，形成了以空间数据库和 GIS 空间分析技术为支撑的矿产资源数字化预测评价方法体系，以矿床地质模型为指导，以地球动力学构造建造成矿预测分析为基础，全面系统地分析地质、地球物理、地球化学、遥感等多元空间数据，科学地开展未发现的矿产资源潜力评价（肖克炎等，2007）。该理论和方法体系已成为目前开展矿产资源预测与评价的主流方法，并日趋成熟，广泛地应用于区域矿产资源远景预测评价的工作中（朱裕生等，1997；肖克炎、朱裕生，2000；Harris *et al.*，2000，2007；叶天竺等，2004；Cassard *et al.*，2008；陈建平等，2005，2008a）。

矿床的形成，与深部物质组成、结构构造等地质信息密切相关。由于地质信息和地质现象本质上是三维的，因此通过二维的平面图件很难全面而准确地掌握整体的地质情况。面对新形势下的新需求，基础地质工作亟待转变工作模式，将地质问题从传统的二维平面上升至三维立体的层面进行更深入的研究。

自 20 世纪 90 年代初，赵鹏大团队在安徽月山地区开展了大比例尺三维立体矿床统计预测研究，填补了国内深部矿体三维预测方面的空白。在三维基础上，利用计算机三维建模、可视化技术及地质统计学等方法进行矿体的三维成矿预测已逐渐成为近几年来矿产勘查领域的一大亮点。中国地质大学（北京）陈建平团队将传统区域二维成矿预测方法与先进的三维可视化技术结合，基于"立方体预测模型"找矿方法，建立了一套可行的三维矿床建模及三维定位定量预测方法体系（陈建平等，2007，2014a，2014b），并在多个地区的找矿预测研究工作中得到应用，取得了很好的成果。三维成矿预测评价通过三维地质建模技术，建立直观立体的三维地质模型，展示地质体的形态以及不同地质体之间的相互接触关系，从而更加有效地进行相关地质研究，开展找矿预测工作。

陆地矿产资源的定量预测方法已经相对成熟，并广泛应用于矿产资源勘探研究工作中。海底多金属硫化物资源作为矿产资源的新领域，陆上矿产资源的成矿预测方法和理论应当同样适用，依据不同的勘探阶段不同的任务目标，定量预测流程也应该是一个阶段性的过程，预测范围应由大至小、由面到点过渡。经过 40 多年的海底矿产资源调查研究，人们对于海底热液硫化物成矿环境、成矿机制及成矿潜力均具有一定的认识，现阶段可用于成矿预测研究的数据也有了一定的积累，因此海底多金属硫化物定量预测工作具有可行性。在研究程度较高的典型热液区，可利用三维建模技术，建立三维地质模型，结合三维实体和块体模型，通过找矿标志的定量分析和变量提取，使传统的二维成矿预测转变为三维可视化预测评价阶段，以完成快速定位找矿靶区的目标。

本书在成矿预测的研究中采用的数学方法主要有证据权法和信息量法。

1. 证据权法

证据权法是一种离散的多元统计方法，Bonham-Carter 等（1989）对此方法进行了改进，并应用到矿产资源预测领域。证据权法主要运用相似类比理论（胡旺亮、吕瑞英，1995），认为相似地质条件下赋存相似类型的矿床，将与已知矿床地质背景相似的地区作为成矿远景区或找矿靶区。通过分析并提取地层、构造、物探、化探、遥感等找矿有利信息，根据已知矿床（点）与各种成矿有利信息之间的位置关系和条件概率来确定各找矿条件的证据权重，即这些找矿有利信息对找矿指示作用的大小，据此计算出研究区内任意单元网格的成矿概率值（邓勇等，2007；刘世翔等，2007；王功文、陈建平，2008）。

简单来说，证据权法就是将具有明确地质含义的证据因子划分为一系列多边形单元，计算每个证据因子的先验概率和权重，再对这些单元进行信息综合定量分析，计算每一单元内出现矿床的后验概率，最后根据后验概率的大小圈定找矿远景区（陈冲等，2012）。

1）先验概率

先验概率即根据已知矿点分布计算得到的各证据因子单位区域内的成矿概率。假设研究区的总面积被划分为 T 个单元，其中有 D 个含矿单元，那么随机选取一个单元含矿点的概率为

$$P_{先验}=P(D)=D/T \tag{4-1}$$

研究区内所预测矿产产出的先验概率（O）为

$$O_{先验}=O(D)=\frac{P(D)}{1-P(D)}=\frac{D}{T-D} \tag{4-2}$$

2）后验概率

证据权法要求各证据因子之间相对于矿点分布满足条件独立。假如它们均满足矿点条件独立，那么对于 n 个证据因子，研究区任一网格单元 K 含矿点的可能性用后验概率对数可表示为

$$\ln(O_{后验})=\ln(O_{先验})+\sum_{j=1}^{n}W_j^K(j=1,2,3,\cdots,n) \tag{4-3}$$

式中，W_j^k 为第 j 个证据因子的权重，其中：

$$W_j^K=\begin{cases}W^+ & 证据因子存在\\ W^- & 证据因子不存在\\ 0 & 数据缺失\end{cases} \tag{4-4}$$

后验概率为

$$P_{后验}=O_{后验}/(1+O_{后验}) \tag{4-5}$$

后验概率 $P_{后验}$ 代表了每个单元内找矿的有利度，根据后验概率得出找矿远景区。

3）权重

对任意一个证据因子的二值图像权重可定义为

$$W^+=\ln\left\{\frac{P(B/D)}{P(B/\bar{D})}\right\} \tag{4-6}$$

$$W^{-}=\ln\left\{\frac{P(\bar{B}/D)}{P(\bar{B}/\bar{D})}\right\} \quad (4\text{-}7)$$

式中，W^{+}、W^{-} 分别代表证据因子在存在区和不存在区的权重值，原始数据缺失区域的权重值设为0。

用 C_j 表示该证据层与矿床（点）证据层的相关程度，C_j 可定义为

$$C_j=W_j^{+}-W_j^{-} \quad (4\text{-}8)$$

C_j 值大表示该地质标志的找矿指示性较好，C_j 值小表示该找矿标志的找矿指示性较差。若 $C_j=0$，表示该找矿标志对有矿与无矿无指示意义；$C_j>0$，表示该找矿标志的出现有利于成矿；$C_j<0$，表示该找矿标志的出现不利于成矿。

2. 信息量法

信息量法是属于统计分析方法中的一种。维索科奥斯特罗夫斯卡娅和恰金先后提出将该方法应用于区域矿产资源的预测工作中（赵鹏大等，1983）。利用信息量法进行成矿预测的基本步骤与证据权法相似。首先，通过计算各地质因素、找矿标志所提供的找矿信息量，定量评价各地质因素、找矿标志与研究对象关系的紧密程度，其物理意义与证据权重法中的权重相同（肖克炎等，1999）；其次，通过计算各个单元中不同找矿标志信息量的总和，综合分析该单元相对应的找矿意义，用以进行找矿远景区的预测评价。信息量法的基本原理和方法如下：

找矿标志的找矿信息量使用条件概率来计算，即

$$I_{A(B)}=\lg\frac{P(A\mid B)}{P(A)} \quad (4\text{-}9)$$

式中，$I_{A(B)}$ 为 A 标志有 B 矿的信息量；$P(A|B)$ 为已知有 B 矿存在的条件下出现 A 标志的概率；$P(A)$ 为在研究区内出现 A 标志的概率。

由于概率估计上的困难，使用频率值来估计概率值。此时，

$$I_{A(B)}=\lg\frac{\left(\dfrac{N_j}{N}\right)}{\left(\dfrac{S_j}{S}\right)} \quad (4\text{-}10)$$

式中，N_j 为研究区内具有标志 A 的含矿单元数；N 为研究区内的含矿单元数；S_j 为研究区内具有标志 A 的单元数；S 为研究区内的单元总数。

4.2 定量预测基本方法

由于海区范围广，海底多金属硫化物相关资料较难获取，单一的预测方法无法满足靶区筛选工作的要求，因此，为提高定量预测工作的准确性，本书在二维定量预测方法的基础上，增加了成矿过程模拟预测方法，并将两种方法结合应用，提出了双向预测评价新方法。

4.2.1　二维区域定量预测法

矿产资源评价的过程就是信息的搜集、整理、处理，以及成矿信息的提取、综合分析、成矿区带或找矿靶区的确定和成果表示的过程。GIS 作为空间信息管理系统，其功能应用可贯穿于矿产资源评价的整个过程，表现出传统方法所不具有的优越性。

GIS 的空间分析功能对于研究地质现象之间的相互作用与制约关系，进而提取与矿床或矿化有关的地质信息和标志较为有效。GIS 的叠加功能可以形象地理解为计算机化的透图台，是资源评价研究用得最多的空间分析功能。不同图形信息的叠置既可用于多种成矿信息的综合分析，也可用于地质成矿信息的提取。当然，这种透图台的功能比传统透图台的功能更具有优势。传统资源评价预测分析最简单的方法就是使用透图台对多种评价图件进行直接叠置。这种方法一次最多只能操作 3 张图件，而且由于叠置的过程很难形成中间结果保存、利用，因此也很难对更多的图件进行操作。GIS 软件中提供的空间叠加分析功能，可以非常容易地实现图形的叠置，且叠加分析的中间结果可根据用户的需求进行保存处理，因此原则上可以实现无限制的叠置，可方便地对更多的条件或因素进行研究，减少盲目性。计算机化的透图台的优越性还表现在对多种信息不只是简单的叠加，还可基于综合分析的方法反映信息之间的关系。

缓冲区分析是指通过计算，可以自动在点、线、面实体周围形成满足一定距离要求的区域，通常用于确定影响区的范围，是资源预测评价研究中应用较多的另一个空间分析功能。如通过统计分析已知矿床与控矿构造的空间距离可以确定最佳控矿距离，再用缓冲区分析功能建立控矿构造缓冲距离，即可分析控矿构造两侧不同宽度范围内矿化点的分布规律，从而判断矿床与断层、褶皱轴的相关性及构造控矿的最大影响域或确定矿化的有效区带。此外，数字化的地形分析功能能自动提取地表梯度信息，计算坡度、坡向等，这种地形表面分析对研究地球化学元素在地表各介质环境中的扩散、迁移和聚集有特别的功效。

GIS 找矿预测主要采用经验模型法，该方法基于研究区域矿床与多元地质找矿信息的关系，通过定量分析方法，建立起区域资源潜力值和成矿有利度与多参数地质信息的统计规律，根据经验模型进行区域预测评价。该方法强调了对各种找矿信息的充分挖掘与综合分析，因此，可以使科学找矿的各种勘查手段所获得的成矿信息得到最大程度的利用。根据预测区信息数据资料水平及预测任务，又可细分为不同的方法，如完全从多元地学数据出发，统计研究区的定量找矿标志组合的证据加权法（Agterberg，1989；Agterberg *et al.*，1993），以及从已知矿床模型出发，以特征分析为基础的矿床综合评价法等。

基于 GIS 的矿产资源评价流程如图 4-2 所示。

（1）搜集资料：搜集研究区内与成矿有关的地形、地质、地球化学、地球物理等相关资料。如有可能，在缺乏资料的地区，补充采集资料。据此进行综合研究确定现代地质环境。

（2）确定矿床类型：将研究区内的地质环境与已知矿床类型对比或将研究区内的地质环境与区内已知矿床矿点进行统计分析，确定该地质环境中形成的矿床类型。

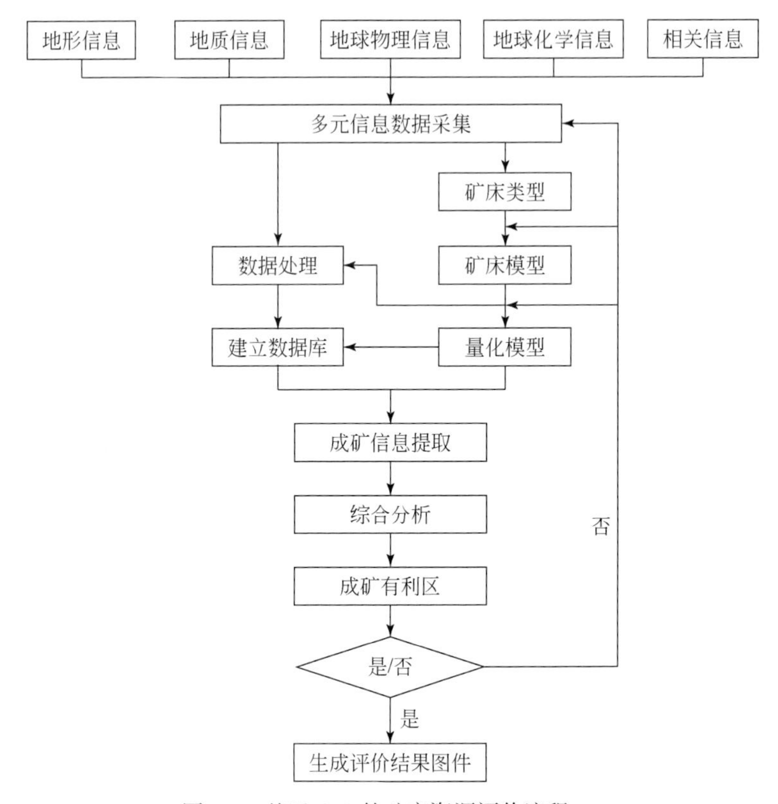

图 4-2　基于 GIS 的矿产资源评价流程

（3）建立找矿模型：从地质、地球物理、地球化学等多方面列出与矿床相关的找矿标志，建立这些矿床的概念模型。

（4）模型的定量化与转换：基于概念模型和研究区收集到的数据类型，定量化概念模型中的变量，确定空间分析的方法并转换成 GIS 可以表示和处理的形式。

（5）建立空间数据库：将收集的信息建立数据库（空间信息与属性信息），并用 GIS 实现集成管理与灵活检索。建库时要解决现存数据的集成问题，如定位与投影方式、数据精度、比例尺与格式等。

（6）成矿信息的提取：根据量化后的模型，在 GIS 中对变量进行空间分析，如缓冲区建立，坡度、坡向的运算，解译断裂等，得出参与成矿预测的单个条件的空间信息，与已知矿床矿点进行统计分析，提取各个变量成矿有利的区间。

（7）成矿预测：选择相应的成矿预测方法，基于 GIS 平台，采用适当的预测方法进行综合分析，圈定找矿有利地区或靶区。

（8）编制成果图件：在确定找矿靶区之后，根据输出的要求进行制图整饰，形成预测的成果图件。

4.2.2　成矿过程预测法

成矿过程预测法主要采用数值模拟方法，该方法就是利用计算机软件进行数值分析。数值解法的基本原理是将研究域划分成网格，在每个网格的节点将偏微分方程转化为代数方程，然后来解这些代数方程。基于连续介质的数值方法是将复杂的物体简化为数学意义上的连续体来进行模拟计算，主要包括有限元法、边界元法、有限差分法等。有限元法(Finite Element Method，FEM）目前应用比较广泛，是近似求解连续问题的数值方法。其基本思想是利用有限个单元组成的离散化模型最大限度地逼近研究对象，再运用计算机技术求出数值解，即将一个物体离散成有限个连续单元，单元之间利用节点相连，每个单元内赋予对应属性参数。根据边界条件和平衡条件，建立并求解以节点位移或单元内应力为未知量，以总体刚度矩阵为系数的联合方程组。剖分单元数量越多，计算值越接近于实际情况，求解越真实。边界元法（Boundary Element Methed，BEM）是继有限元法之后出现的数值方法，其基本思想与有限元法相类似，不同的是边界元法不是在连续域内划分单元，而是将边界离散化，从而使边界积分方程的求解转化为代数方程组的求解。有限差分法（Finite Difference Method，FDM）是用相邻节点之间的差异代替偏微分方程的导数，从而将求解偏微分方程的问题转化成求解代数方程组的问题。其中，拉格朗日差分法是一种新型的数值分析方法，与有限元法和边界元法的不同之处在于，它是一种显式计算方法，而有限元法和边界元法是隐式计算方法。显式差分法在求解时，未知数都集中在方程的一边，无需生成刚度矩阵，也不用求解大型联立方程，因而占用的内存较少，便于求解较大的工程问题。

数值模拟的基本原理是遵循自然规律和科学定律，如物质守恒定律、能量守恒定律等，依据数学、物理学等学科中的基本规律为原理，基于地球科学资料所构建的地质模型为实验研究对象，借助计算机处理系统的综合研究。成矿地质过程的数值模拟研究，是采用数学、物理方法对相关地质问题的科学描述，利用理论分析和数值模拟的方法，对相关地质过程进行定量化求解。数值模拟解的结果是得到流体流速、温度及压力等在空间和时间上的分布，上述参数定义了流体系统和过程的模型，数值解的过程通常称为数值模拟。一般来说，成矿地质过程的数值模拟研究先从简单模型做起，如简单的几何形态是数值模拟常采用的简化方法，能有效地突出一些基本的科学问题，如仅发生温度场的改变，会导致流体发生对流和含矿热液系统的化学反应，可再现成矿物质的溶解、沉淀过程。

成矿地质过程数值模拟的研究方法主要包括三个部分：一是建立科学的高级数值计算方法，这是数值模拟研究的核心。依据为人们所认识的自然规律和科学规律所建立的数学物理方程组，可以定量化地模拟相关的地质过程，将地质科学纳入定量的科学理论范畴。二是将上述建立的高级数值计算方法转化成计算机语言，主要由计算机方面的专家通过编写程序实现，并研发出数值模拟软件。三是以观察到的地质现象为依据，结合已有的地质资料，选择适当的参数进行数值模拟实验。图 4-3 为成矿地质过程的数值模拟思路示意图。

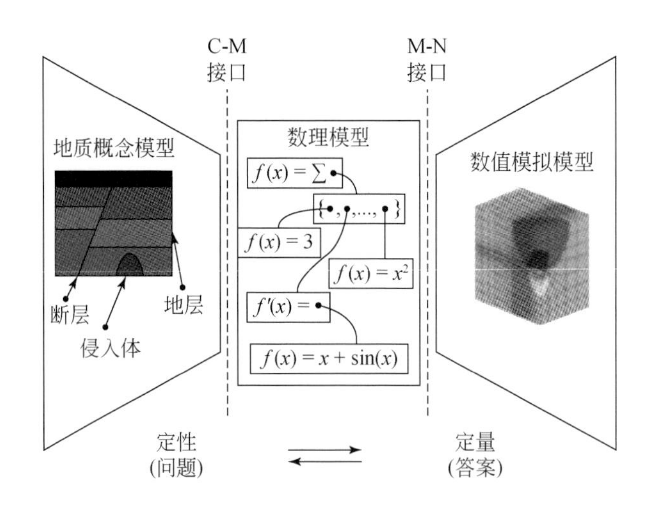

图 4-3　成矿地质过程的数值模拟思路（据 Gessner *et al.*，2009）

通过数值模拟可以验证提出的各种成矿理论，阐明和再现复杂地质系统的时空演化。数值模拟的出现及广泛应用，推动了传统地球科学经验性和描述性的基本研究方法向以定量化和预测性为目标的综合性学科转变。

4.2.3　双向预测评价法

双向预测评价是指定量化三维成矿预测与成矿过程数值模拟的耦合分析。定量化三维成矿预测是反映由于存在矿化特征而显示出的综合异常，通常会表述为由于矿化引起的地质异常；而成矿过程数值模拟是以成矿条件与成矿过程的定量分析圈定了有利成矿条件的组合部位。预测过程中涉及的内容包括三维地质建模、三维成矿预测及成矿过程数值模拟。

以多年积累的二维地质调查成果为基础资料，系统地收集研究区的地质、矿产基础资料，在平面地质图和剖面（钻孔）图等基础地质资料的基础上，依托三维可视化技术建立三维地质实体模型，工作成果将采用新技术进行集成表达。本书建立的三维地质模型主要包括地形、地层、构造、岩体、矿体等地质实体模型，图 4-4 为地质体建模的技术流程图。

三维成矿预测主要采用“立方体预测模型”方法。“立方体预测模型”是通过将三维地质模型剖分为块体模型，是定性找矿分析向定量找矿的重大突破。由于该方法是以三维建模为基础，实现了空间上的三维成矿因素的分析，以及定量化成矿因素的数据管理，在此基础上应用地质统计学方法实现了矿体的预测。

“立方体预测模型”的地质找矿方法是首先根据研究区的找矿模型，分析该地区的找矿地质条件及标志，分析成矿规律，定量化与成矿有关的各地质现象，如地层、构造、岩体、已知矿体和元素异常等信息，将成矿有关的定量化信息赋予每一个立方体，然后根据地质统计学实现矿体的定位、定量、定概率的三维成矿预测（吕鹏，2007）。图 4-5 主要介绍了“立方体预测模型”方法体系。

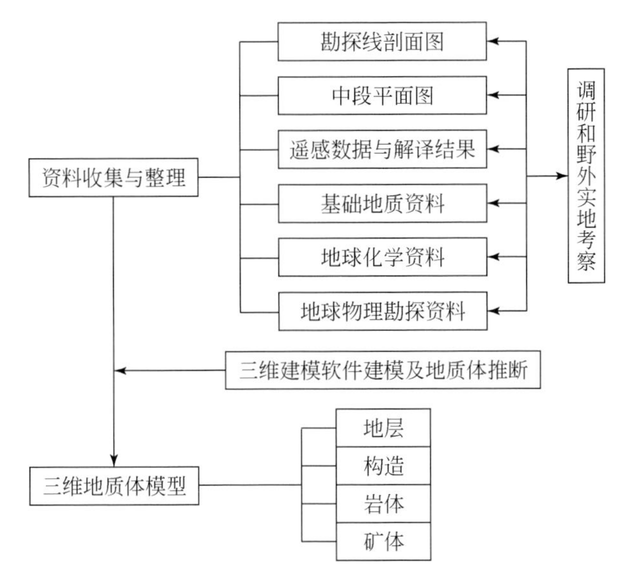

图 4-4　地质体建模的技术流程图

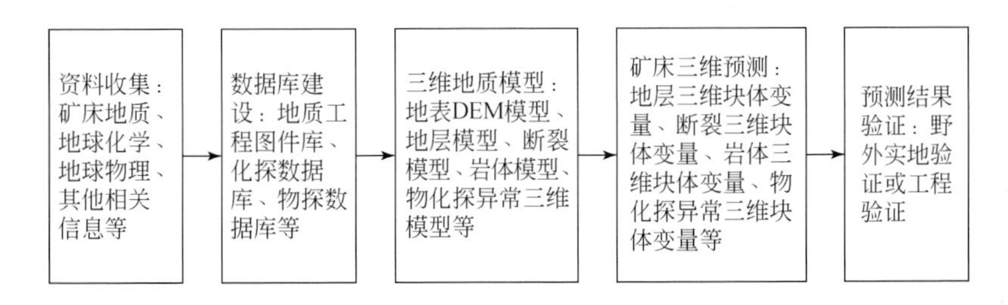

图 4-5　“立方体预测模型”预测流程

成矿过程模拟预测是指成矿演化过程的定量模拟。针对海底多金属硫化物矿床的形成过程，可以理解为含矿热液沿有利构造部位上侵形成“黑烟囱”或“白烟囱”的成矿过程。模拟结果的分析主要是通过流体运移的路径、孔隙压力的变化以及反映成矿空间位置体积应变的值来说明。断裂带的孔隙压力的不同定量反映出含矿热液可能上侵的路径，而体积应变则定量反映出矿体沉淀析出的部位。因此，孔隙压力和体积应变是定量模拟的重要结果，也是过程模拟预测分析的主要依据。

对于通过模拟分析得到的致矿地质异常信息，反映成矿特征的孔隙压力和体积应变的界限值的选择方法是：首先，模拟趋于平衡状态时，成矿有利区对应的孔隙压力值和体积应变值；其次，分别统计分析孔隙压力值和体积应变值与已知矿体的相关性，综合考虑选取成矿最有利的阈值。将模拟结果定量化输出，结合三维预测综合分析信息，圈定双向预测结果重叠的区域，实现模型指导下的硫化物矿体双向预测评价。

数值模拟预测结果包含了可能的不确定性，即有利成矿条件的组合部位并不代表一定有成矿作用过程的发生。而定量化三维成矿预测由于异常存在可能的多解性，即非矿化原因引起的异常特征，所以预测结果包含了可能的多解性。如果实现了双向预测评价，就是过程模拟与综合预测耦合分析，可以有效提取出既有成矿有利条件组合又有矿化异常存在的耦合部位，预测结果同时排除了不确定性和多解性，有利于大大提高预测结果的可靠程度。

4.3　定量预测目标分类

海底多金属硫化物预测评价工作也是一项从面到点、逐步缩小搜索范围、逐步筛选对象、逐步确定靶区的过程。本书提出混合驱动定量预测评价流程（图 4-6），依据成矿预测的基本概念和基本理论，参考流程式找矿方法，将矿产资源定量预测评价分为三种方法。从面到点，逐步缩小搜索范围，逐步筛选对象，逐步确定有利区。

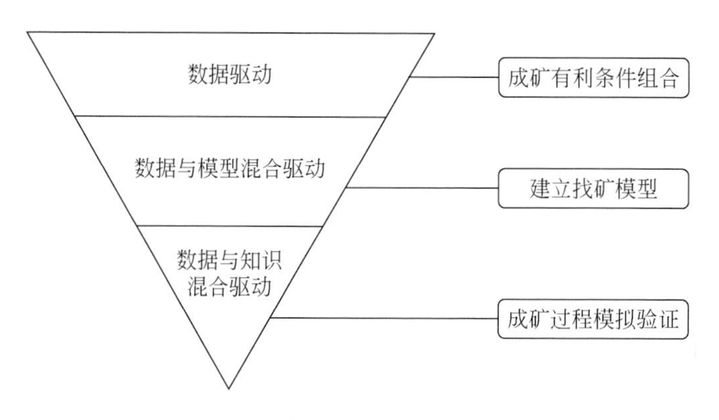

图 4-6　混合驱动定量预测评价流程

基于混合驱动定量预测评价流程，参考陆地硫化物矿床资源预测评价过程，结合海底热液多金属硫化物研究的最新进展，依据预测目标规模的不同，对应地将海底多金属硫化物资源定量预测评价分为三个层次：①区域海底多金属硫化物远景区定量预测；②远景区海底多金属硫化物找矿靶区定量预测与评价；③目标区海底多金属硫化物找矿靶区优选与评价（Ren *et al.*，2016a，2016b）。不同层次的定量预测研究范围及采用的预测精度均不相同，层次间具有依托性和连续性。

4.3.1　区域海底多金属硫化物远景区定量预测

1. 区域性远景区预测的任务要求

大区域海底多金属硫化物资源预测对应矿产勘查工作中的预查阶段，依据区域地质或物化探异常研究成果、初步的实地观测、极少量工程验证结果，与地质特征相似的已知矿床类比、预测，提出矿化潜力较大的可供普查的区域，即找矿远景区。

本阶段的任务要求是探寻海底多金属硫化物资源可能赋存的区域，为申请海底专属区做准备，调查对象主要为国际海底。首先了解区域内海底热液活动及多金属硫化物资源的分布特征，收集区域内的海底地形、水文地质等相关控矿因素数据。海底热液多金属硫化物是海水在洋壳中发生水－岩热液作用过程形成的，而海底热液活动与热液场中的火山活动、构造活动、区域变化及局部物理化学事件的循环均有关系，是在各种内外营力综合作用下具有不同区域性特点的复杂过程。基于控矿因素的总结及可获取数据的归纳统计，形成大区域海底多金属硫化物找矿有利条件组合。最后根据已知多金属硫化物矿床的分布情况，采用相应的成矿预测方法，筛选出具有找矿潜力的多金属硫化物勘探远景区。

2. 区域远景区预测的特点和方法

本阶段的工作特点是研究范围大，而区域性调查的覆盖程度相对较低，大区域范围内的数据精度不高。由于研究范围比较广，区域性海底多金属硫化物资源归纳综合的控矿信息较少，可收集处理的成矿预测因子数据类型不多，因此，必须把握多金属硫化物成矿过程中的关键因素、关键异常。按照大区域海底多金属硫化物定量预测阶段要求，参考国内外海底多金属硫化物资源相关研究工作，本书收集了可供参考的区域性调查资料、数据资料，见表 4-1。

表 4-1　大区域海底多金属硫化物多元预测信息

控矿因素	成矿预测因子	数据类型	比例尺
地形条件	水深	区域 DEM	1：100 万～1：50 万
地质条件	构造	区域断裂构造	
	热液点	以往调查发现的热液异常点或者已经发现的热液区	
地球物理	磁力数据	区域磁力异常	
	重力数据	区域重力异常	
其他信息	地震	1950 ～ 2013 年 5 级以上地震	

4.3.2　远景区海底多金属硫化物找矿靶区定量预测与评价

1. 远景区内找矿靶区预测的任务要求

远景区海底多金属硫化物资源定量预测对应矿产勘查工作中普查阶段，对矿化潜力较大的区域采用地质填图、物化探及取样方法，大致查明远景区内地质、构造概况，大致掌握矿体的分布、质量、形态特征，提出是否有进一步详查的价值或者圈定找矿的有利地段，即找矿靶区。

本阶段的任务要求是利用上阶段的成矿预测结果结合精度更高的调查数据进一步筛选成矿远景区，通过实地大洋调查工作确定远景区内多金属硫化物资源的分布情况，初步规划专属区 50%放弃区域范围。调查对象是上一阶段的找矿远景区，重点为申请的专属区。远景区定量预测阶段在全面系统分析海底多金属硫化物典型矿床的基础上，进一步总结成矿地质条件和找矿标志，结合远景区验证调查阶段船测数据，如海底地形数据、重磁数据、地质采样、海底照相等，构建多金属硫化物的时空演化规律，建立远景区定量预测阶段的找矿预测模型。找矿模型是指特定类型中某一典型矿床或同一类矿床的找矿标志与找矿方法组合的基本概述与表达，找矿模型使人们对该类型矿床的了解，由感性认识上升到规律性认识，可以指导下一步的矿产预测与矿产勘查工作。在找矿模型的基础上，采用相应的成矿预测方法，圈定找矿靶区。

2. 远景区内找矿靶区预测的特点和方法

海底热液多金属硫化物找矿模型的建立主要分为三个层次，流程如图 4-7 所示。首先，收集远景区内典型热液硫化物矿床相关文献资料，全面系统分析已有的研究成果与资料，在相似类比和勘查工程认识的指导下，以“地质异常”为突破口，归纳热液多金属硫化物控矿因素，并建立研究区的找矿概念模型。其次，由于海底热液多金属硫化物矿床相对于陆上硫化物矿床工作程度较低，收集到的数据资料有限。因此，在找矿概念模型的基础上，对比分析远景区内数据资料，建立热液硫化物数据找矿模型，将地质特征转换为对应的定量模型。最后，统计分析数据找矿模型中成矿预测因子，提取成矿有利信息，归纳变量（异常）取值范围，建立海底热液多金属硫化物矿床找矿预测模型。

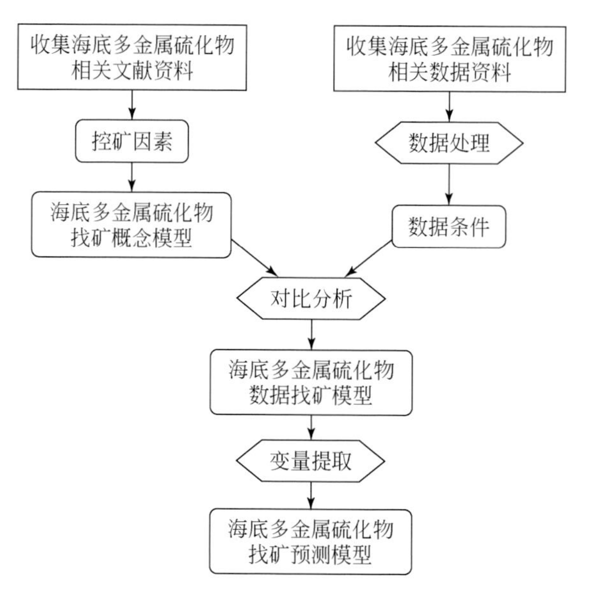

图 4-7 海底多金属硫化物资源定量预测找矿模型建立流程

本阶段的工作特点是研究区范围相对缩小，对数据精度的要求相对更高，结合大区域成矿定量预测阶段调查验证工作的数据资料，本阶段收集分析的成矿预测因子更加丰富，可建立具有针对性和典型性的找矿预测模型。参照远景区海底多金属硫化物定量预测阶段要求，结合上一阶段的数据资料以及国内外相关研究工作，本书收集了可供参考并应用于远景区成矿预测工作的调查资料和数据资料，见表 4-2。

表 4-2　重点区海底多金属硫化物多元预测信息

控矿因素	成矿预测因子	数据类型	比例尺
地形条件	海底地形水深	远景区海底地形	1：50 万～1：20 万
地质条件	构造	远景区断裂构造	
	洋壳年龄	远景区洋壳年龄	
	沉积物盖层	远景区沉积物厚度	
	热液喷口	热液区活动的黑烟囱、白烟囱，不活动的烟囱	
	多金属硫化物	硫化物沉积物、热液蚀变物、块状硫化物矿体	
	火山中心	海底火山扩张中心	
地球物理	磁力数据	远景区磁力异常	
	重力数据	远景区重力异常	
其他信息	地震	1950 ～ 2013 年 5 级以上地震	
	扩张速率	远景区大洋扩张速率	
	热量	远景区内站点热量监测数据	

4.3.3　目标区海底多金属硫化物找矿靶区优选与评价

1. 目标区内找矿靶区优选评价的任务要求

海底多金属硫化物找矿靶区验证与评价是指在找矿靶区已圈定的前提下，通过对海底热液硫化物矿床成矿过程的数值模拟，将数据模型与知识模型结合应用于靶区的验证工作。该阶段对应矿产勘查工作中的详查和勘探阶段，通过大比例尺地质图及相应的勘查方法，对圈定的靶区进行更密的系统取样，为硫化物资源开采提供依据。

本阶段的任务要求是对找矿靶区进行验证并选优弃劣，实现由面到点、面中求点，完成多金属硫化物保留区的筛选工作，并为确立最终勘探范围提供依据。调查对象是在上一阶段圈定的找矿靶区。

2. 目标区内找矿靶区优选评价的特点和方法

本阶段中采用成矿预测与数值模拟相结合的方法，是在一定的地质工作的基础上，根据常规的广为采用的归纳、演绎的逻辑推测方法，把热液硫化物矿床成矿过程定量化，借助数理学科的理论知识，建立起能够描述成矿过程的数理模型，结合已有的基础地质资料和实验成果，讨论影响成矿过程发展的各种因素在空间和时间上的演化，从而再现成矿过程的演化并探讨其形成机制，预测该成矿过程有可能的结果和特点。采用数值模拟的手段，减少空间和时间尺度的约束，同时，基于物化实验结果，遵循自然定律和客观规律，具有可视化和科学性。

成矿过程数值模拟的主要技术流程包括以下几个部分：①建立几何模型，基于建立的三维实体模型建立有限差分网格模型，界定模型形态；②选择莫尔－库仑本构模型，表征模型地质体的物理响应特征，确定模型参数；③根据区域地质资料等，设置初始条件和边界条件，定义模型的初始状态；④编写命令流文件，进行初步模拟实验；⑤若模拟结果符合实际地质现象，则对结果进行分析和解释；若不符合，则需要进一步修改模型的相关参数及条件。具体的技术方法流程如图 4-8 所示。

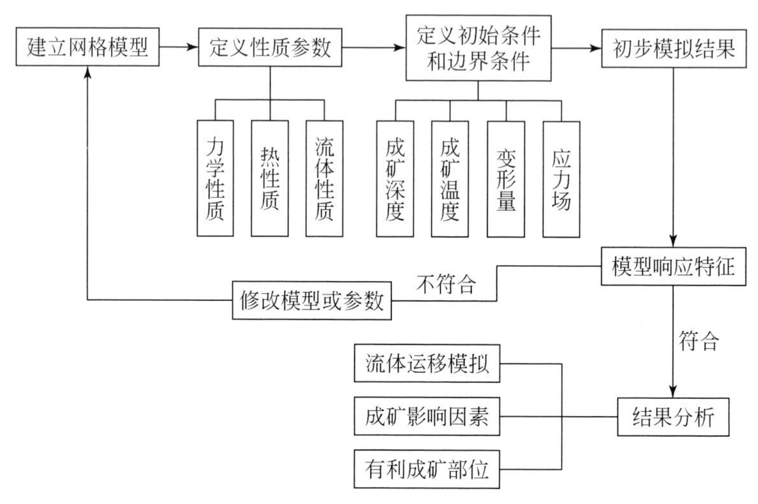

图 4-8　FLAC3D 模拟方法流程图

双向预测评价的研究思路为：①总结海底多金属硫化物矿床的成矿地质过程和成矿机制，构建海底多金属硫化物矿床的地质模型；②将热液成矿系统分解为应力场、热力场、流体渗流场三个单独的子系统，整理各子系统对应的数学公式，包括地壳材料的本构模型、构造应力－应变方程、岩浆热传导方程、多孔介质中流体渗流方程，以及力－热－流三者的完全耦合方程，建立海底多金属硫化物矿床的数理模型；③系统地收集研究靶区的地质、勘探、矿产等基础资料，利用三维建模技术构建研究靶区地层、断裂、矿体等的三维地质模型，实现研究靶区深部三维形态模拟以及多金属硫化物的三维成矿预测；④总结研究靶区成矿作用的环境和条件资料，包括地层厚度和岩性特征、断裂带性质及含矿性、岩体岩性特征及成岩条件、矿体形态及赋矿特征以及成岩成矿的温压条件和形成深度等；⑤将成矿地质模型对应的成矿条件转化为几何模型、性质参数、初始条件和边界条件等，利用数值模拟软件 FLAC3D，实现成矿过程的数值模拟；⑥结合模拟结果分析海底多金属硫化物成矿机制，提取成矿有利信息，将三维成矿预测结果与成矿过程模拟结果耦合分析，预测研究靶区内海底多金属硫化物可能赋存的部位。

本阶段的工作特点是研究区具有针对性，数据精度较高，数据种类较多，数值模拟是多学科互相渗透的范例，可以更加深入地了解海底硫化物成矿过程的作用机制和演化规律，验证靶区圈定的正确性，提高靶区优选的准确性，并为确立勘查范围提供依据。勘查的主要方法有地质采样、海底电视机、多波束浅层剖面、旁侧声纳、沉积物测试、生态地质剖面测量、海底搅动实验、生物本底调查、海底钻探等。应重点查明保留靶区内多金属硫化物的类型、产状、厚度，可利用金属的丰度、品位及分布特征；查明多金属硫化物覆盖区的海底地形、构造、障碍物、水文气象特征；对矿床进行详细的经济评价并对试验开采时的环境污染进行论证研究；对多金属硫化物矿石进行详细的冶炼性试验，估算多金属硫化物的工业品位，确定多金属硫化物矿床边界，并最终完成 25%的保留区，选出多金属硫化物最富集区域，为找矿工作的决策提供资料依据。

中篇
方法验证

第5章　南大西洋多金属硫化物成矿定量预测

南大西洋中脊扩张速率处于慢速与超慢速之间，通过与北大西洋中脊地质背景及成矿条件的对比研究，相关专家学者预测南大西洋中脊也具有较大的找矿潜力，因此，选取南大西洋中脊为方法验证区，开展成矿定量预测工作，并为大西洋海底多金属硫化物勘探提供参考。

5.1　南大西洋研究区概况

大西洋是面积仅次于太平洋的世界第二大洋，也是最年轻的海洋，距今只有一亿年，是由于大陆漂移引起美洲大陆与欧洲和非洲大陆分离后而形成的。大西洋位于欧洲、非洲和南北美洲之间，呈南北走向，由于西岸大陆的形态所限，呈“S”形展布，东西向狭窄，长约 1.6×10^4km，在赤道区域，有的宽度仅 2400 多千米。大西洋北以冰岛－法罗岛海丘和威维尔－汤姆森海岭与北冰洋分界，南临南极洲并与太平洋、印度洋南部水域相通；西南以通过南美洲最南端合恩角的经线同太平洋分界，东南以通过南非厄加勒斯角的经线同印度洋分界；西部通过南、北美洲之间的巴拿马运河与太平洋沟通，东部经欧洲和非洲之间的直布罗陀海峡通过地中海，以及亚洲和非洲之间的苏伊士运河与印度洋的附属海红海沟通。大西洋南北长约 15000km，东西最大宽度约为 2800km，总面积为 8200km^2，大约占世界海洋总面积的 25.4%，海水总容积为 $3.3\times10^8km^3$，平均深度为 3627m，最深处的波多黎各海沟达到 9218m，其中北大西洋的平均深度为 3285m，南大西洋的平均深度为 4091m。

南大西洋中脊（图 5-1）北起赤道附近的罗曼什转换断层，南到印度洋布维岛附近的三联点，为慢速扩张洋中脊，一般认为其地质和地球物理特征与北大西洋中脊比较类似。近年，在南大西洋中脊发现多处热液活动存在，包括：在 4°00′S 附近存在的、由热液活动产生的水体温度、浊度、总溶解 Mn 和总溶解 Fe 异常；4°48′S 附近的 Red Lion 热液区、Turtle Pits 和 Wideawake 热液区；9°33′S 附近的 Lilliput 热液区等。2009 年 11 ～ 12 月，大洋 21 航次在南大西洋中脊 13°S ～ 14°S 段发现了两个新的海底热液活动区，这是我国第一次在大西洋中脊发现海底热液活动区。

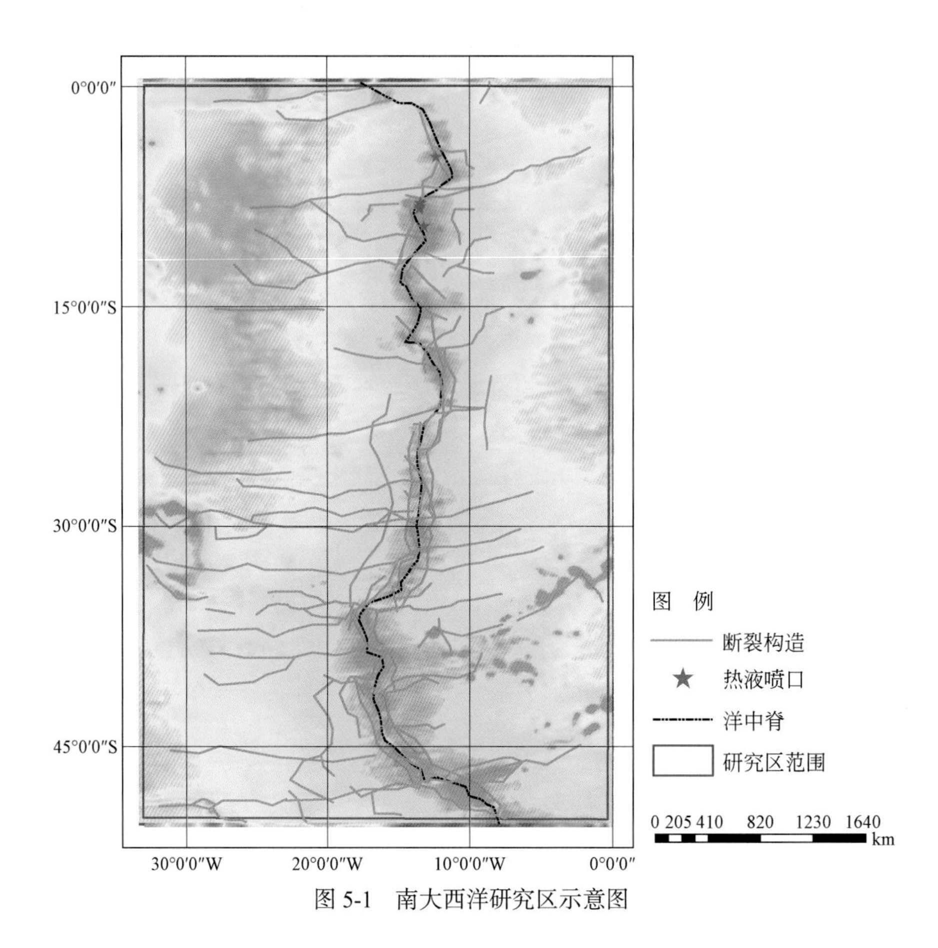

图 5-1　南大西洋研究区示意图

南大西洋中脊热液活动区主要处于洋中脊的轴部裂谷、轴部海山、翼部、转换断层、离轴海山以及洋脊与断层交汇部分等环境中，基底岩石主要由基性玄武岩和超基性岩（蛇纹石化橄榄岩等）组成。研究区内已知的有 MAR 4°48′S、MAR 7°57′S、MAR 8°10′S、Lilliput、Nibelungen 等 17 个热液区点（表 5-1）。

表 5-1　研究区已知热液区点信息表

编号	名称	经度	纬度	深度 /m
1	MAR 19°S	11.9421° W	19.3301°S	2707
2	MAR 4°02′S	12.25° W	4.0333°S	4000
3	MAR 4°48′S	12.3742° W	4.8058°S	3050
4	Lilliput	13.18° W	9.55°S	1500
5	MAR 15°S	13.3558° W	15.1666°S	2772
6	MAR 28°S	13.373° W	27.7936°S	3217
7	MAR 23°S	13.3936° W	23.7428°S	2868
8	MAR 7°57′S	13.442° W	7.95°S	2600
9	MAR 8°10′S	13.467° W	8.167°S	2000
10	MAR 27°S	13.4753° W	27.1476°S	3341

续表

编号	名称	经度	纬度	深度 /m
11	Nibelungen	13.52° W	8.3° S	2900
12	Merian	13.85° W	26.0166° S	2624
13	MAR 30° S	13.8545° W	29.9505° S	3379
14	Rainbow Bay	14.34° W	14.03° S	2900
15	Baily’s Beads	14.41° W	13.28° S	2288
16	MAR 33° S	14.4356° W	33.0215° S	2464
17	Tai Chi	14.52° W	13.59° S	3500

1）Red Lion 热液区

2005 年英美科学家合作在 4°48′S 附近发现了一群高出海底 5m 以上的多金属硫化物堆积体，且对应水体的温度异常超过 6℃。在硫化物堆积体及其附近的新鲜玄武岩之上的水体温度异常普遍超过 0.1℃，表明硫化物烟囱体堆积体之下存在广泛的流体流动。在该区及附近分布着大量的热液虾，与北大西洋洋中脊喷口处的情况很类似。

2）Turtle Pits 热液区

Turtle Pits 热液区位于 4°48′34″S，水体的最大温度异常（T>6℃，ΔT>3℃）与分布在海洼西壁顶部的硫化物堆积体有关。该区高温热液活动产生的水体高温异常（T>3℃，ΔT>0.25℃）分布范围南北不超过 40m、东西不超过 20m。在该区 4°48′35″S，12°22′26″W 处，分布着黑烟囱体，喷口流体温度达 407℃，接近该处的海水临界点和最高的洋中脊喷口流体温度。

3）Nibelungen 热液区

Nibelungen 热液区位于一个断块的东部悬崖上。该热液区非常引人瞩目，其中单一的黑烟囱喷口“Drachenschlund”（又称“Dragon Throat”）（8°17′52″S，13°30′27″W；水深 2915m）位于 4m 深、约 6m 宽的小坑中。该小坑中没有发现烟囱体，仅观察到热液流体从海底一个宽约 50m 的喷口直接喷出，并获取了热液硫化物等样品，其特征与 Logatchev 热液区的“Smoking Craters”类似。对三个强烈角砾化样品进行全岩测试和矿物组成的 X 射线衍射（XRD）分析，结果表明，岩石主要由纤蛇纹石、利蛇纹石、磁铁矿和黄铁矿组成，其次是少量的绿泥石和蒙脱石。这表明，Nibelungen 热液区的基底是蛇纹石化超基性岩，这是在南大西洋中脊中发现的第一例以超基性岩为围岩的热液活动类型。沿走向发现了“Drachenschlund”周边有四个热液停止活动的小烟囱体，主要由闪锌矿、铅锌矿组成，表明这些烟囱体形成于热、微酸和富锌的喷口流体。该区的构造环境和喷口流体的含量暗示着离轴的“Drachenschlund”高温黑烟囱喷口，像大多数离轴热液系统一样，驱动热液活动的不是岩浆过程，而是来自深部岩石圈的热能。

4）13.2°S 热液区

大洋 21 航次在 13.2°S 附近利用电视抓斗采到了多金属硫化物样品，观测到正在喷溢的黑烟，并锁定了热液喷口位置。13.2°S 热液区（“Baily’s Beads”）位于南大西洋中脊 14°24′36″W，13°16′48″S，水深约 2288m，该处洋中脊全扩张速率约 3.4cm/a，属于慢速扩张洋中脊。该热液区位于阿松森岛南 600km 的脊轴隆起和非转换断层之间的南北向断裂带上（图 5-2），具有海水下渗和热液流体喷出的良好通道。综合分析海底摄像观测到喷口喷出的“黑烟”和硫化物、蚀变岩石，以及大范围的弥散流等，初步估计热液区的范围可达 1000m。但是，在喷口附近并没有观测到典型的热液生物。

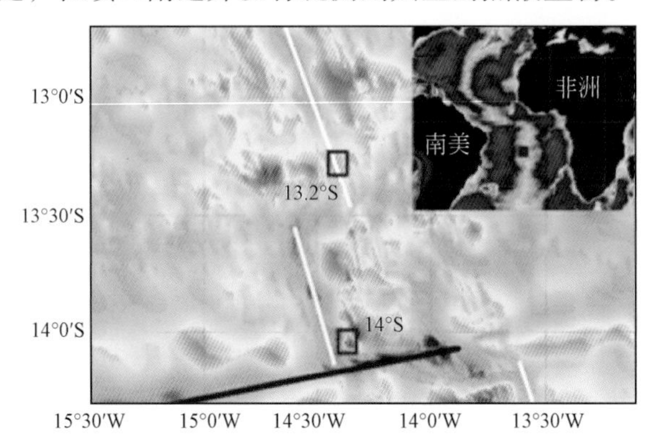

图 5-2　13.2°S 及 14°S 热液区示意图（据陶春辉等，2011）

在 13.2°S 热液区采到了 1 个站位的多金属硫化物样品，主要是硫化物烟囱体的块体。样品整体为灰色 – 深灰色，局部表层覆盖一层红褐色物质。部分样品具有流体通道，沿通道的生长方向发育层状分布的深黄色 – 深蓝色矿物，反映了烟囱体的生长特点。选取三个硫化物样本进行了矿物学和元素组成分析，结果表明该硫化物样品以闪锌矿和白铁矿为主，Zn 的含量分别为 19.3%、20.9%和 27.3%，Fe 的含量为 5.01%、9.77%和 10.94%，Cu 的含量为 0.72%、0.76%和 0.99%（陶春辉等，2011）。

5）14°S 热液区

14°S 热液喷口区位于 14°20′24″W，14°3′36″S，处于洋中脊扩张裂谷和转换断层之间的内角位置，水深约 2900m（陶春辉等，2011）。南大西洋 14°S 离轴内角高地包括近轴火山型高地和远轴 OCC 高地，14°S 热液区位于近轴火山型高地上，该火山型高地在过去相当长的时期内岩浆已停止活动。火山型高地上采集到的岩石主要分为两类：玄武岩和侵入岩。玄武岩为典型 N-MORB，该热液区洋壳深部岩浆很可能经历了强烈的分异作用。热液区的热液产物包括多金属硫化物、热液氧化物、热液硫酸盐和热液铁锰结壳四类。硫化物具有两方面特点：一是其他热液区表层硫化物中普遍发育的闪锌矿/纤锌矿等锌硫化物的缺乏，二是硫化物普遍为富硅质的硫化物。硫化物矿相学表明，该热液区存在多期次热液活动。

5.2　研究区信息综合分析与提取

矿床的找矿模型是指特定类型中某一典型矿床或同一类矿床的找矿标志与找矿方法组合的基本概述与表达，通过找矿模型使人们对该类型矿床的了解，由感性认识上升到规律性认识，以指导下一步的矿产勘查与矿产预测工作。由于大洋调查程度低，环境恶劣，因此技术条件有限。找矿模型可突出主要的控矿因素，抓住找矿的关键信息，提出获得关键信息的有效方法组合，总结主要找矿标志组合，因而简化了找矿的实际过程，是提高预测可信程度的主要依据。根据研究区地质背景和控矿因素分析结果，建立了研究区的找矿概念模型（表 5-2）。

表 5-2　海底热液多金属硫化物矿床找矿概念模型

矿床类型	控矿因素	成矿预测因子
海底多金属硫化物矿床	地形信息	水深条件
		坡度条件
		海底火山
	地质信息	岩体条件
		构造条件
	地球物理信息	重磁异常分析
		重磁综合分析
	地球化学信息	成矿系类分析
	其他信息	水体信息
		地震活动
		沉积物厚度
		大洋扩张速率

水深坡度条件可以反映研究区的地形地貌特征。经统计发现，洋中脊环境中，大多数热液喷口分布在水深 2000 ～ 3000m 范围，但 4000m 处的水深也发现不少喷口（栾锡武，2014），而且大多数热液喷发集中于火山体的峰顶区。从具体部位来看，硫化物矿点可见于叠加在火山高地之上的火山或构造凹陷区内。因此，地形地貌特征与硫化物成矿具有一定的相关性。

在地质条件中，构造信息是硫化物成矿的重要控矿因素。海底硫化物矿床与断裂构造、火山通道等密切相关，这些断裂系统是海水下渗对流、热液与基底玄武岩发生物质交换、交代、萃取等作用以及热液运移、喷出的良好通道，其中基底深大断裂是成矿流体运移的通道，而次级断裂是导矿及喷出沉淀的良好通道。通过收集文献资料、解译重磁数据获得研究区构造分布图并通过 GIS 软件提取构造相关信息，从不同的方面反映研究区构造情况。

物探异常往往可以指示矿化信息，具有较为重要的作用。热液硫化物与其围岩或者沉积物之间的密度和磁化强度的差异，是利用重力、磁力方法进行海底热液硫化物勘探的物性基础。

在其他相关找矿信息中，地震信息反映了火山、构造活动剧烈程度，在火山构造活动较频繁的区域易形成通道，促进成矿流体运移，进行物质交换，形成矿床，所以地震活动与成矿具有间接的关系。

基于概念模型我们收集相关数据资料并处理分析，最终建立数据找矿模型（表 5-3），通过数据模型中不同的要素来表现概念模型中的控矿因素，将定性的模型逐渐定量化，用于之后的成矿预测工作中。

表 5-3　南大西洋中脊海底热液多金属硫化物矿床数据找矿模型

矿床类型	控矿因素	成矿预测因子	特征变量
海底多金属硫化物矿床	地形信息	水深条件	有利水深范围
	地质信息	构造条件	区域构造条件
			构造影响区域
			断裂交汇部位
			构造对称特征
	地球物理信息	重磁异常分析	重力异常
			剩余重力异常
			磁异常
	其他信息	地震活动	地震点密度分析

基于数据找矿模型，我们对区域信息进行综合分析，对研究区内搜集到的各种数据资料，如地形水深资料、重力异常数据、磁力异常数据、洋底扩张速率、洋壳年龄、沉积物厚度、地震监测等资料进行进一步的分析处理和信息挖掘，得到与热液硫化物矿床矿化有关的直接或间接信息，以及与成矿相关的区域构造和岩体等相关信息，以便开展成矿信息的分析和预测工作。

5.2.1　地形信息

海水是一种非常复杂的多组分水溶液，体积巨大，呈弱碱性，主要有钠、镁、钙、钾、锶等阳离子，氯根、硫酸根、碳酸根、碳酸氢根、溴根、氟根等阴离子。海底热液富含铜、铁、硫、锌，还有少量的铅、银、金、钴等金属和其他一些微量元素，甲烷、氢气、硫化氢等气体。热液流体在通道以及喷出海底后都会与海水接触并发生能量和物质上的交换，热液中的成矿元素因为温度、压力、pH 等的变化在喷口及附近或流体与海水接触面附近发生沉淀。另外，在海水通过海底裂隙下渗时，因为深部岩浆房的热量以及高压环境下形成热液，海水中的大量阴离子、阳离子会与岩石中的金属元素发生交代、置换等反应，导致岩石元素发生迁移和富集，最终形成含矿热液。

夏建新等（2007）通过对全球已知的 145 个实地验证的热液活动区和 70 个推测的观测到喷出热液流柱的可能热液活动区进行统计分析，结果表明这些矿床主要分布在 40°N 和 40°S 的中、低纬度带之间，热液区绝大多数位于 2000 ～ 2800m 的水深范围内，平均水深为 2220m。景春雷（2012）通过对洋中脊地区的 315 个热液矿点进行分析（图 5-3），表明热液矿点集中分布于水深 2000 ～ 4000m 的洋中脊地区，其中在 3000m 左右的大洋中脊发现的热液活动区数目最多。因此，理论及实际统计分析数据可以表明海底多金属硫化物热液区的分布与海水深度存在很大的关系。

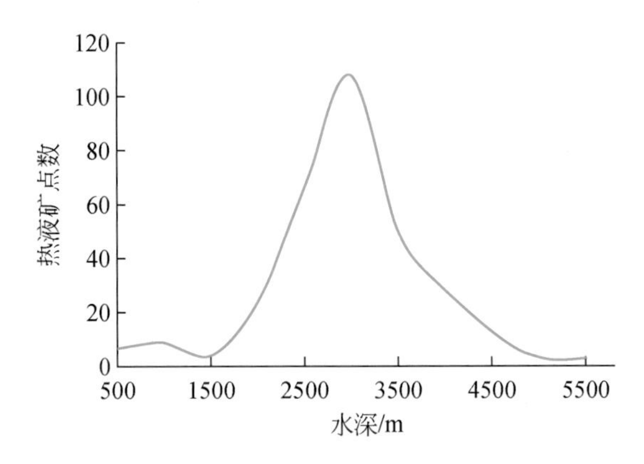

图 5-3　洋中脊构造环境中热液区水深分布（据景春雷，2012）

水深资料来自美国地质调查局（USGS）的 SRTM（Shuttle Radar Topography Mission），最高分辨率为 30″ × 30″，数据格式为 .xyz，数据范围包括全球各大洋，利用 Surfer 对数据进行筛选处理最后生成 .grid 格式数据，然后利用 ArcGIS 对数据进行矢量化以便进行进一步分析（图 5-4）。

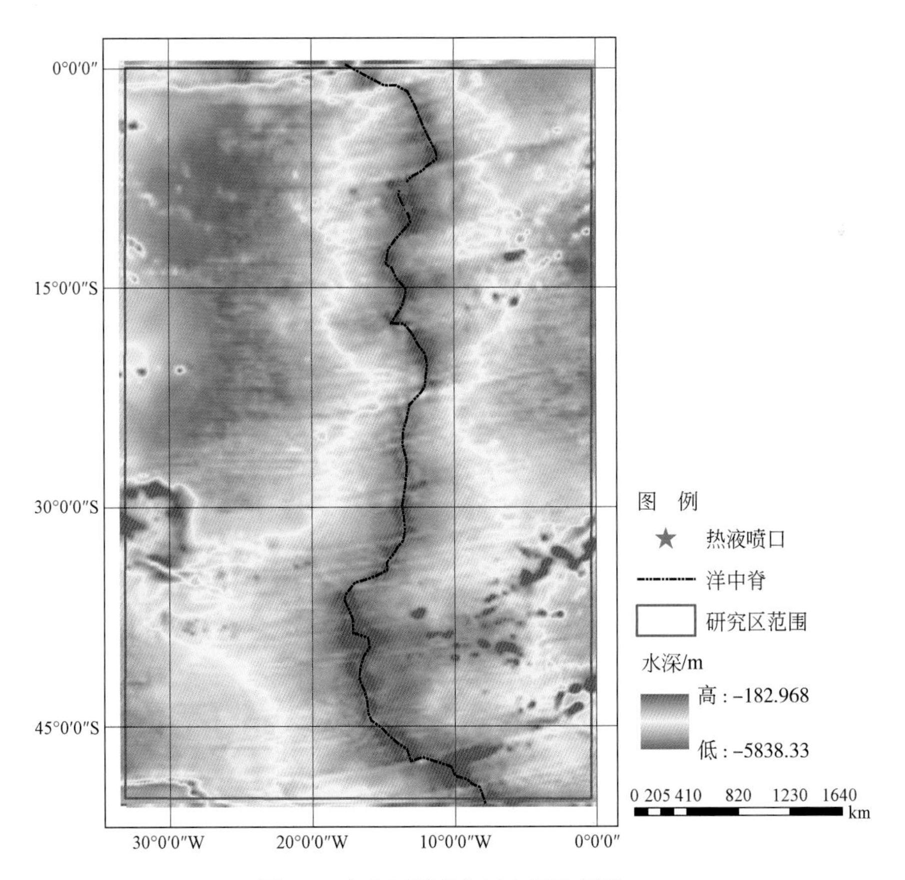

图 5-4　南大西洋研究区水深示意图

将收集的研究区地形数据与热液区进行叠加分析（图 5-5），发现热液区集中分布在［−2845.6，−2623.6］m 的水深范围内，在全球大洋已知热液活动区或者热液点的统计区间 2000 ～ 4000m 范围内，因此可以将［−2845.6，−2623.6］m 作为有利区（图 5-6）。

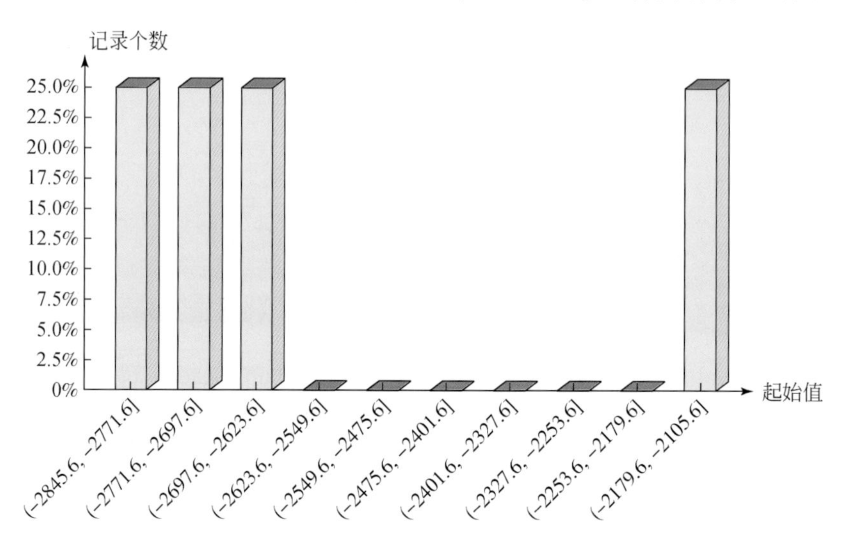

图 5-5　水深与已知热液区点统计图

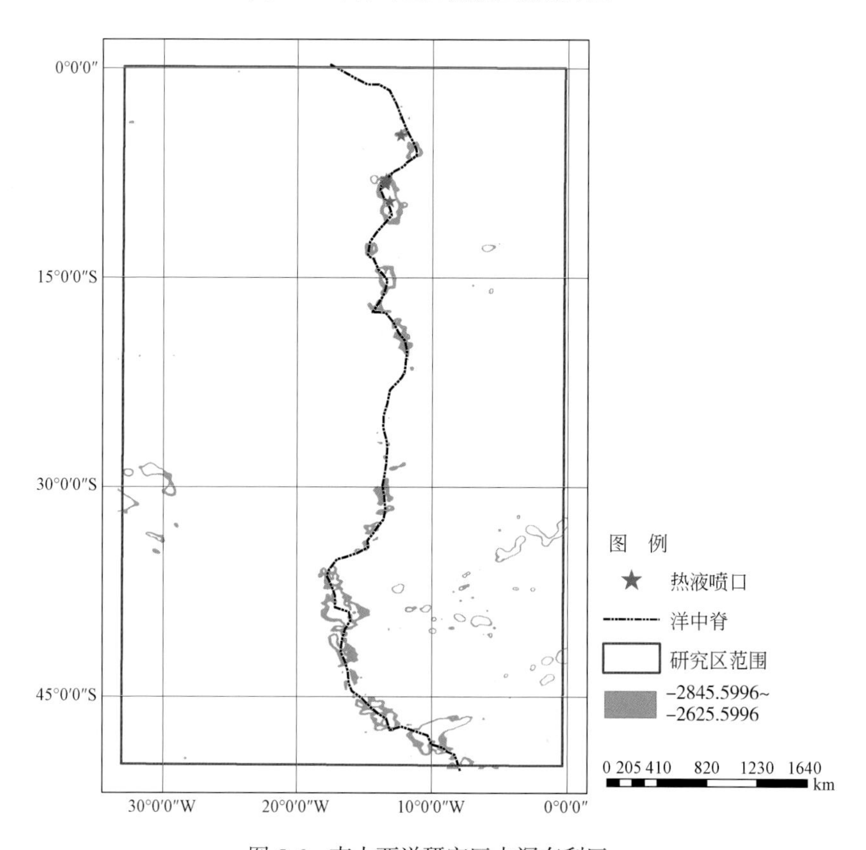

图 5-6　南大西洋研究区水深有利区

5.2.2　地球物理信息

海底热液多金属硫化物主要是指黄铁矿、黄铜矿、闪锌矿、方铅矿及磁黄铁矿等，其围岩及基岩主要为大洋玄武岩，或被沉积物覆盖。就密度而言，热液硫化物中的主要矿物黄铁矿密度、黄铜矿密度、磁黄铁矿密度均比玄武岩密度大。另外，若热液硫化物区域存在较厚沉积层且沉积层厚度变化较大时密度差异就更大。因此，多金属硫化物区的重力异常特征在剩余基底重力异常上多表现为局部重力高异常（杨永等，2011），这是重力勘探在热液硫化物矿床勘探中的一个重要找矿标志。

就磁性而言，年轻洋壳的磁化强度主要是由喷发的玄武熔岩引起的，这是由富含铁的钛磁铁矿颗粒产生的剩余磁化强度引起的，这种富钛磁铁矿易蚀变。形成海底热液喷发系统的流体呈酸性，极易与富钛磁铁矿发生蚀变，从而降低地壳岩石的磁铁矿含矿量，甚至降低为 0（杨永等，2011）。海底热液喷发系统可能位于孤立的蚀变地壳的下方，该蚀变地壳的磁化强度较未发生蚀变的地壳要低。因此，低磁化强度是热液硫化物勘探中的一个重要找矿标志。

1. 研究区重力数据分析

重力资料来自美国国家地球物理数据中心（NGDC），为大地水准面处的自由空气重力异常，分辨率为 1′× 1′，精度大于 2mGal，数据格式为 .xyz，数据范围包括全球各大洋，对数据进行筛选并插值生成 .grid 格式（图 5-7）。研究区重力异常自南北向中部呈明显的重力梯级带，异常值为 −60 ～ 140mGal，呈锯齿状展布，该重力梯级带是区域深大断裂的反映。

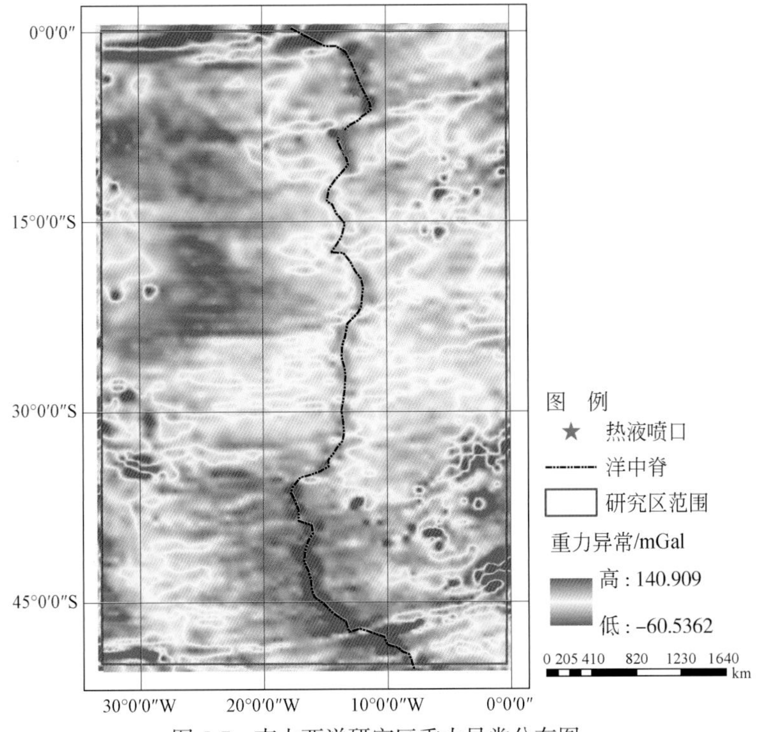

图 5-7　南大西洋研究区重力异常分布图

对重力数据进行垂直方向以及水平方向0°、45°、90°、135°导数处理。

1）浅部异常分析（垂向一阶导数处理）

对研究区的重力数据进行垂向一阶导数处理（图5-8），由图可见重力异常垂向一阶导数呈条带状展布，叠合南大西洋中脊可以看出高值区与洋中脊延伸方向一致，可以推测引起重力异常垂向一阶导数高值的密度体与区域构造有关，受构造格架方向控制。

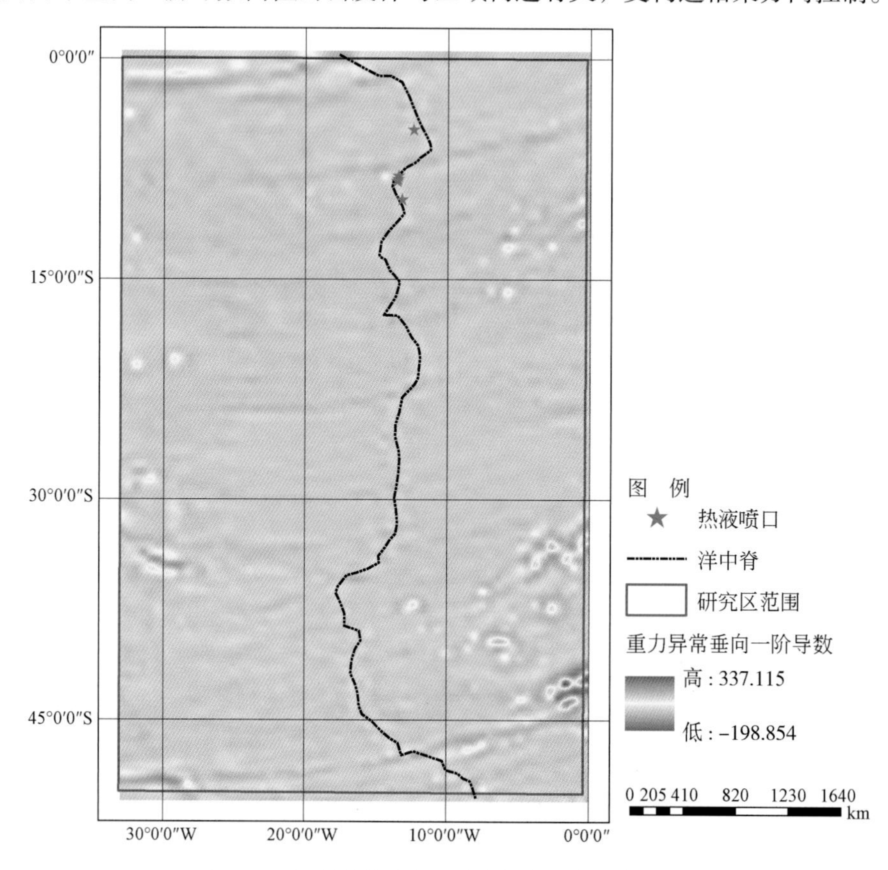

图5-8 南大西洋研究区重力异常垂向一阶导数

2）线性构造分布特征（水平方向导数处理）

对研究区重力数据进行水平方向（0°、45°、90°、135°）导数处理（图5-9），各个方向上的水平一阶导数可以较好地增加与该方向垂直的密度体的特征，可以表现出较强的构造展布特征。由原平面四个方向上的水平一阶导数可以看出研究区很强的近东西向展布特征，根据大洋中脊构造可知该特征反映了与洋中脊垂直的转换断层的分布状况。因此，重力四个方向水平一阶导数能够较为有效地推断研究区的线性构造。

3）局部异常分析（剩余重力异常处理）

从研究区剩余重力异常图（图5-10）可以看出，研究区剩余重力异常基本沿着大洋中脊延伸方向形成一个重力高异常区，重力低异常区基本在高异常两侧相伴分布，重力高异常区可能反映了洋中脊扩张带及基底玄武岩，重力低异常区可能反映了基底拗陷、沉积物等。

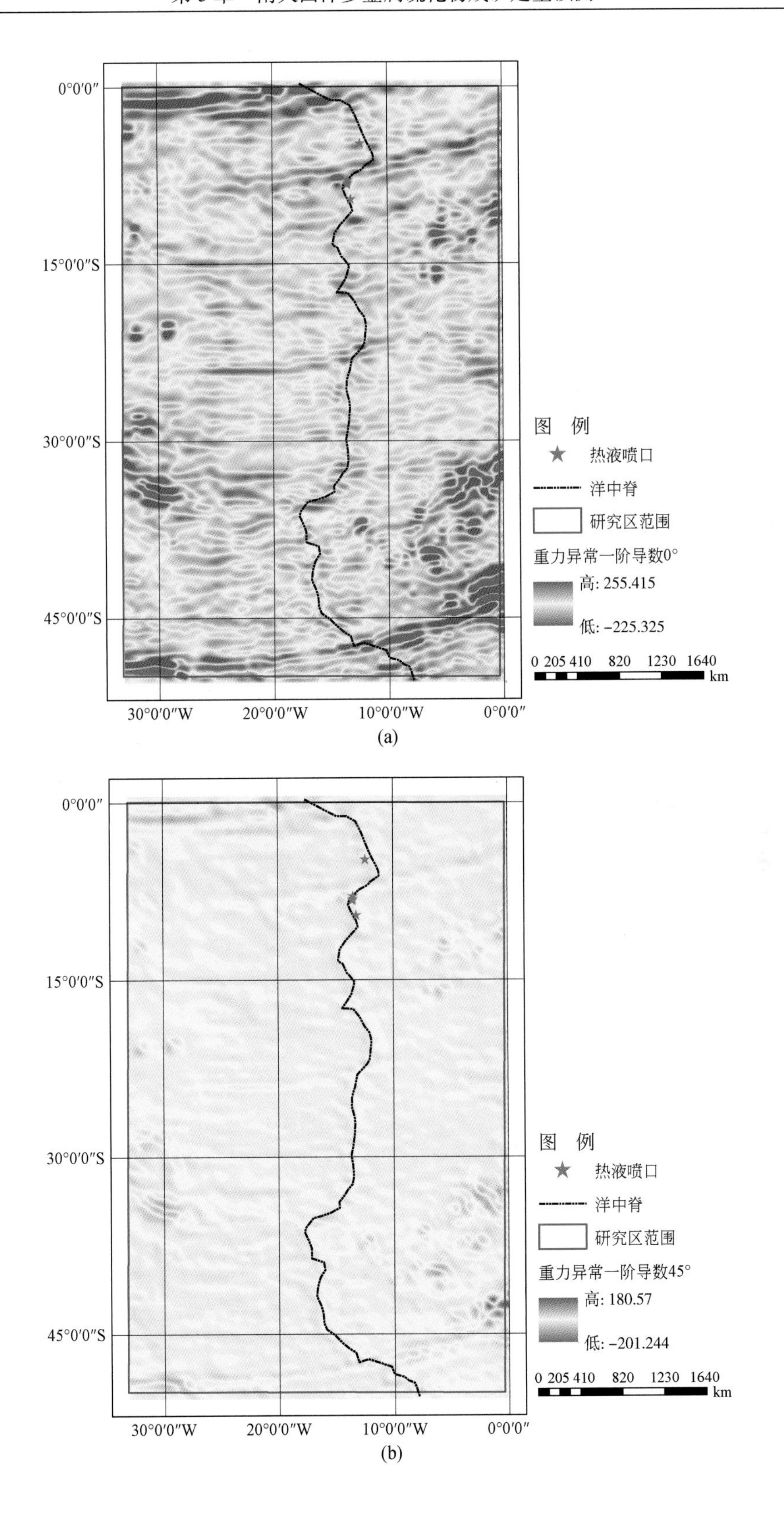
0°0′0″
15°0′0″S
30°0′0″S
45°0′0″S
30°0′0″W
20°0′0″W
10°0′0″W
0°0′0″
图　例
热液喷口
洋中脊
研究区范围
重力异常一阶导数0°
高: 255.415
低: −225.325
0 205 410 820 1230 1640
km
重力异常一阶导数45°
高: 180.57
低: −201.244

(a)

(b)

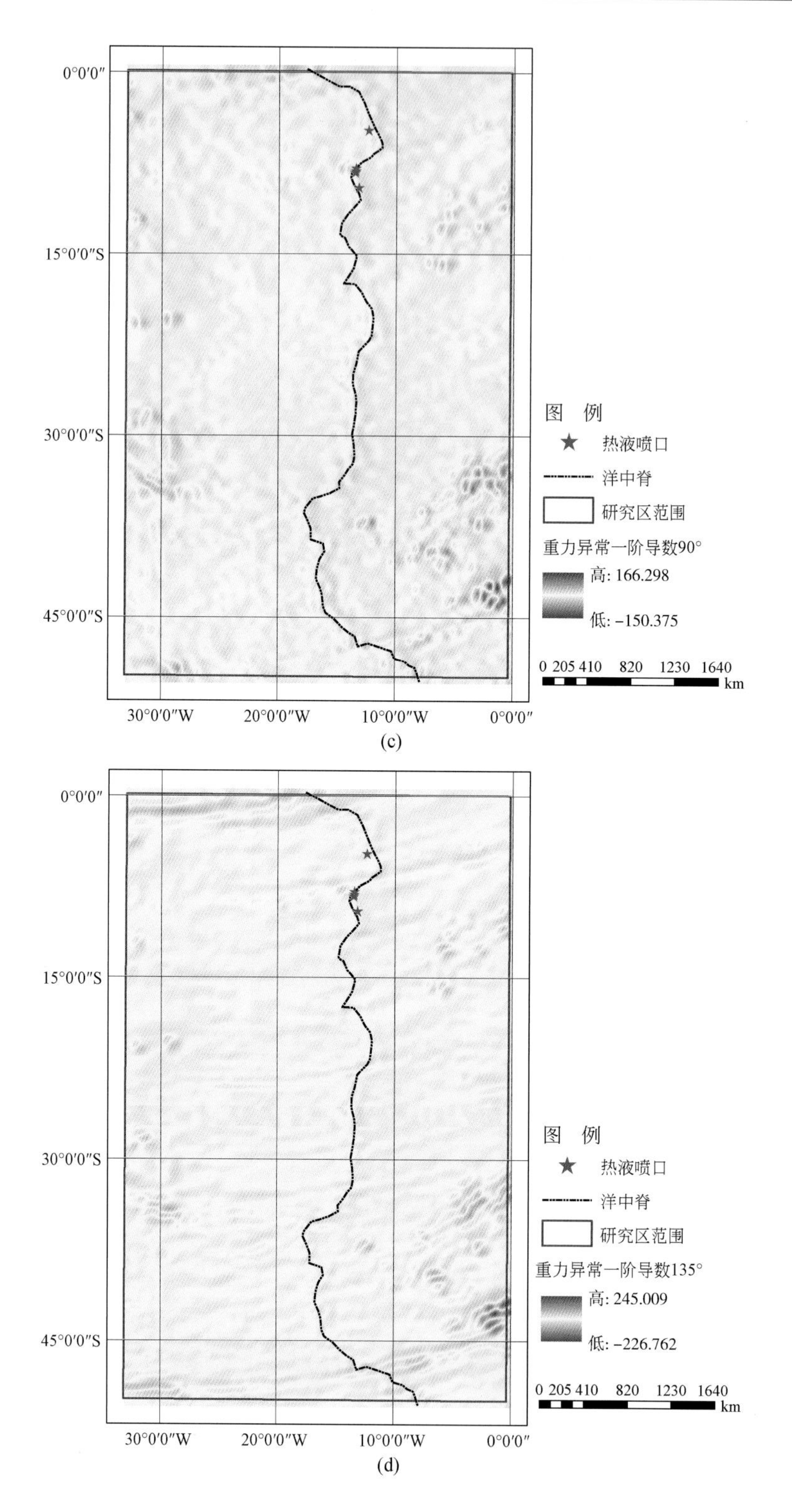

图 5-9　南大西洋研究区重力异常原平面水平一阶导数组图

（a）水平 0° 一阶导数；（b）水平 45° 一阶导数；（c）水平 90° 一阶导数；（d）水平 135° 一阶导数

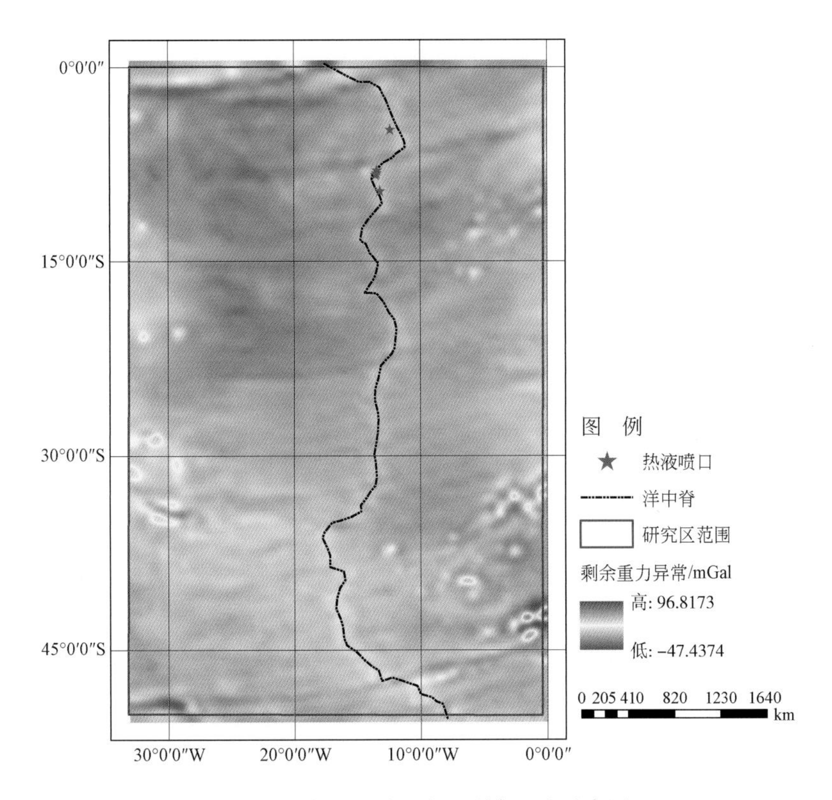

图 5-10　南大西洋研究区剩余重力异常图

将研究区重力异常图与热液区进行叠加分析（图 5-11），发现热液矿点落在［8.464，9.464］mGal 区间内（图 5-12）。

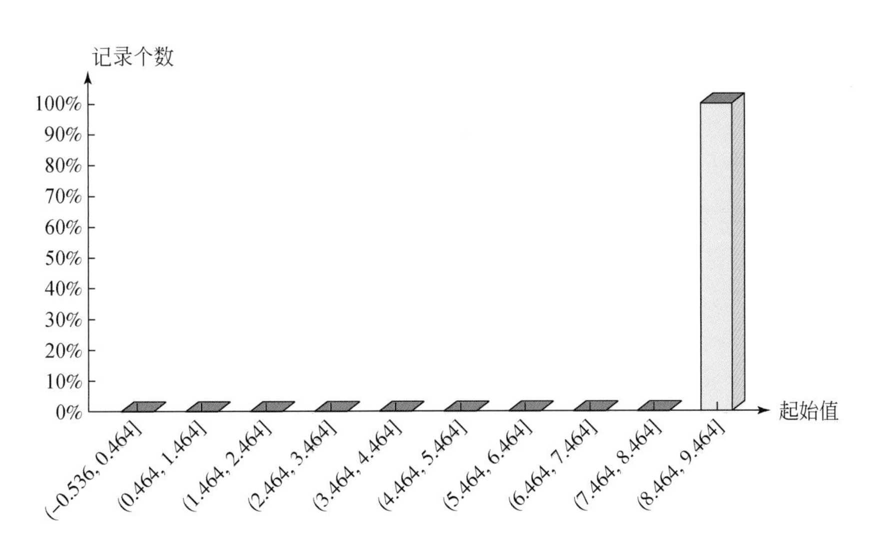

图 5-11　重力异常与已知热液区点统计图

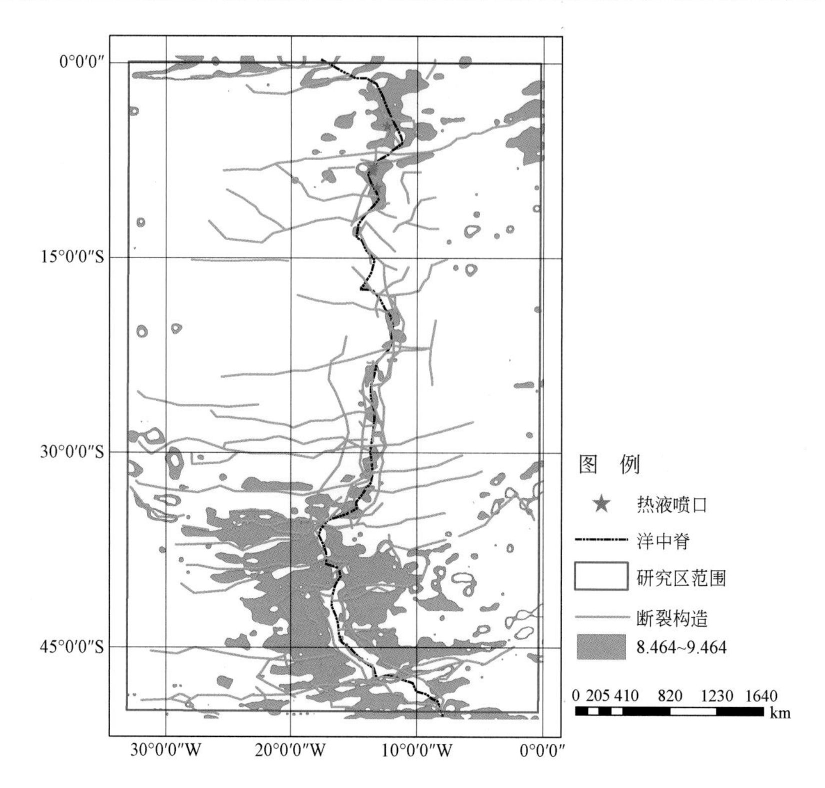

图 5-12　南大西洋研究区重力异常有利区

2. 研究区磁力数据分析

磁力资料来自美国国家地球物理数据中心（NGDC），分辨率为 2′，综合利用卫星、海洋、航空和地面磁测而成。数据格式为 .xyz，数据范围包括全球各大洋。对数据进行筛选、网格化得到研究区磁异常图（图 5-13）。研究区磁异常整体沿洋中脊呈团带状分布，以北东向为主，正负异常中心相间出现。异常值为 −535 ～ 445nT。对磁异常数据进行进一步的求导（水平方向 0°、45°、90°、135° 导数）、延拓（上延 1km、2km）等处理。

1）浅部异常分析（垂向一阶导数处理）

从研究区磁异常垂向一阶导数图（图 5-14）可以看出，研究区磁异常方向主要为东西向，与洋中脊大致延伸方向一致，异常分布可以反映区域地质构造和洋底玄武岩分布特征。

2）线性构造分布特征（延拓及水平方向导数处理）

对研究区磁异常数据进行水平方向（0°、45°、90°、135°）一阶导数处理。图 5-15 反映了与该方向垂直的地质体的特征，能够较好地表现展布特征。可以利用磁异常水平方向导数来推断地质体。

磁力异常提取有利找矿信息与重力提取方法类似。将磁异常与矿点进行叠加分析（图 5-16），磁异常的有利含矿区间为［25.275，33.275］nT，得到磁力异常成矿有利区间（图 5-17）。

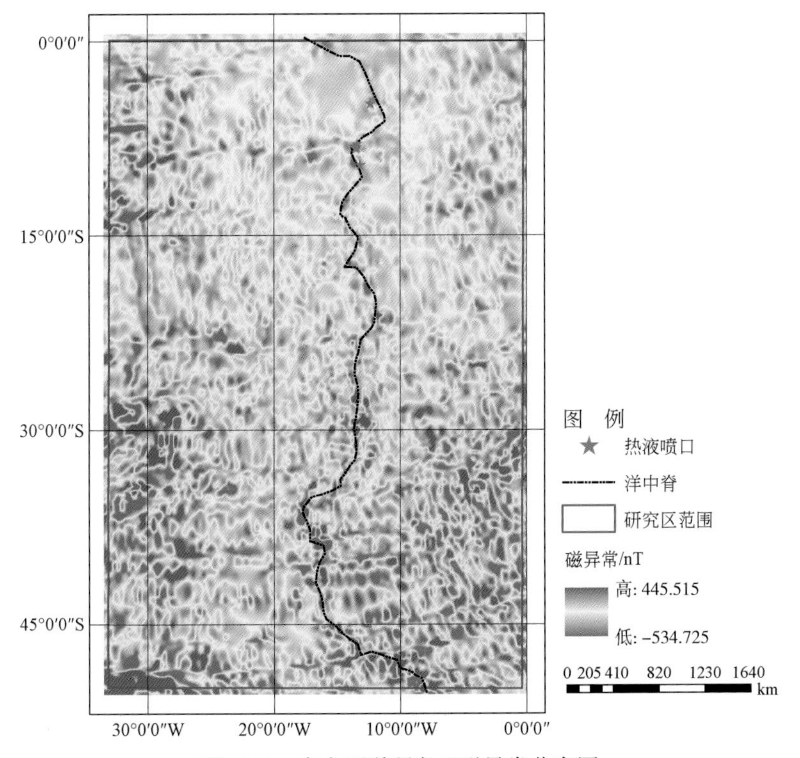

图 5-13　南大西洋研究区磁异常分布图

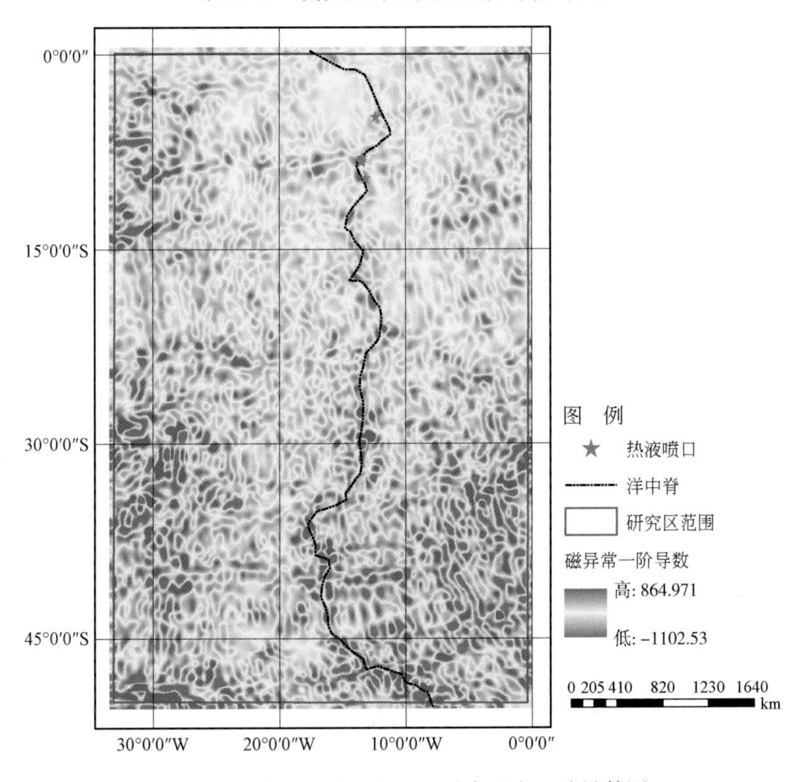

图 5-14　南大西洋研究区磁异常垂向一阶导数图

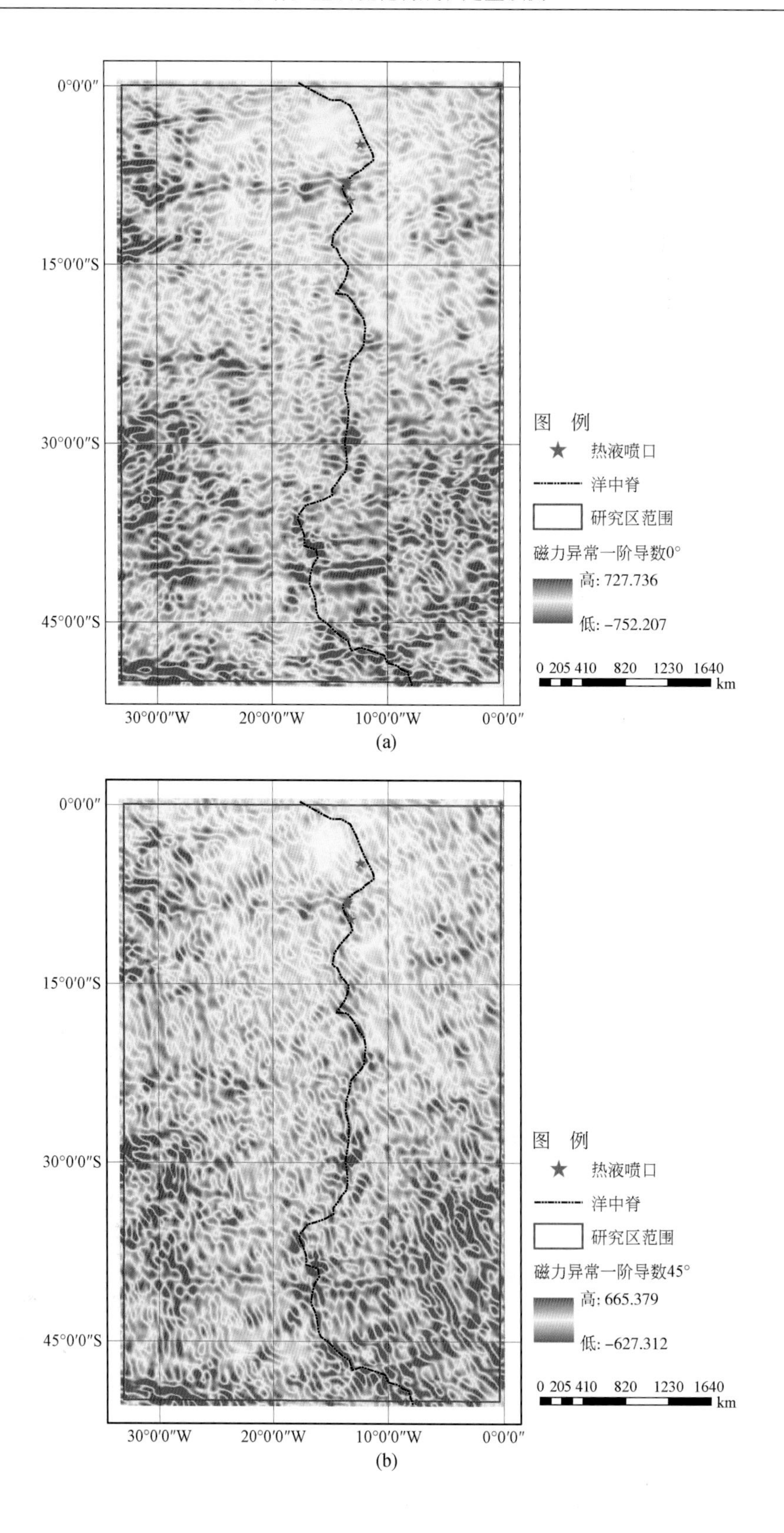
0°0′0″
15°0′0″S
30°0′0″S
45°0′0″S
30°0′0″W
20°0′0″W
10°0′0″W
0°0′0″
图 例
热液喷口
洋中脊
研究区范围
磁力异常一阶导数0°
高: 727.736
低: −752.207
0 205 410 820 1230 1640
km
(a)
0°0′0″
15°0′0″S
30°0′0″S
45°0′0″S
30°0′0″W
20°0′0″W
10°0′0″W
0°0′0″
图 例
热液喷口
洋中脊
研究区范围
磁力异常一阶导数45°
高: 665.379
低: −627.312
0 205 410 820 1230 1640
km
(b)

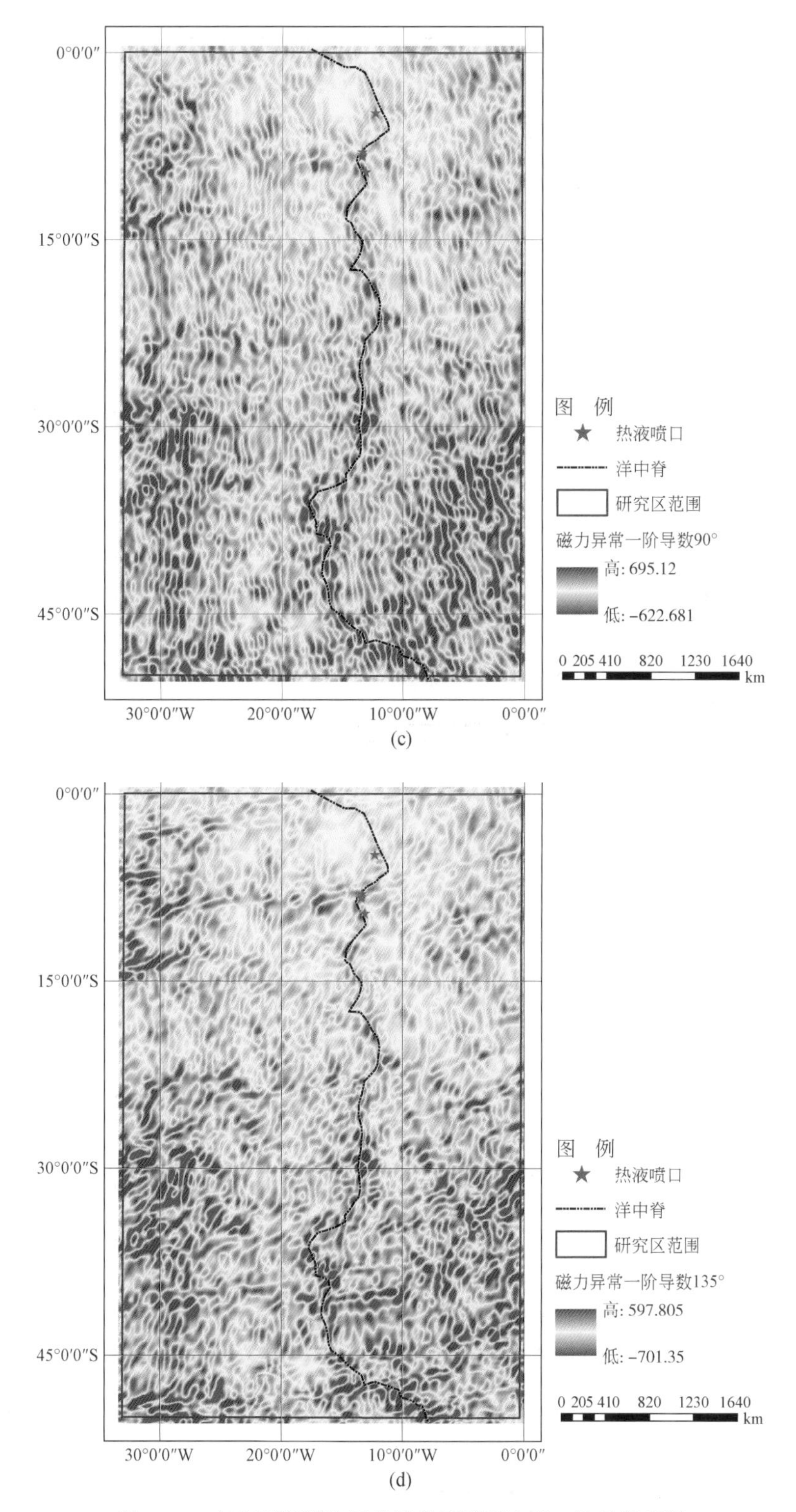

图 5-15　南大西洋研究区磁异常原平面水平一阶导数组图

（a）水平 0° 一阶导数；（b）水平 45° 一阶导数；（c）水平 90° 一阶导数；（d）水平 135° 一阶导数

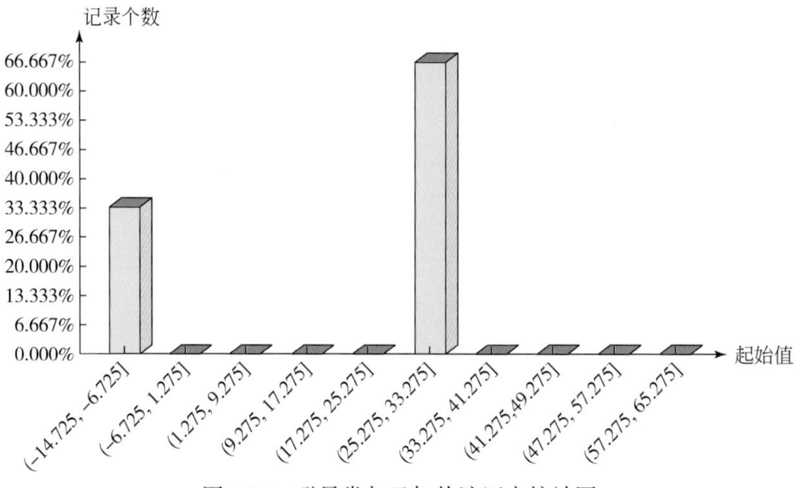

图 5-16　磁异常与已知热液区点统计图

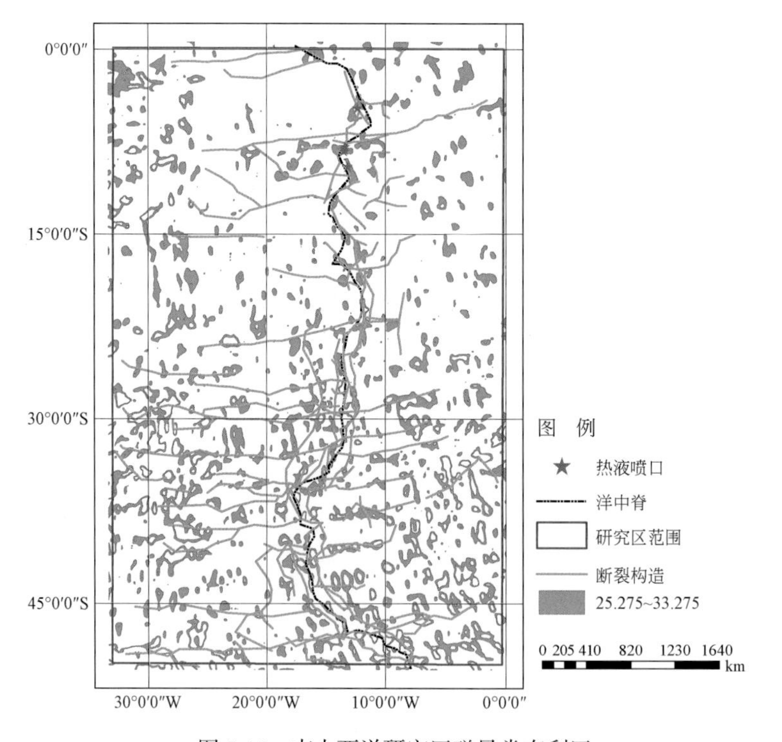

图 5-17　南大西洋研究区磁异常有利区

5.2.3　地质信息

1. 构造解译分析

重磁异常推断线性构造的过程主要分为水平一阶导数极值线的提取和筛选、线性构造的绘制推断两步。

从理论上讲，重磁水平一阶导数的极值轴是不同地质体或者密度体之间分界线的一种反映，因此可以利用水平一阶导数来推断线性构造的存在。提取水平一阶导数极值线的方法如下。

（1）沿一定方向分布的相同性质的数个极值轴按照场的特征分析研究轴向连接关系。如图 5-18（a）所示，在水平一阶导数等值线图中，可以看到北部的负极值线与数个串珠状分布的正极值线相伴出现，这种串珠状分布的极值轴实际上应该是同属于一条极值线，在提取极值线时应连接起来。

（2）极大值线（或极小值线）有退化现象发生时，按照水平一阶导数极大值轴线和极小值轴线相配对的原则，应该人为地添加极大值线或极小值线。如图 5-18（b）所示，同时出现两条极大值线，这时就需要在两条极大值线之间加上一条极小值线，同理，若同时出现两条极小值线，则需要在它们之间相应地补充一条极大值线。

（3）一些特殊形态的水平一阶导数极值线，还需要对比延拓图、平剖面图、化极图和区域地质图等图件进行合理的地质解释，再进行提取。如图 5-18（c）所示，在水平一阶导数等值线图中，出现了多条近似圆形的闭合等值线的套合区域，在该区的核心部位有一个负极值点。这样的极值点有时具有特殊的地质意义，可能是一个古火山口或强硅化脉，也可能是其他比较特殊的地质体。遇见这样的极值点，必须检查相应的地质图、平剖面图、化极图和延拓图等有关图件，再对其地质意义作合理的推断，不能轻易放弃。在图 5-18（c）中，还可以看到在一个等值线闭合区域内，等值线的长轴和短轴似乎都存在，这种情况可以根据等值线的曲率变化来判断，因此，要把它们都提取出来。

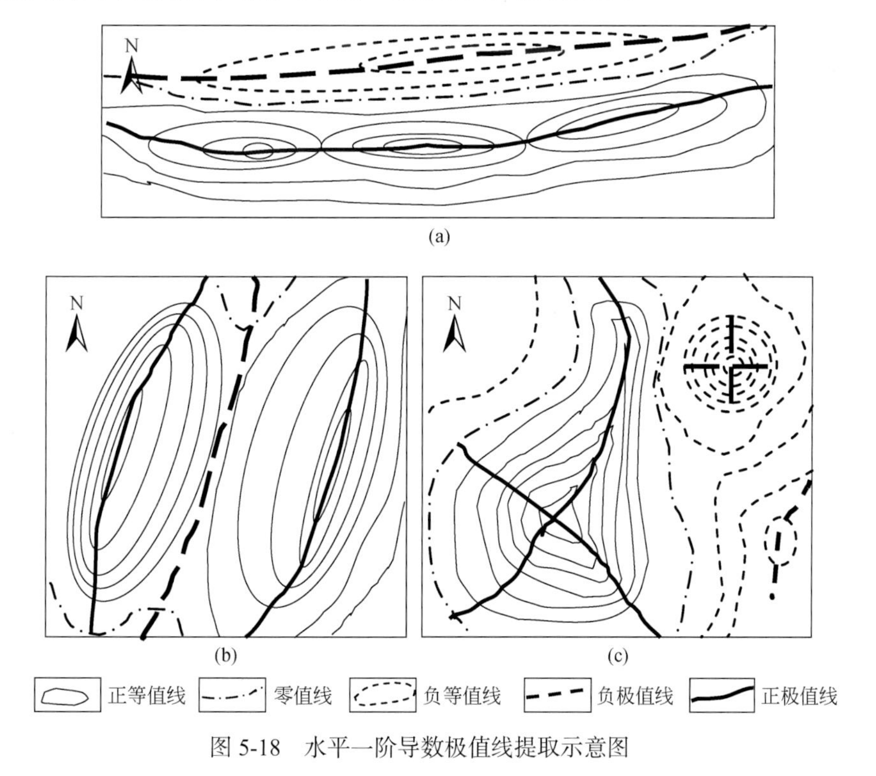

图 5-18　水平一阶导数极值线提取示意图

根据研究区重力、磁力数据，解译研究区的线性构造（图 5-19）。

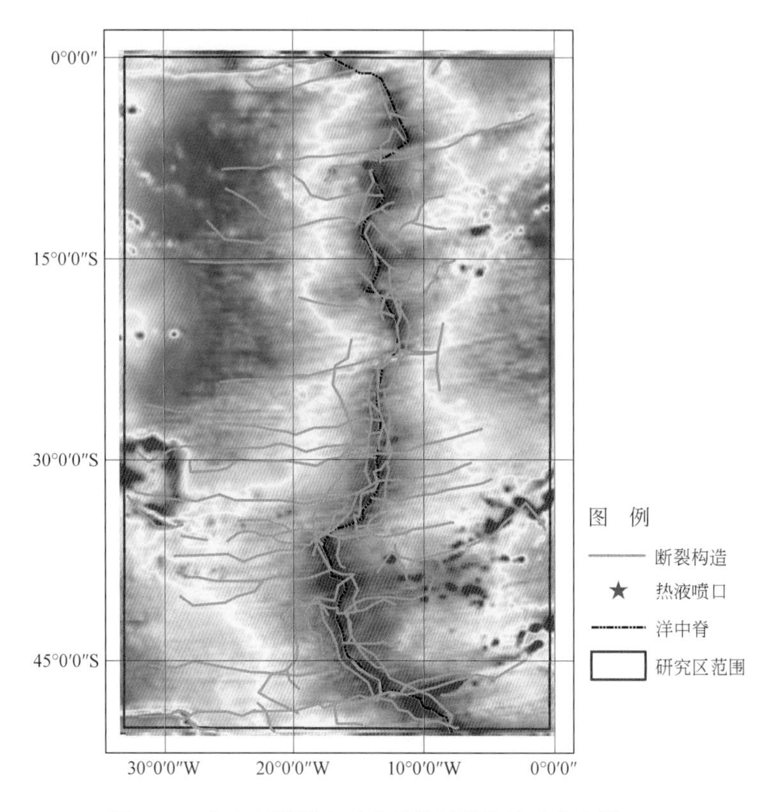

图 5-19　南大西洋研究区重磁推断线性构造分布图

地质找矿信息主要是构造条件对成矿有利的信息，并将其有利的条件提取出来。成矿构造信息提取主要包括两个方面，第一是直接提取控制成矿作用的构造；第二是从构造线中提取地质异常变量，包括断裂等密度、断裂优益度、频数、中心对称度、交点数等，这些地质异常反映了一定地质体的空间分布特征。

2. 构造发育程度（断裂等密度）

从理论上讲，海底多金属硫化物成矿的一个必要条件就是断裂系统的发育，这是海水、热液循环的必要条件之一。断裂等密度是单位面积中断裂长度的加和，反映了线性构造的复杂程度和发育程度。因此断裂等密度的分析可以从一个方面来反映热液成矿作用的可能性。图 5-20 是已知热液区与断裂等密度的统计分析，可以看出［0.900，1.050］为区域断裂等密度的有利区间（图 5-21）。

3. 主干构造发育（构造优益度）

断裂构造优益度是指线性构造方位的以及两两之间夹角的控矿程度加权的构造密度的度量。代表了主干构造方向成矿的优越性。经矿点与优益度叠加统计分析（图 5-22）表明

78%的矿点位于 [1.800，2.100] 区间，将此区间与洋中脊进行对比，走向与方位基本一致，且都位于洋中脊附近，这说明优益度分析的可行性（图 5-23）。

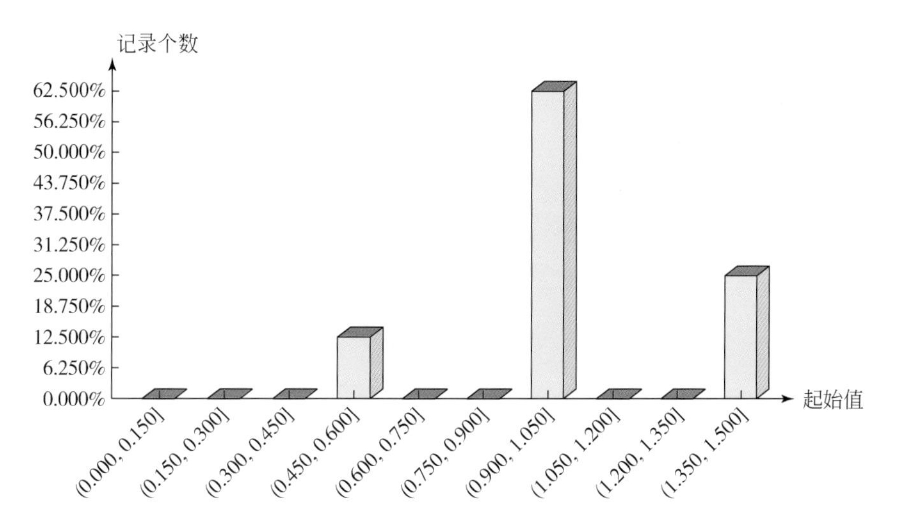

图 5-20　断裂等密度与已知热液区点统计图

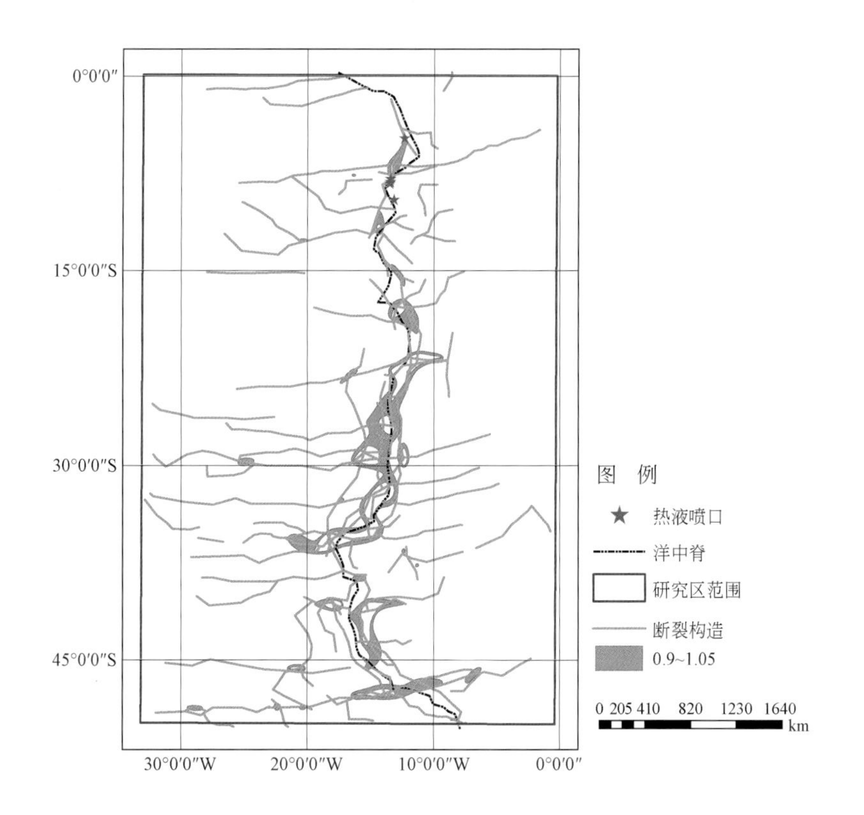

图 5-21　南大西洋研究区断裂等密度有利区

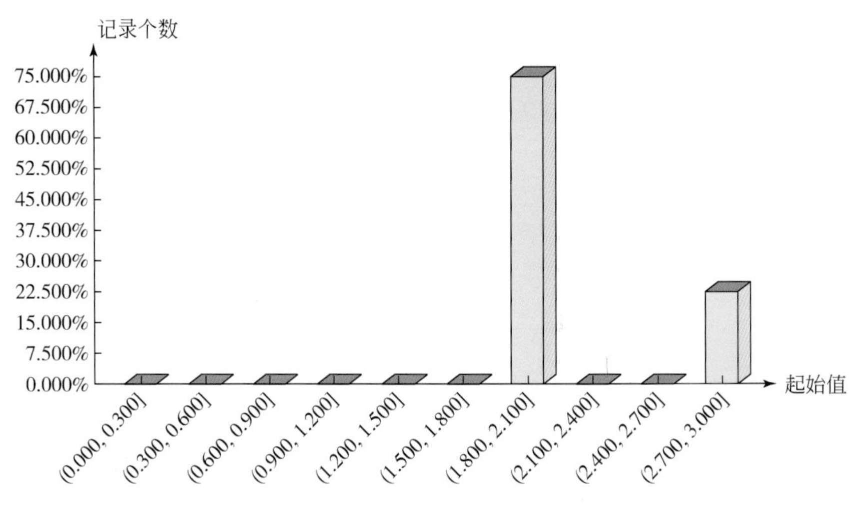

图 5-22　构造优益度与已知热液区点统计图

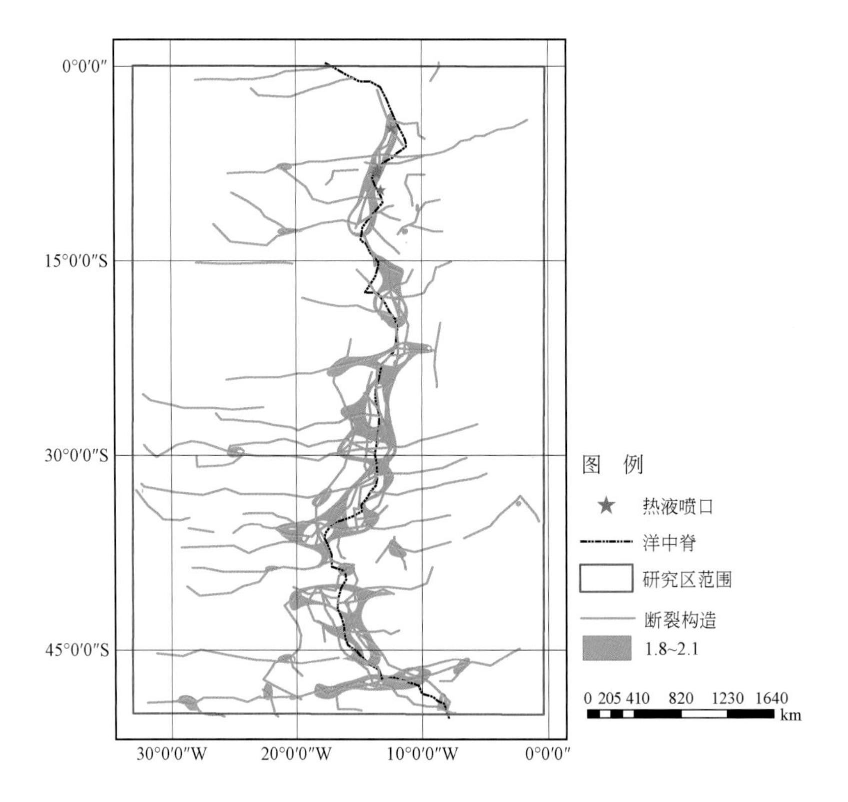

图 5-23　南大西洋研究区构造优益度有利区

4. 构造对称特征（构造中心对称度）

构造中心对称度代表了构造对称的特征，在实际地质情况中，造成构造对称性分布的地质现象主要有地壳运动、基底岩浆上涌侵位等，因此构造中心对称度对上述地质作用有较好的描述作用。从大洋实际情况出发，该参数可能可以用来描述基底岩浆房的存在，通过中心对称度与矿点的叠合（图 5-24）分析，统计矿点落在［0.360，0.400］的比例较大，因此选取该区间作为异常区间（图 5-25）。

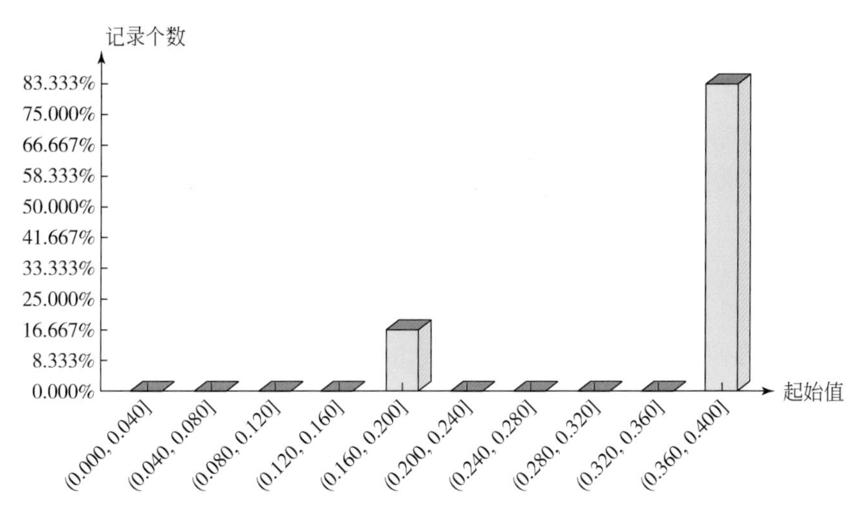

图 5-24　构造中心对称度与已知热液区点统计图

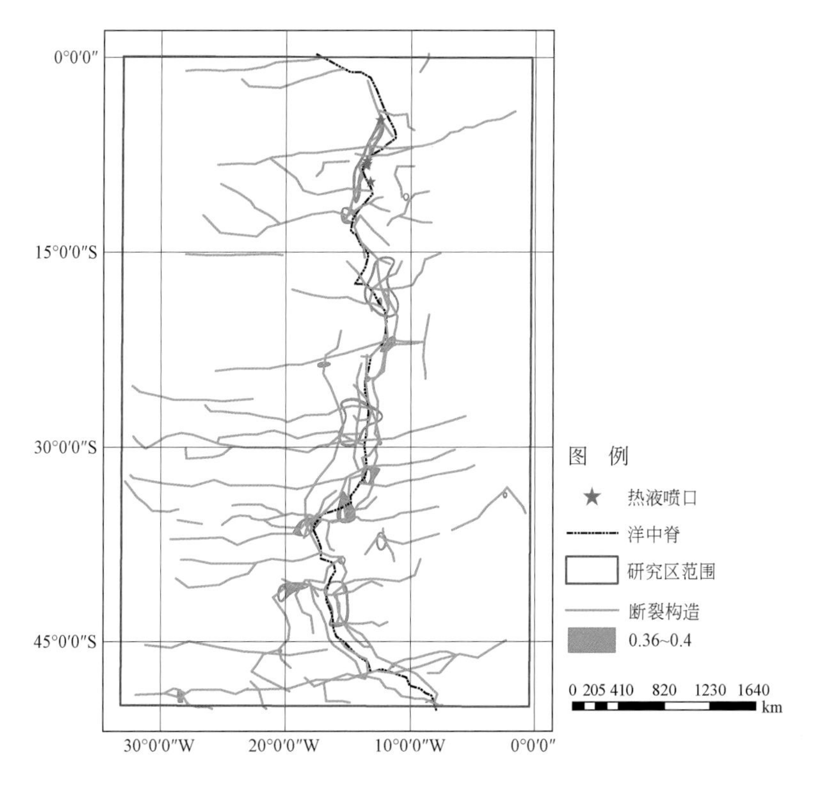

图 5-25　南大西洋研究区构造中心对称度有利区

5.2.4　其他信息

地震就是地球表层的快速振动，在古代又称为地动。它就像刮风、下雨、闪电、山崩、火山爆发一样，是地球上经常发生的一种自然现象。根据地震的成因，可以把地震分为构造地震、火山地震、塌陷地震、诱发地震、人工地震。其中构造地震和火山地震发生次数最多，约占全世界的97%以上。地下深处岩层错动、破裂所造成的地震称为构造地震。构造地震与断裂、断层密切相关。火山作用，如岩浆活动、气体爆炸等引起的地震称为火山地震。只有在火山活动区才可能发生火山地震。

海底的地震活动、火山活动都与区域的地壳活动息息相关，地震和火山活动意味着区域地壳活动的活跃性，指示区域上有断裂构造、有岩浆活动。断裂构造和岩浆活动是控制海底热液活动最关键的因素。每一次的地震火山活动都伴随着旧烟囱的倒塌、新烟囱的形成。地震活动、火山活动间接指示海底热液系统。

海底火山地震中心点监测资料来自美国国家海洋和大气管理局（NOAA），数据格式为 .xyz，为 1900 年以来大于 6 级、1973 年以来大于 4.5 级的监测数据（图 5-26）。

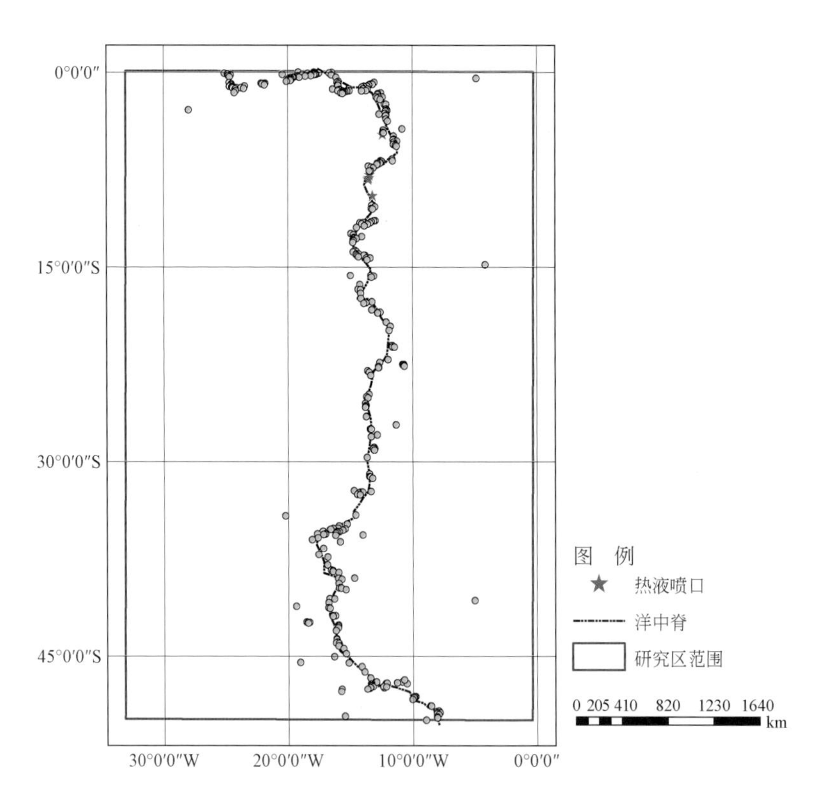

图 5-26　南大西洋研究区地震点分布

海底的地震活动、火山活动都与区域的地壳活动息息相关，每一次地震火山活动都伴随着旧烟囱的倒塌、新烟囱的形成。火山地震活动代表着区域地壳的不稳定，不少海底热液系统就位于海底火山群上。对地震点数据进行点密度处理（图 5-27），然后叠加热液活动区进行分析，发现点密度区间［2，5］集中了所有的热液活动区。因此可以将密度区间作为成矿有利预测因子。

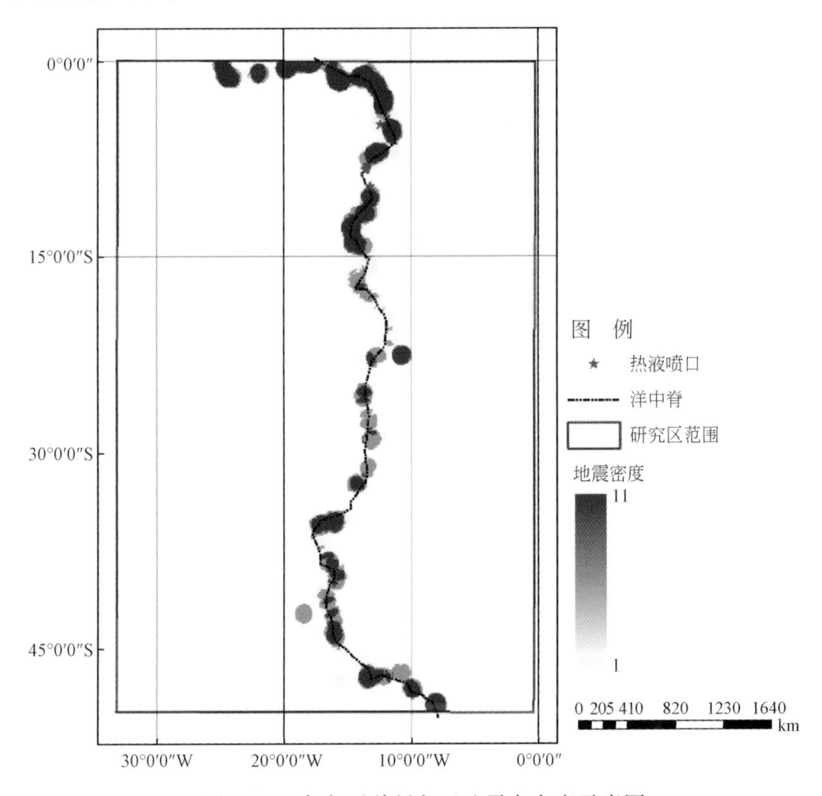

图 5-27 南大西洋研究区地震点密度示意图

5.3 区域多金属硫化物资源预测

5.3.1 区域矿床预测模型的建立

以二维预测技术为支撑，进行矿产资源的预测与评价，为进一步部署建议提供科学依据。根据实体模型进行研究区成矿条件分析，寻找成矿条件的有利组合，圈定找矿有利靶区，定量分析资源潜力，进而对研究区矿产资源实现定位及定概率的预测与评价。

通过对研究区找矿模型的分析以及各种找矿信息的提取，并结合实际情况建立研究区海底多金属硫化物矿床的找矿预测模型（表 5-4）。

表 5-4 南大西洋中脊海底热液多金属硫化物矿床找矿预测模型

<table>
<tr><th>矿床类型</th><th>控矿因素</th><th>成矿预测因子</th><th>特征变量</th><th>特征值</th></tr>
<tr><td rowspan="7">海底热液多金属硫化物矿床</td><td>地质条件</td><td>水深条件</td><td>水深有利区</td><td>有利水深范围 [−2845.6，−2623.6]m</td></tr>
<tr><td rowspan="3">地质条件</td><td>有利成矿构造发育部位</td><td>构造优益度有利区</td><td>优益度 [1.800，2.100]</td></tr>
<tr><td>构造发育部位</td><td>断裂等密度有利区</td><td>等密度 [0.900，1.050]</td></tr>
<tr><td>对称构造发育区</td><td>中心对称度有利区</td><td>中心对称度 [0.360，0.400]</td></tr>
<tr><td rowspan="2">地球物理信息</td><td rowspan="2">重磁成矿有利分析</td><td>重力异常有利区</td><td>重力异常 [8.464，9.464]mGal</td></tr>
<tr><td>磁异常有利区</td><td>磁力异常 [25.275，33.275]nT</td></tr>
<tr><td>其他信息</td><td>火山地震密度</td><td>地震点密度有利区</td><td>地震点密度 [2，5]</td></tr>
</table>

5.3.2 资源预测方法介绍

成矿预测采用证据权法，它是由加拿大数学地质学家 Agterberg 提出的一种地学统计方法，基于二值图像进行计算的，采用统计分析模式，通过对一些与矿产形成相关的地学信息的叠加分析来进行矿产远景预测。其中每一种地学信息都作为一个证据因子，每一个证据因子根据各自计算的权重来确定对成矿预测的贡献度。

证据权的计算包括先验概率、权值计算和后验概率计算。先验概率计算式根据已知矿点的分布，计算各个证据因子单位区域内的成矿概率，就是计算证据因子存在区域中矿点像元、非矿点像元所占的百分比。各证据因子之间相对于矿点分布满足独立条件。证据权最终结果以权值的形式或者后验概率图的形式表达证据权的优点在于权的解释是相对直观的，并能够独立地确定，易于产生重现性。

5.3.3 区域硫化物资源预测

在运用证据权法进行权值计算之前，首先需要对研究区进行统计单元的划分，单位划分对最终成矿预测结果的影响很大。在综合信息矿产资源预测评价中，单位不仅是统计的基本单位，而且也是各种信息进行有机关联的基本单位。单元应满足统计要求，具有等级性，适用统一的划分条件。这里采用网格化单元划分法，这是由 Harris 提出的，将研究区以规则网格划分成若干个单元，以网格作为抽样单元方法的总称，这种方法将地质问题与空间坐标建立了联系，是一种广泛用于矿产资源评价及大批地质数据处理工作中的样品确定方法。

按照 50km × 50km 对整个研究区进行网格单元划分，然后计算每个预测因子的证据权重值，得到表 5-5。

表 5-5　南大西洋中脊地区海底多金属硫化物热液区预测因子权值表

证据因子类型	证据因子	正权重值（W^+）	负权重值（W^-）	综合权值
地形条件	水深有利区	2.395977	−1.791599	4.187576
构造条件	构造优益度有利区	1.858834	−1.338631	3.197465
	中心对称度有利区	1.630777	−0.216132	1.846909
	断裂等密度有利区	2.212698	−1.099891	3.312589
地球物理条件	重力异常有利区	0.988407	−1.129067	2.117474
	磁异常有利区	0.72599	−1.973227	2.699217
其他条件	地震点密度有利区	1.942078	−0.692827	2.634905

从表 5-5 可以看出，水深的权值大于 4，表明水深条件与热液硫化物具有较好的相关性；优益度和等密度的权值均大于 3，这证明了断裂系统是较为重要的控矿要素；地震点密度分析的权值接近 3，这说明了地震发生频率与热液硫化物成矿具有间接相关性。

在计算后验概率前先进行各预测因子的独立性检验，以上预测因子均相互独立。通过计算得到各个预测单元的后验概率值，按照后验概率相对大小分级赋色，得到研究区海底热液多金属硫化物矿床的后验概率网格图（图 5-28）。

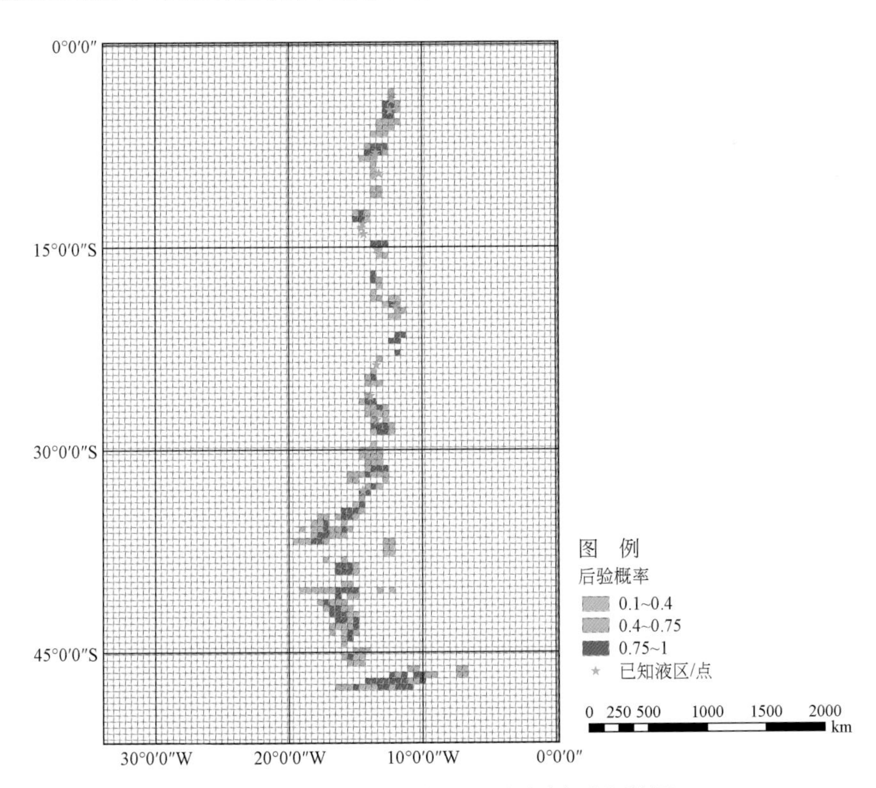

图 5-28　南大西洋研究区预测后验概率网格图

将研究区含矿单元网格的后验概率值进行统计（图 5-29），结果具有一致收敛性。根据统计结果，选取 0.75 作为阈值，大于 0.75 的区域作为找矿远景区（图 5-30）。概率高值的预测区优先调查，相互临近的预测区绑定调查，用以指导本阶段远景区硫化物资源调查验证工作。

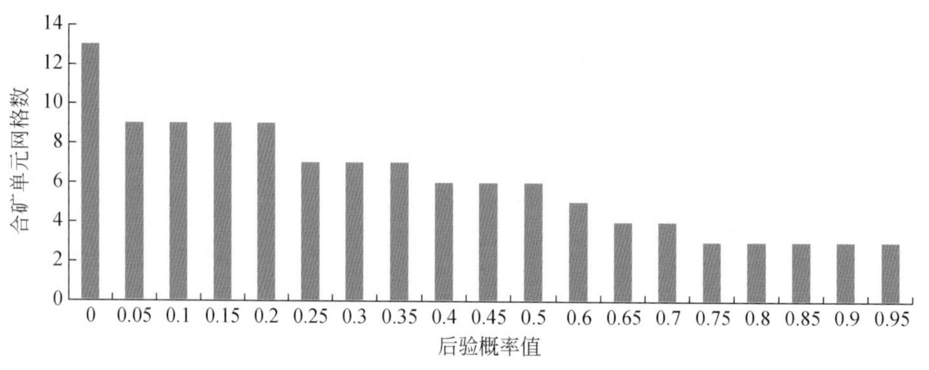

图 5-29 南大西洋研究区后验概率值与已知热液区点网格统计图

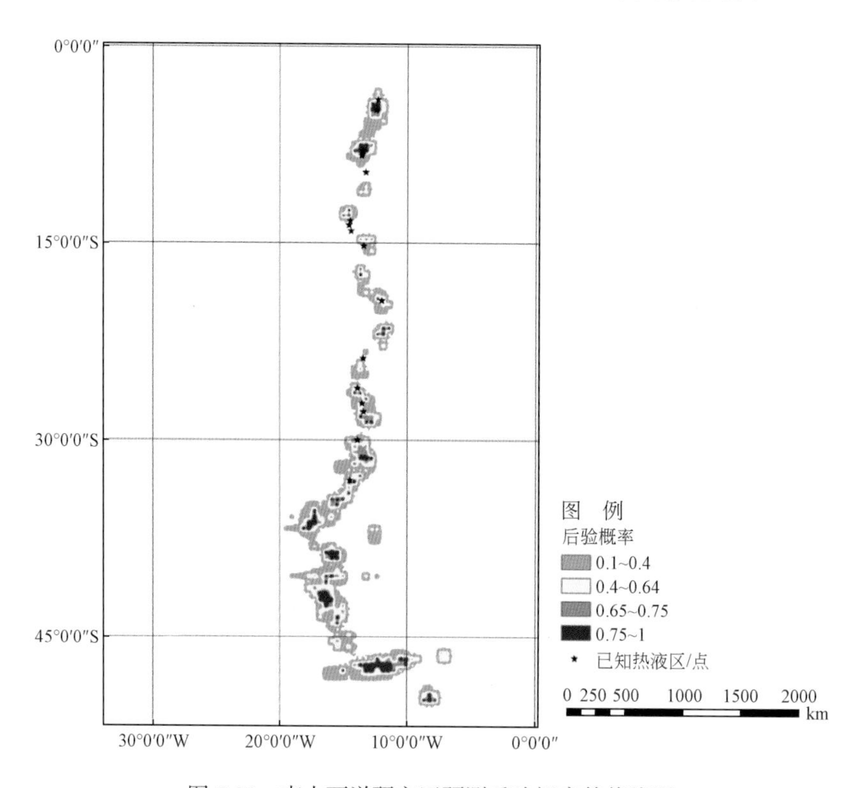

图 5-30 南大西洋研究区预测后验概率等值线图

5.3.4 硫化物区块勘探建议

根据找矿勘探远景区块分布图，按照区块后验概率值的大小以及已知热液点的分布情况，最终划分 18 处勘探远景区（图 5-31），并分为 A、B、C 三级，按照找矿有利程度对远景区进行命名，形成硫化物建议勘探区块申请方案。

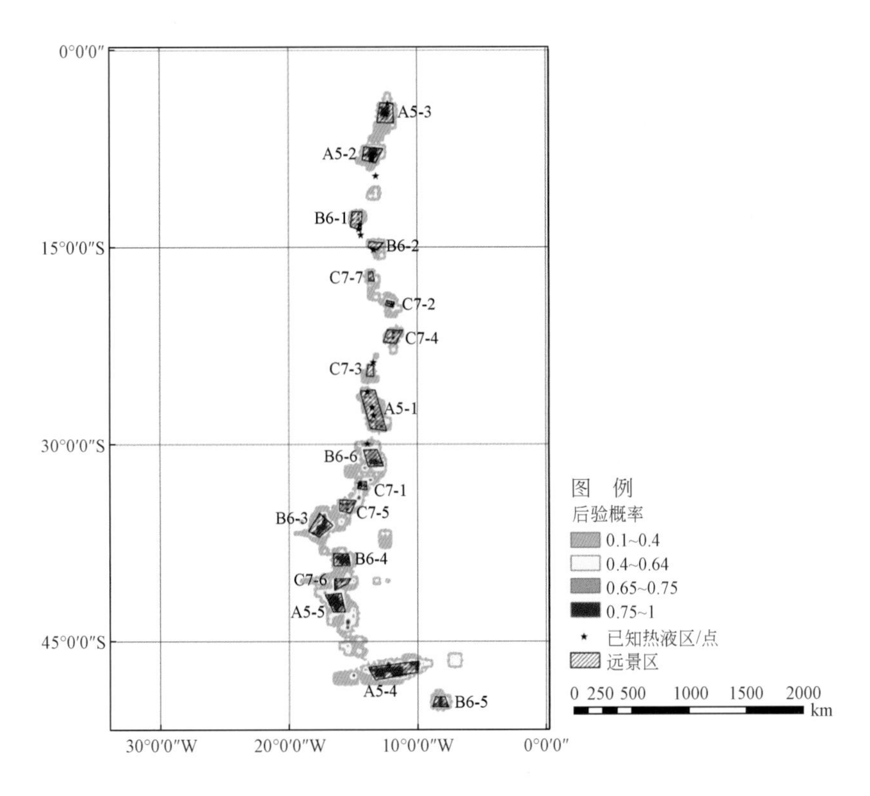

图 5-31　南大西洋研究区远景区块分布图

1）一类远景区

A5-1、A5-2、A5-3 后验概率值均很高，找矿前景较好，区内均包含已知热液区点，其中 A5-1 有我国发现的 26°S 热液区，A5-2 有著名的 Nibelungen 热液区，A5-3 有 Red Lion 热液区、Turtle Pits 和 Wideawake 热液区，可优先开展勘探工作；A5-4 和 A5-5 均不包含热液区点，但后验概率均很高，表明成矿潜力较大，建议可优先开展工作。

2）二类远景区

B6-1 后验概率值较高，附近有我国发现的两个新的海底热液活动区 Baily's Beads 和 Tai Chi 热液区，显示较好的找矿前景；B6-2 包含 1 个已知热液点，后验概率值也较高；B6-3、B6-4、B6-5 及 B6-6 附近无热液区点，但后验概率值均较高，显示有一定的成矿潜力，建议可开展勘探工作。

3）三类远景区

C7-1、C7-2 各包含 1 个热液点，C7-3 附近有 1 个热液点，但这三个区域范围均较小；C7-4、C7-5、C7-6 和 C7-7 附近无热液区，后验概率值相对较高，建议可后续开展勘探工作。

第 6 章　北大西洋典型热液区成矿过程模拟预测

北大西洋中脊属于慢速扩张洋脊，现今已发现多处硫化物热液区，成矿潜力较大，找矿前景较好。自 1985 年 TAG 热液区发现以来，进行了大量调查工作，基本掌握了硫化物矿体分布特征。因此，本章以 TAG 等热液区为突破口，开展成矿定量预测及过程模拟预测方法验证研究。

6.1　北大西洋研究区概况

以赤道附近的罗曼什转换断层为界，大西洋中脊可以分为北大西洋中脊和南大西洋中脊两个部分。北大西洋中脊是海底热液活动调查研究程度较高的洋中脊地区之一，已经发现了近 20 个热液活动区，如著名的 TAG、Logatchev、Rainbow 和 Lost City 热液区等。

以北大西洋中脊为方法验证区，北大西洋中脊热液活动主要位于洋中脊的轴部裂谷，轴向火山、海山、大陆边缘附近的沉积断裂带，与俯冲相关的弧后环境，以及洋脊与断层交汇部分等多种构造环境中，基底岩石主要是由基性玄武岩和超基性岩——蛇纹石化橄榄岩等组成。研究区内已知的热液区（如图 6-1 中黑色五角星）有 TAG、Logatchev、Snake Pit、Rainbow、Lucky Strike 等 31 个热液区（表 6-1）。

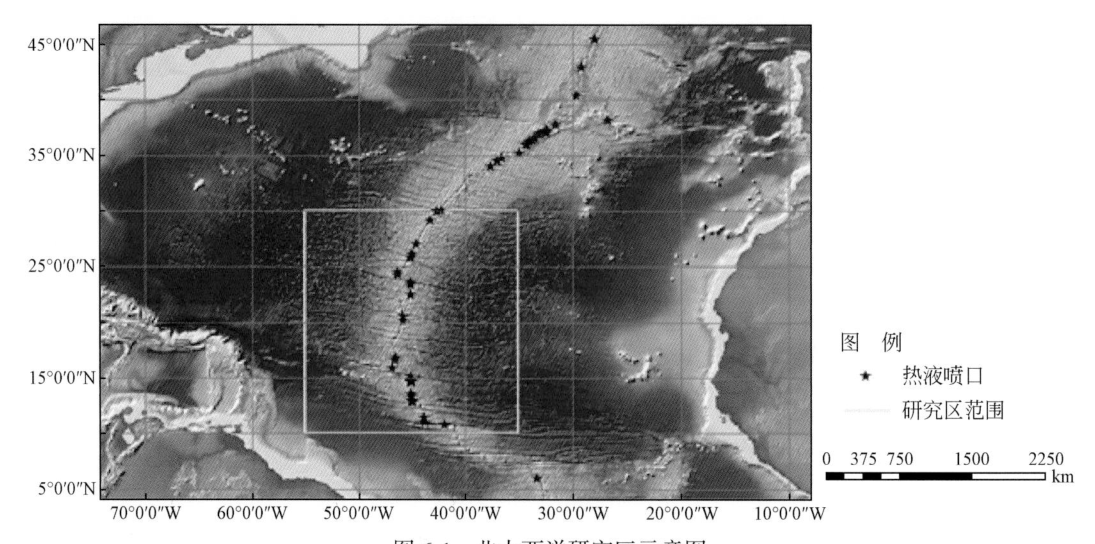

图 6-1　北大西洋研究区示意图

表 6-1　研究区已知热液区

名称	经度	纬度
Lucky Strike	32.267° W	37.283° N
大西洋海岭 FAMOUS 区	33.067° W	36.95° N
Broken Spur	43.167° W	29.167° N
TAG	44.817° W	26.133° N
中大西洋脊峰顶 1	44.983° W	25.80° N
洋脊峰顶 2	46.200° W	24.35° N
Kane 断裂带的东交汇处	45.000° W	23.583° N
Snake Pit	44.950° W	23.367° N
大西洋脊峰顶 4	46.367° W	16.783° N
中大西洋脊侧翼	46.383° W	15.85° N
中大西洋脊侧翼	46.950° W	15.883° N
洋脊东部与 15-20 断裂带的交汇处	44.800° W	15.083° N
大西洋脊峰顶 5	44.900° W	14.917° N
Rainbow	33.900° W	36.22° N
Logatchev	44.970° W	14.75° N
Lost City	45.000° W	30.00° N

6.2　研究区信息综合分析与提取

由于大洋调查程度低，环境恶劣，技术条件有限，迄今为止，在北大西洋中脊地区发现 31 处典型热液区。由于海底地质勘探工作开展较为困难，数据资料有限，为了预测分析工作的进一步开展，基于收集的数据资料建立了数据找矿模型（表 6-2），根据找矿模型对热液多金属硫化物矿床进行相应的成矿有利信息提取。

表 6-2　海底多金属硫化物矿床数据找矿模型

控矿因素	成矿预测因子	特征变量
地形信息	水深条件	有利水深范围
地质信息	构造条件	区域构造条件
		构造影响区域
		断裂交汇部位
		构造对称特征
地球物理信息	重磁异常分析	重力异常
		磁异常

续表

控矿因素	成矿预测因子	特征变量
其他信息	火山地震活动	火山地震分析
	研究区大洋扩张速率	扩张速率分析
	研究区洋壳年龄	洋壳年龄分析

区域信息的综合分析就是指对研究区内收集到的各种数据资料，如地形水深资料、重力异常数据、磁力异常数据、洋底扩张速率、洋壳年龄、沉积物厚度、地震监测等资料进行进一步的分析处理和信息挖掘，得到与热液硫化物矿床矿化有关的直接或者间接信息，以及与成矿相关的区域构造和岩体等相关信息，以便开展成矿信息的分析和预测工作。

6.2.1　地形信息

水深数据来自美国地质调查局（USGS）发布的SRTM（Shuttle Radar Topography Mission）地形数据，是多波束测深和卫星测高的融合数据，分辨率为30″ ×30″，数据范围包括全球各大洋。根据研究区的范围，对数据进行筛选、插值并网格化处理，获得研究区水深示意图（图6-2）。整体上，研究区水深变化趋势为从洋中脊向东西方向水深逐渐增大，这反映了研究区地形由洋中脊向东西方向由高变低的特点。

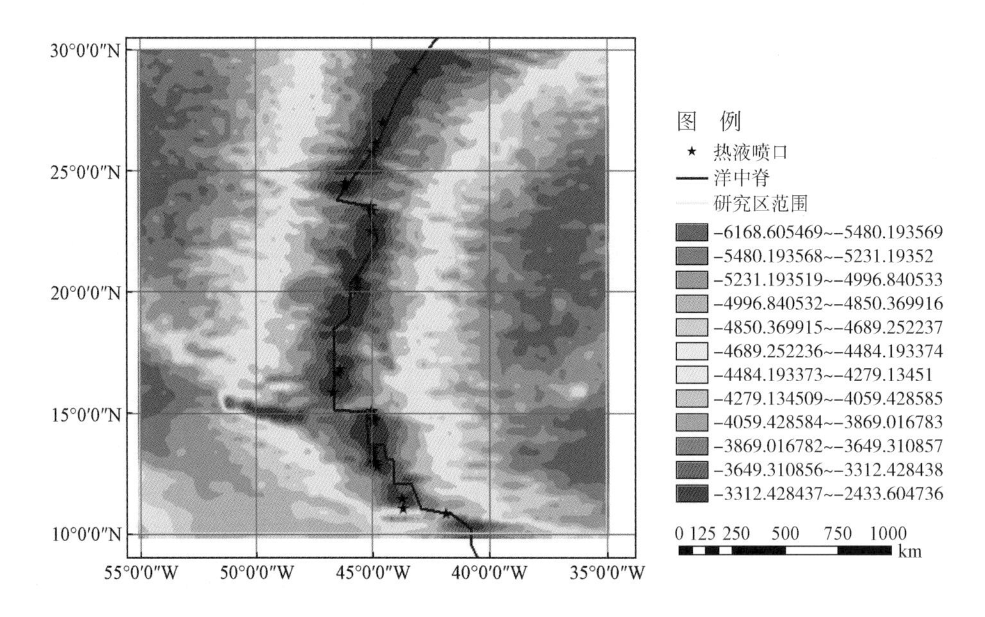

图6-2　北大西洋研究区水深示意图

将收集的研究区地形数据与热液区进行叠加分析（图6-3），发现热液区集中分布在3008～3520m的水深范围内，这与全球大洋已知热液活动区或者热液点的统计区间2000～4000m比较接近。对比处于慢速扩张洋中脊系统大西洋中脊的TAG热液区，其水深约3670m，Snake Pit热液区水深为3450～3500m，Logatchev热液区水深为2640～3050m，均与提取的水深有利区间较为接近。因此可以将［-3520，-3008］m作为有利预测因子，形成水深有利区间分布图（图6-4）。

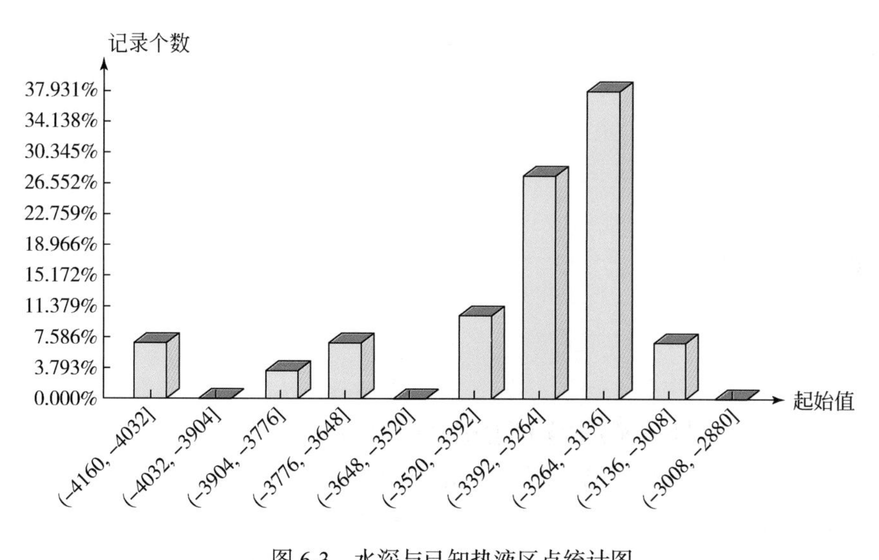

图6-3　水深与已知热液区点统计图

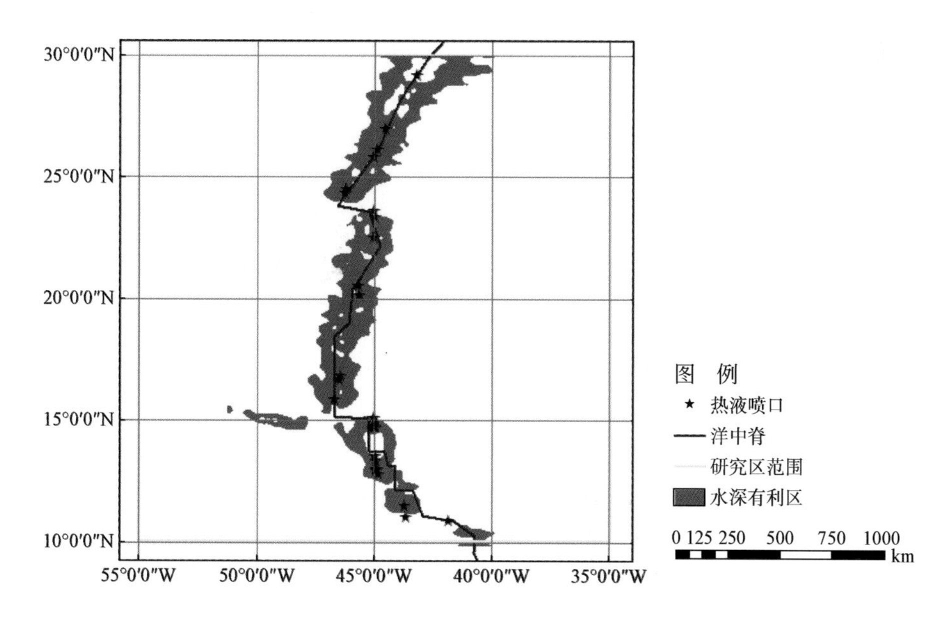

图6-4　北大西洋研究区水深有利区

6.2.2　地球物理信息

1. 重力异常分析

1）研究区重力数据处理

重力资料来源于美国国家地球物理数据中心（NGDC），为大地水准面处的自由空气重力异常，分辨率为1′×1′，精度大于2mGal，数据格式为.xyz，数据范围包括全球各大洋。根据研究区的范围，对数据进行筛选、插值并网格化处理，获得研究区重力异常分布示意图（图6-5）。研究区自由空气重力异常值在−63～41mGal变化，呈南北向延伸，重力异常特征与海底地形变化趋势基本一致，洋中脊附近重力值较高，远离洋中脊重力值逐渐降低。

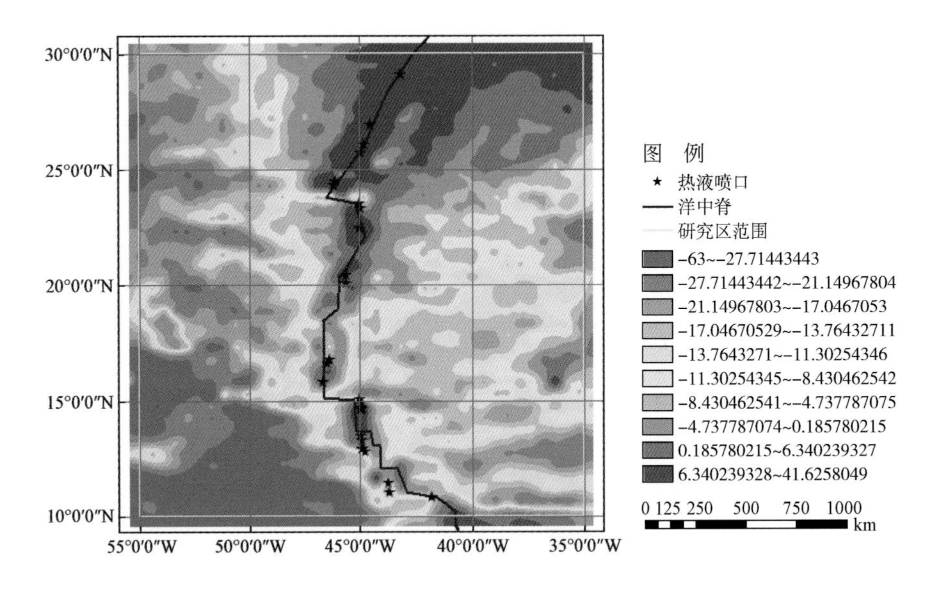

图6-5　北大西洋研究区重力异常分布图

对研究区的重力数据进行垂向一阶导数处理（图6-6），其高值区域主要沿北大西洋中脊呈条带状展布，叠合北大西洋中脊可以看出高值区与洋中脊延伸方向一致，可以推测引起重力垂向一阶导数高值的密度体与区域构造有关，受构造格架方向控制。北大西洋研究区内已知的31个热液活动区中22个位于洋中脊高值区带上，3个位于高值区和低值区的过渡带上，6个位于洋中脊低值区带上。

对研究区重力数据进行垂向二阶导数处理（图6-7），重力垂向二阶导数有助于相对地压制区域场、突出局部场，使局部异常在区域场背景上非常明显地显示出来，同时重力高阶导数可将多个相互靠近、埋藏相差不大的相邻地质因素引起的叠加异常划分开来。

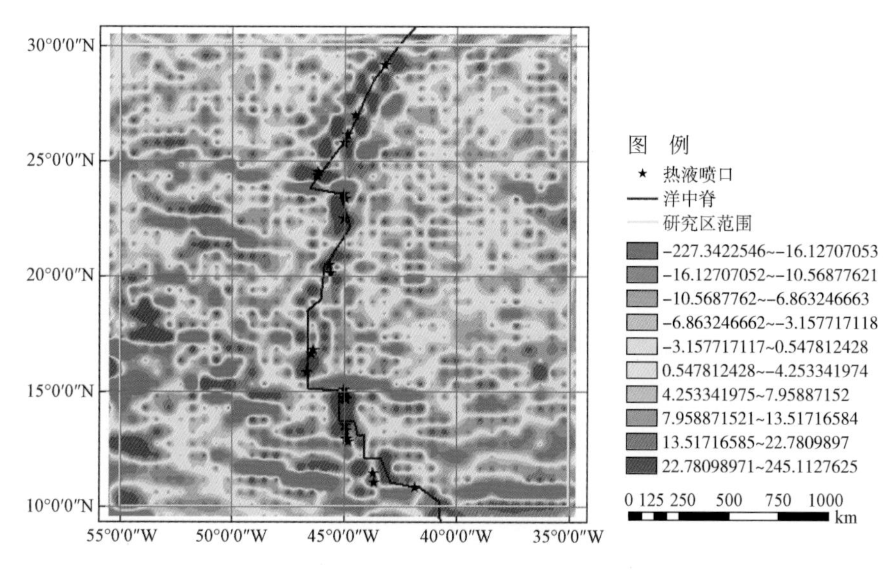

图 6-6 北大西洋研究区重力垂向一阶导数图

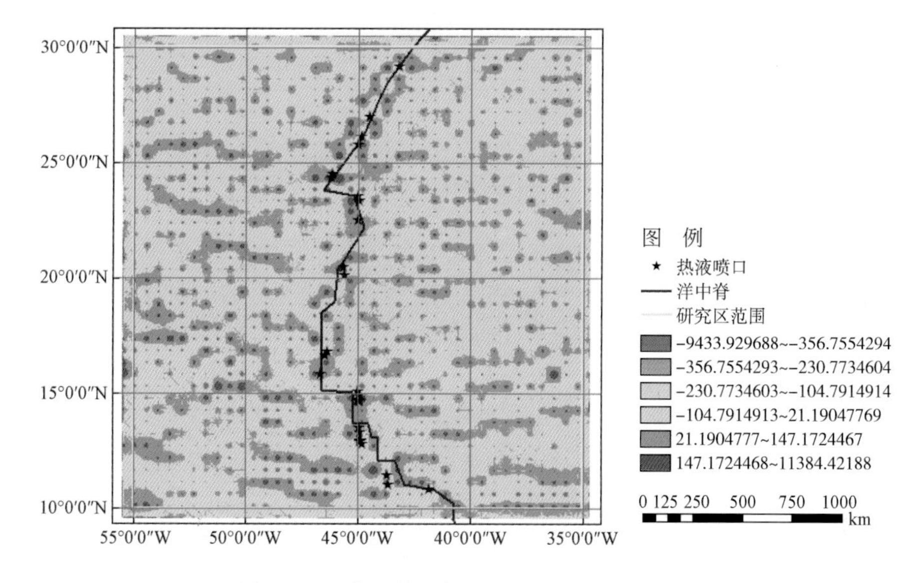

图 6-7 北大西洋研究区重力垂向二阶导数图

水平方向 0°、45°、90°、135° 一阶导数处理（图 6-8），各个方向上的水平一阶导数可以较好地增加与该方向垂直的密度体的特征，可以表现出较强的构造展布特征。0° 方位梯度突出东西向、近东西向构造异常，东西向、近东西向断裂在重力异常场图上为极大值水平梯度模。45° 方位梯度突出北西向构造异常，北西向断裂在重力异常场图上存在明显极大值水平梯度模。90° 方位梯度突出南北向、近南北向构造异常。135° 方位梯度突出北东向构造异常。由原平面四个方向上的水平一阶导数可以看出研究区很强的南北向展布特征以及与之垂直的展布特征，主要体现了洋中脊的分布方向以及与之垂直的转换断层的分布形态。因此，重力四个方向水平一阶导数能够较为有效地推断研究区的线性构造。

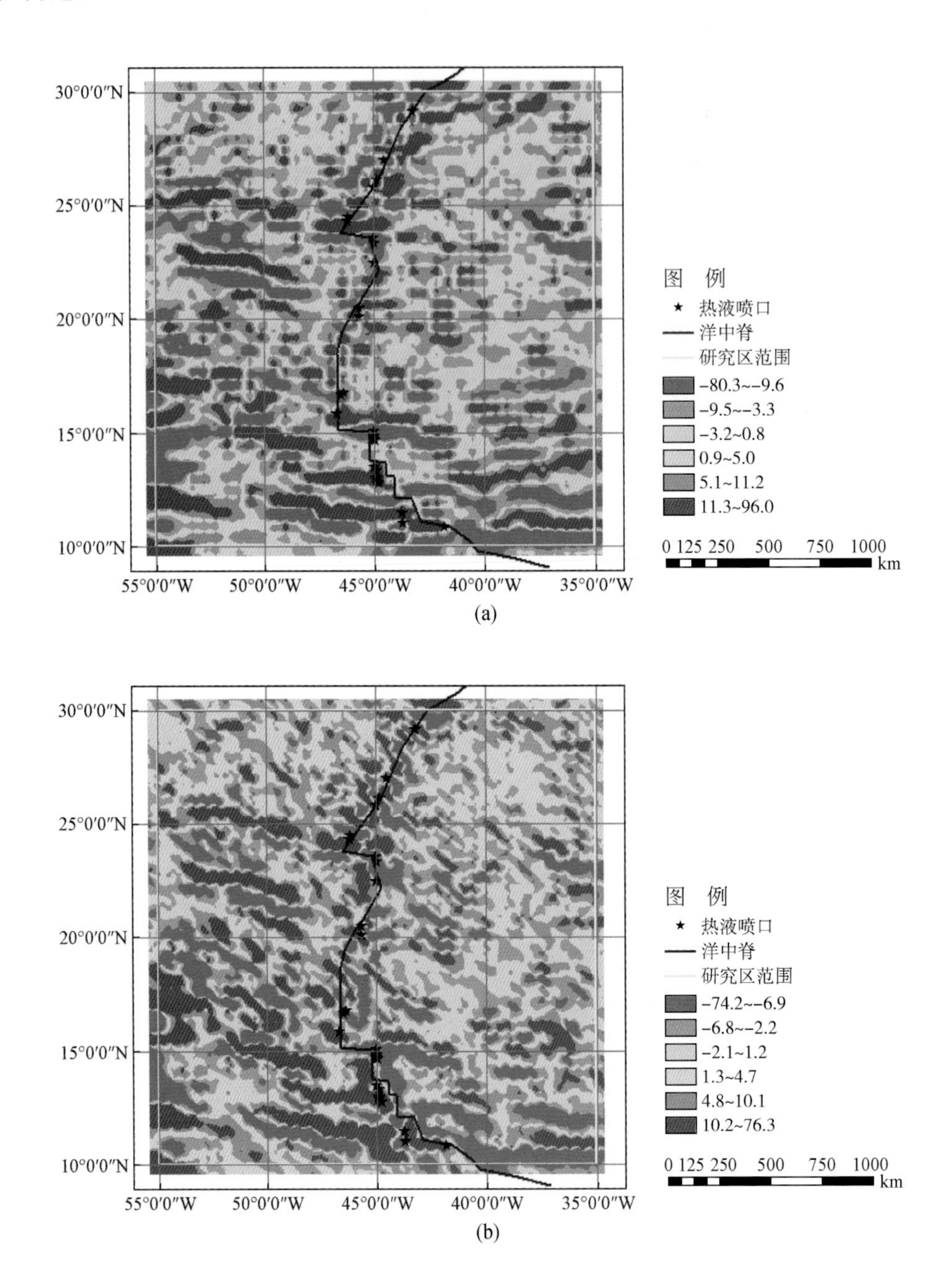

(a)

(b)

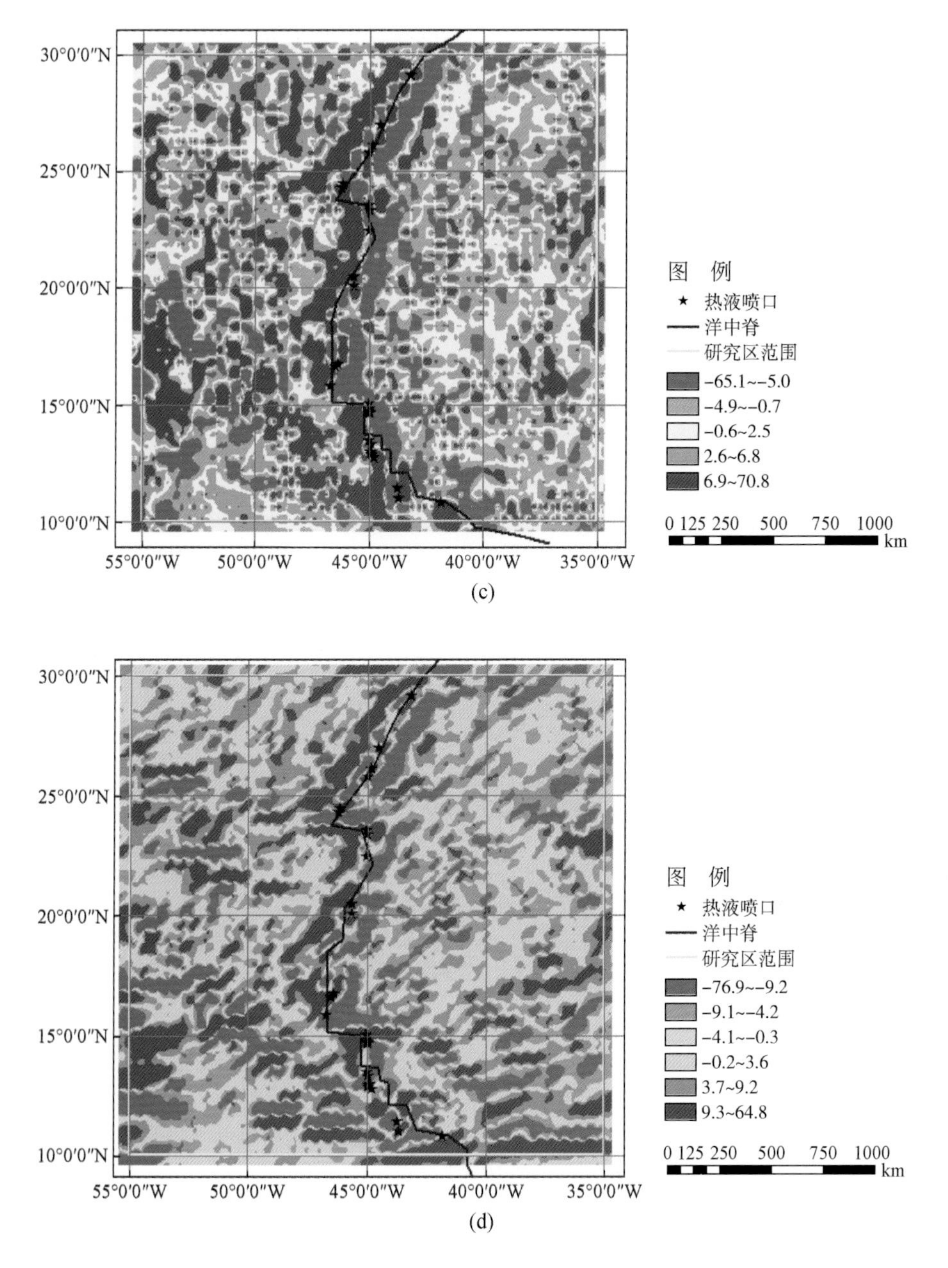

图 6-8　北大西洋研究区重力原平面水平一阶导数组图

（a）0°；（b）45°；（c）90°；（d）135°

从研究区剩余重力异常图（图 6-9）可以看出，研究区剩余重力异常基本沿大洋中脊延伸方向呈高异常区，剩余重力低异常区基本在远离大洋中脊两侧分布，重力高异常区可能反映了洋中脊扩张带及基底玄武岩，重力低异常区可能是基底拗陷、沉积物等的反映。

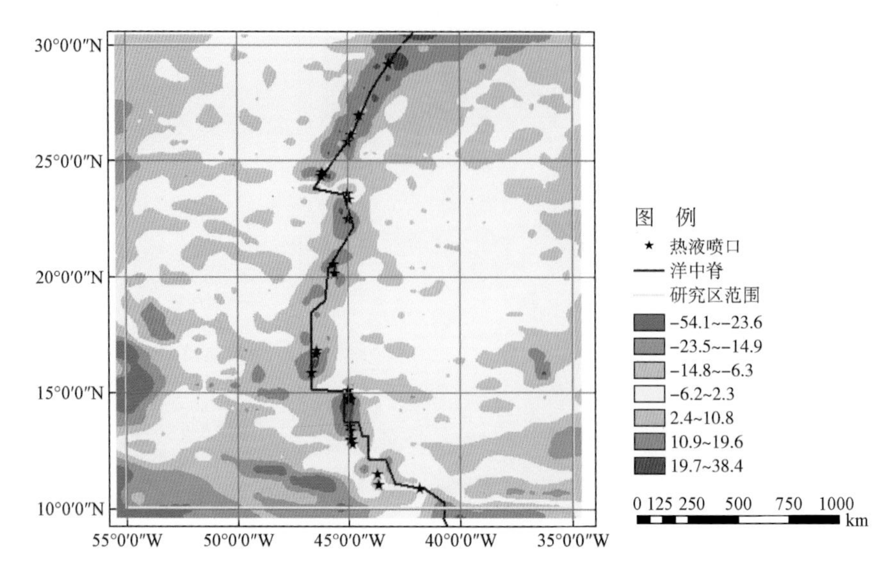

图 6-9　北大西洋研究区剩余重力分布图

2）重力有利找矿信息提取

将研究区重力异常图与热液区进行叠加分析（图 6-10），发现热液矿点落在［9.5，20］mGal 区间内。对比处于慢速扩张洋中脊——大西洋中脊的 Logatchev 热液区，区内已发现的热液矿点主要位于重力异常值 -50 ～ 55mGal 的区域（唐勇等，2012），与提取的重力异常有利区间［9.5，20］mGal 较为接近。因此可以将［9.5，20］mGal 作为有利预测因子，最终形成重力异常成矿有利区间分布图（图 6-11）。

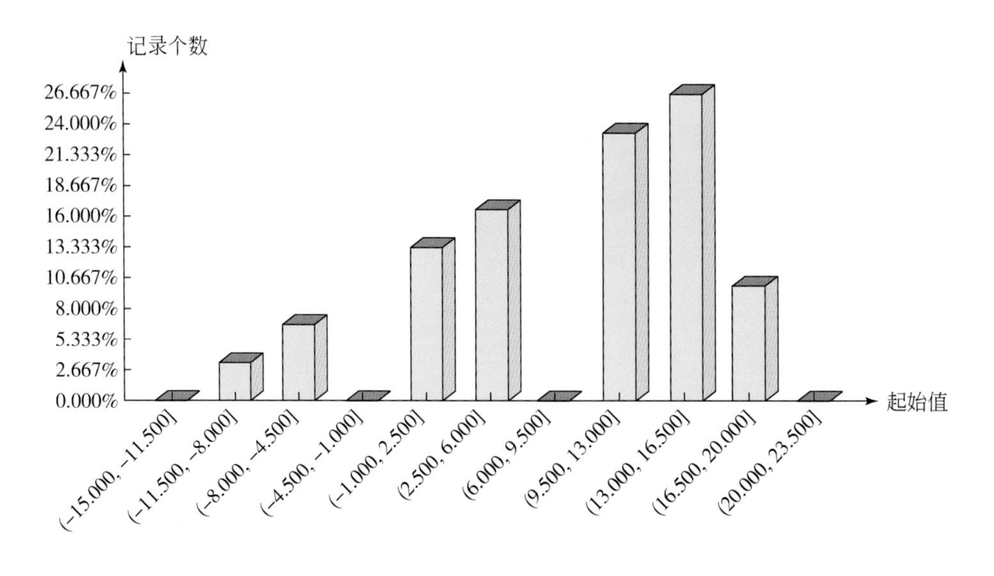

图 6-10　重力异常与已知热液区点统计图

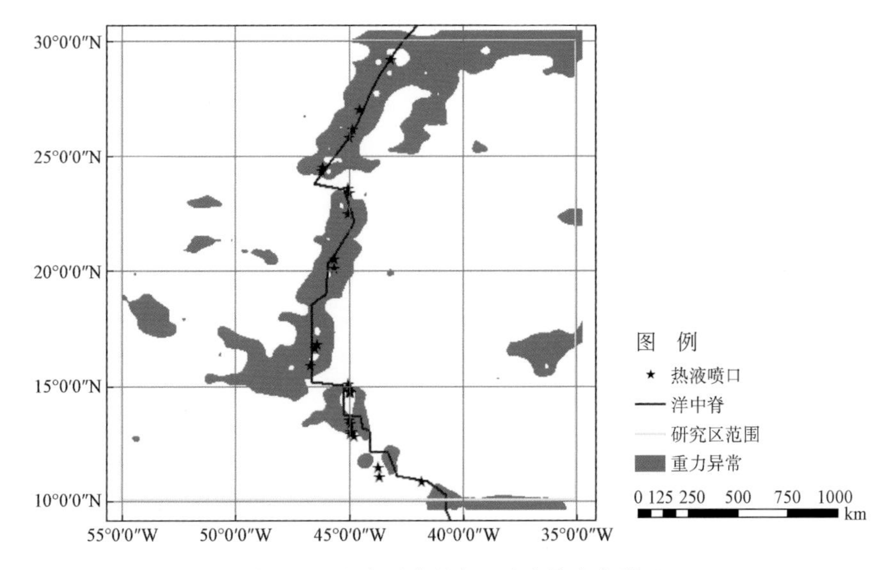

图6-11　北大西洋研究区重力异常有利区

2. 磁力异常分析

1）研究区磁力数据处理

磁力资料来自美国国家地球物理数据中心（NGDC），分辨率为2′，综合利用卫星、海洋、航空和地面磁测而成。数据格式为.xyz，数据范围包括全球各大洋。对数据进行筛选、网格化得到研究区磁力分布图（图6-12）。研究区磁力整体沿洋中脊呈条带状分布，以北西向为主，正负异常中心相间出现。其数值范围为–380～273nT。对磁力数据进行进一步的数据网格化，并对数据进行垂直一阶导数、垂直二阶导数，以及水平方向0°、45°、90°、135°一阶导数求导等处理。

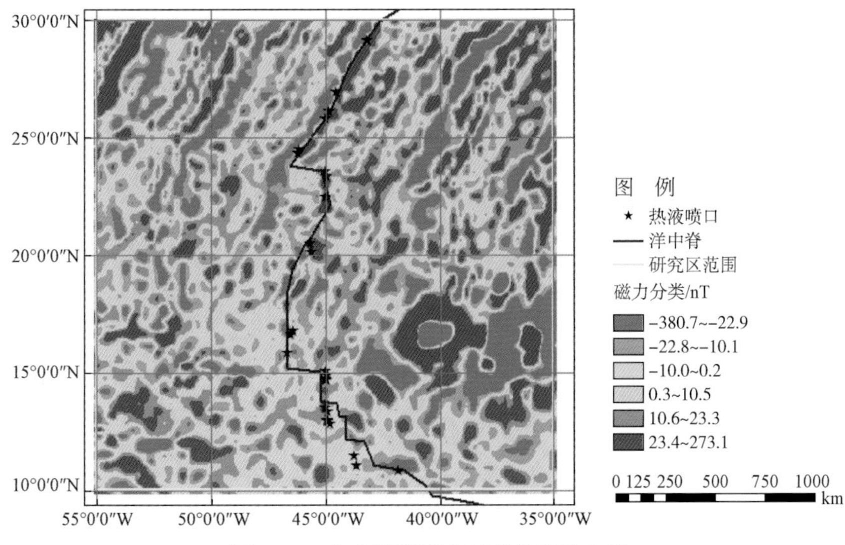

图6-12　北大西洋研究区磁异常分布图

从研究区磁异常垂向一阶导数图（图 6-13）可以看出，研究区磁异常方向主要为北东向，与洋中脊大致延伸方向一致，异常分布可以反映区域地质构造和洋底玄武岩分布特征。

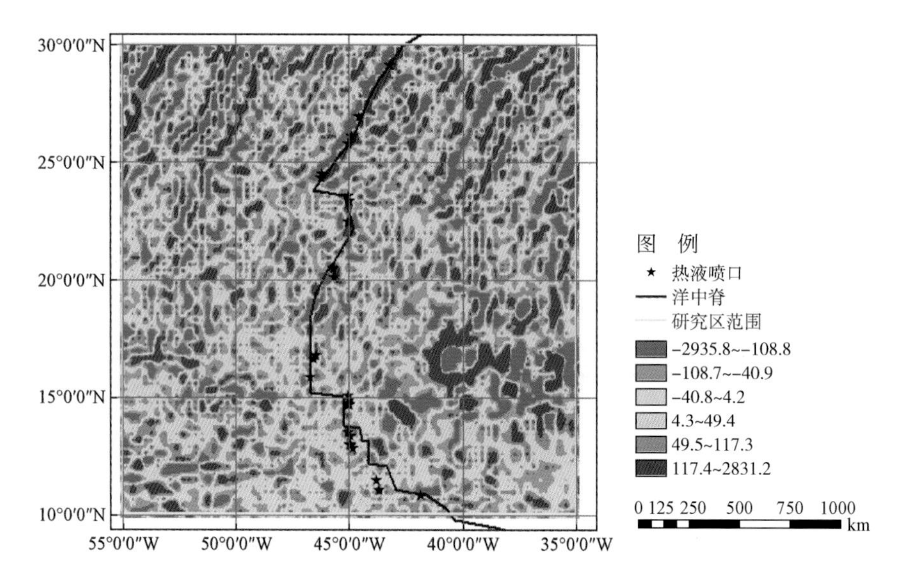

图 6-13　北大西洋研究区磁异常垂向一阶导数图

对研究区磁力数据进行垂向二阶导数处理（图 6-14），磁力垂向二次导数有助于相对地压制区域场、突出局部场，使局部异常在区域场背景上非常明显地显示出来，同时磁力高阶导数可以将多个相互靠近、埋藏相差不大的相邻地质因素引起的叠加异常划分开来。

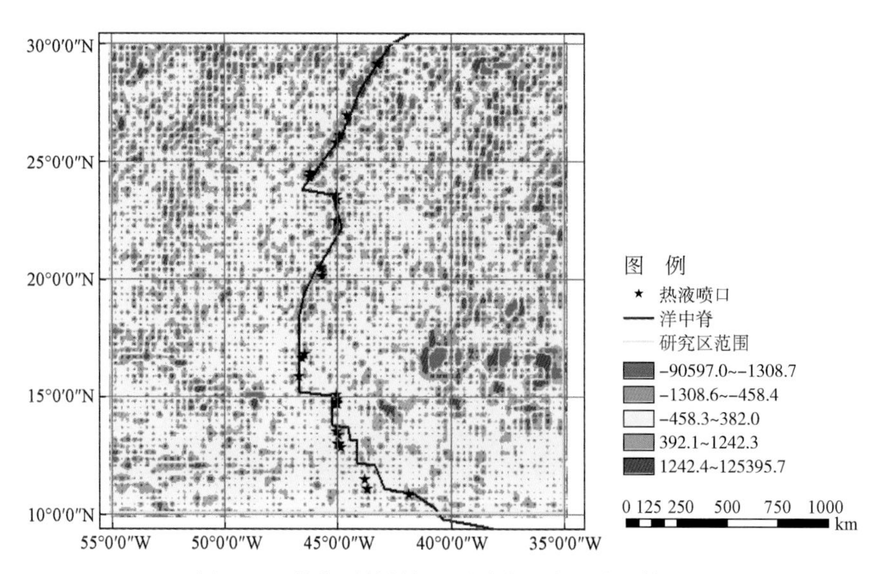

图 6-14　北大西洋研究区磁异常垂向二阶导数图

对研究区磁异常数据进行水平方向（0°、45°、90°、135°）一阶导数处理。原平面四个方向上的水平一阶导数图（图6-15）反映了与该方向垂直的地质体的特征。由原平面四个方向上的水平一阶导数可以看出研究区很强的北西向展布特征，主要体现了洋中脊的分布形态。

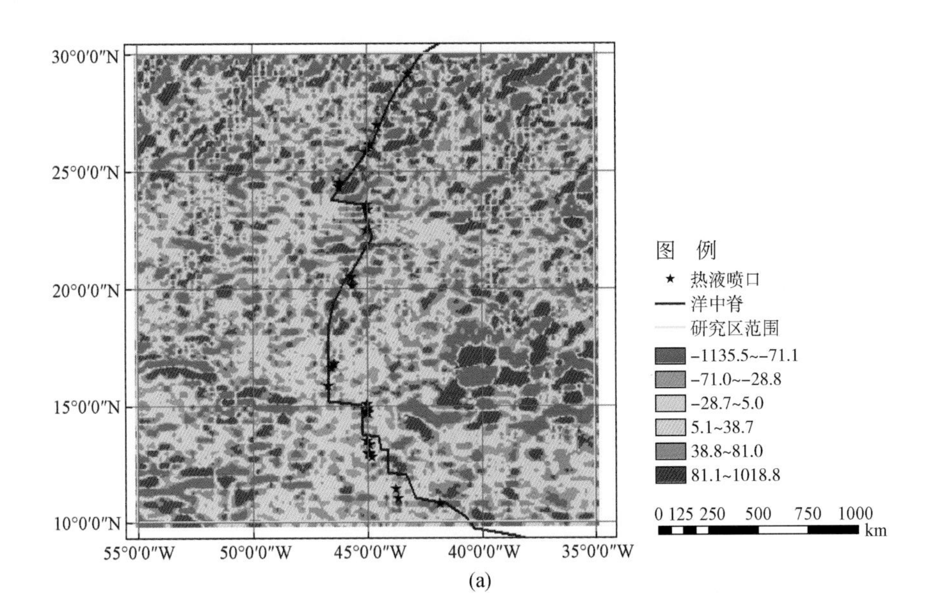

(a)

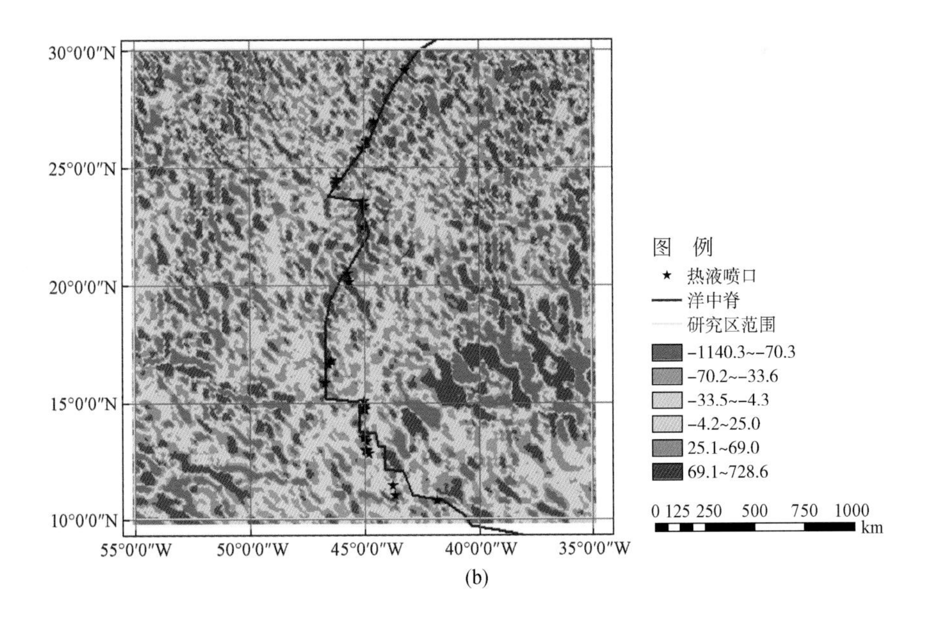

(b)

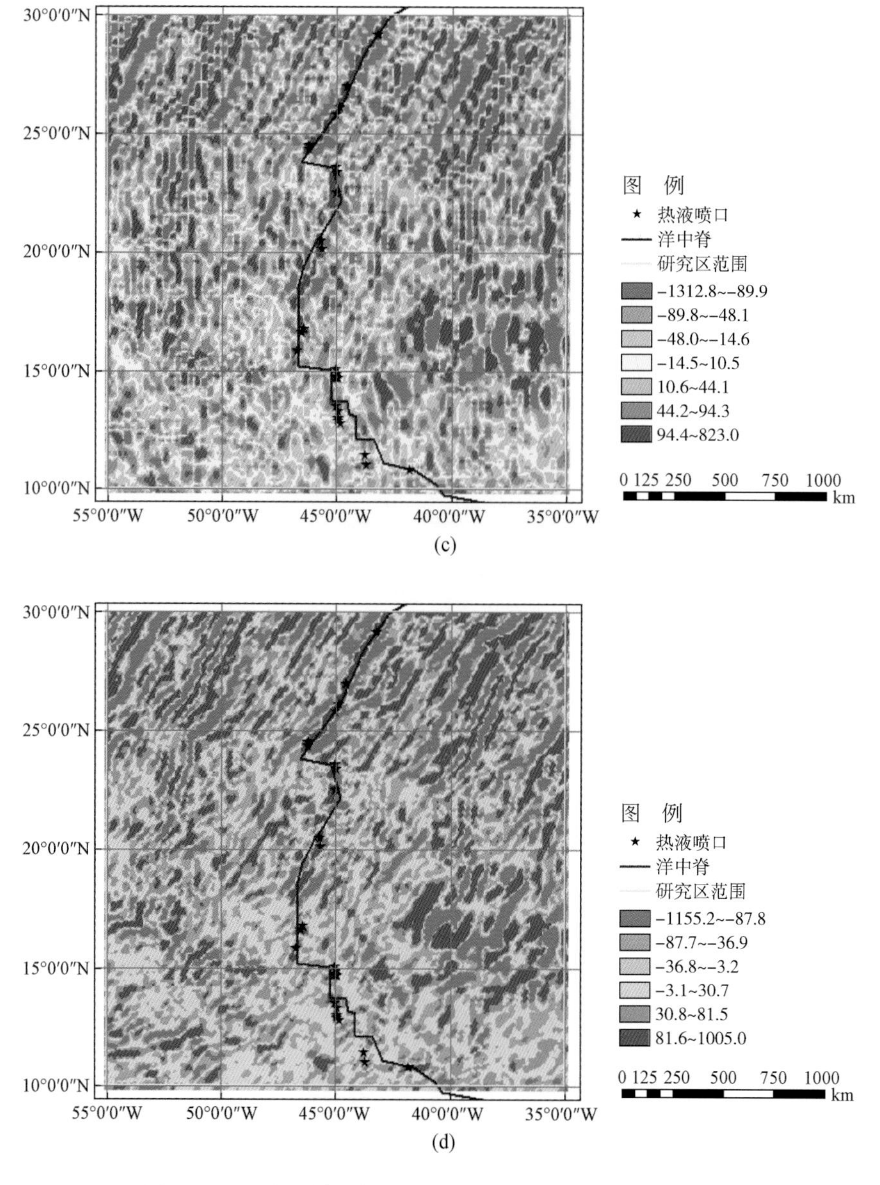

图 6-15　北大西洋研究区磁异常原平面水平一阶导数组图

（a）0°；（b）45°；（c）90°；（d）135°

2）磁力有利找矿信息提取

磁力异常提取有利找矿信息与重力提取方法类似。将磁异常与矿点进行叠加分析（图 6-16），磁异常的有利含矿区间为［8，20］nT。McGregor 等（1977）通过拖曳式磁力仪研究了 TAG 及邻区的磁场特征，研究表明 TAG 区发生热液活动的区域具有最低的剩余磁性强度值。Logatchev 热液区已发现的热液矿点主要位于磁力异常值在 -280 ～ 240nT 的区域（唐勇等，2012）。因此可以将［8，20］nT 作为有利预测因子，得到磁力异常成矿有利区间分布图（图 6-17）。

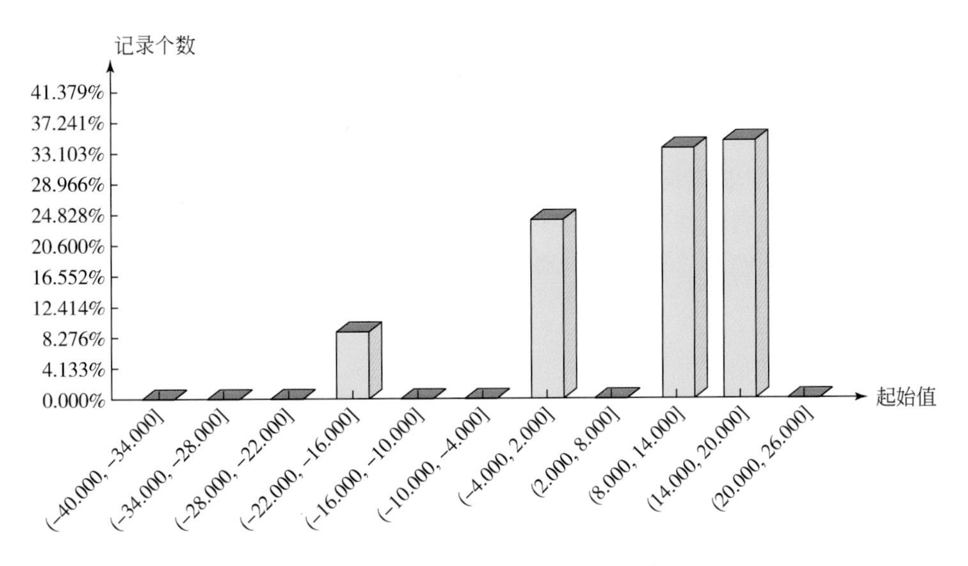

图 6-16　磁异常与已知热液区点统计图

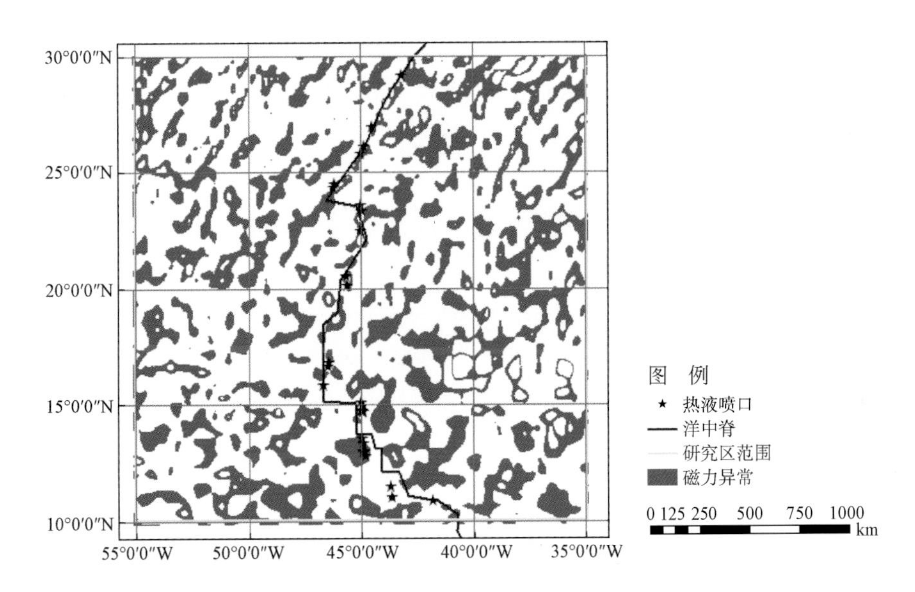

图 6-17　北大西洋研究区磁异常有利区

6.2.3　地质信息

海底火山块状硫化物矿床与海底火山、火山通道、断裂构造等密切相关，因此，地质信息主要包括构造及洋壳年龄。

1. 构造

断裂构造是研究区主要的构造活动形式，区域性的断裂构造控制着岩浆的侵入、岩浆热液的运移等，对成矿起着至关重要的作用，探讨区域性构造断裂的展布特征能够更好地指明区域找矿方向。为了研究断裂构造与热液区的关系，首先对已知热液区在断裂构造不同距离范围内出现的频率统计，设置断裂构造缓冲区范围；为了进一步分析断裂对成矿的影响，对断裂构造进行定量化分析，主要包括断裂等密度、断裂平均方位、断裂中心对称度、断裂优益度、断裂交点数等。这些变量能从不同的角度反映线性构造的特征，通过将它们与已知热液区叠加分析，从中提取成矿有利区间，作为预测的证据因子。

1）构造解译分析

根据研究区重力、磁力的方向导数，垂向一阶导数、二阶导数，推断解译了研究区的线性构造（图 6-18）。

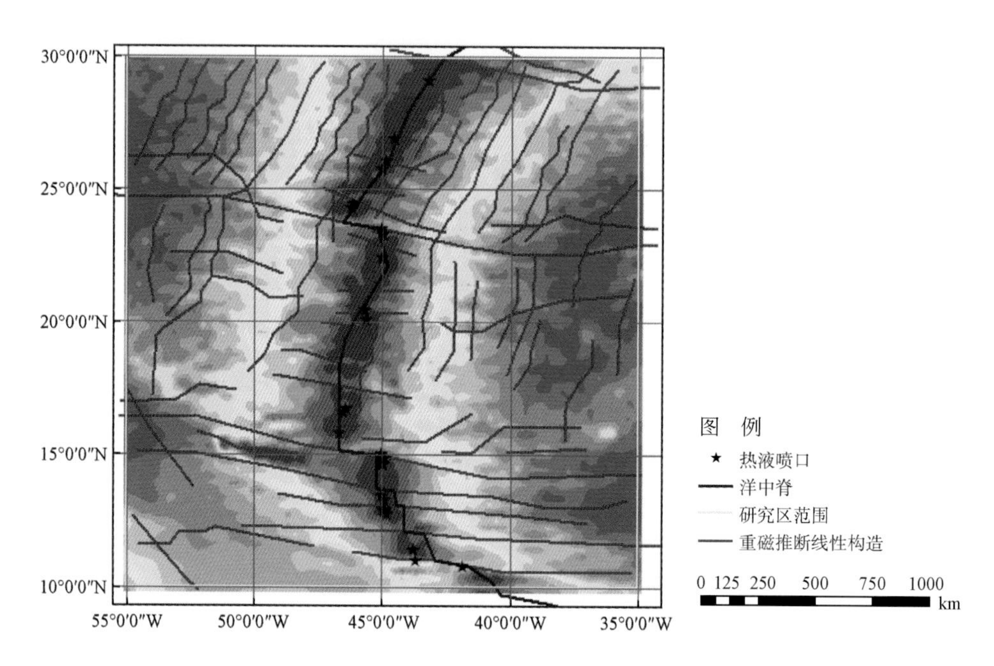

图 6-18　北大西洋研究区重磁推断线性构造分布图

2）有利构造影响区（缓冲区分析）

断裂的内部一般都是应力集中的部位，一部分与成矿相关的物质可能会被运移到距离断裂一定距离的低应力环境中富集成矿，因此赋矿的最佳区域是距离大断裂一定距离的带状区域，这个区域被称为断裂对矿体的影响域，因此可以通过断裂缓冲区来研究断裂对矿体的影响域。

根据实际情况，对断裂构造进行缓冲处理，将矿点与缓冲区进行叠加分析，发现已知的矿点有 31%落在缓冲区 10km 以内、61%落在缓冲区 15km 以内、81%落在缓冲区 20km 以内。因此，可以将 20km 作为研究区断裂的缓冲区间，形成构造 20km 缓冲区分布图（图 6-19）。

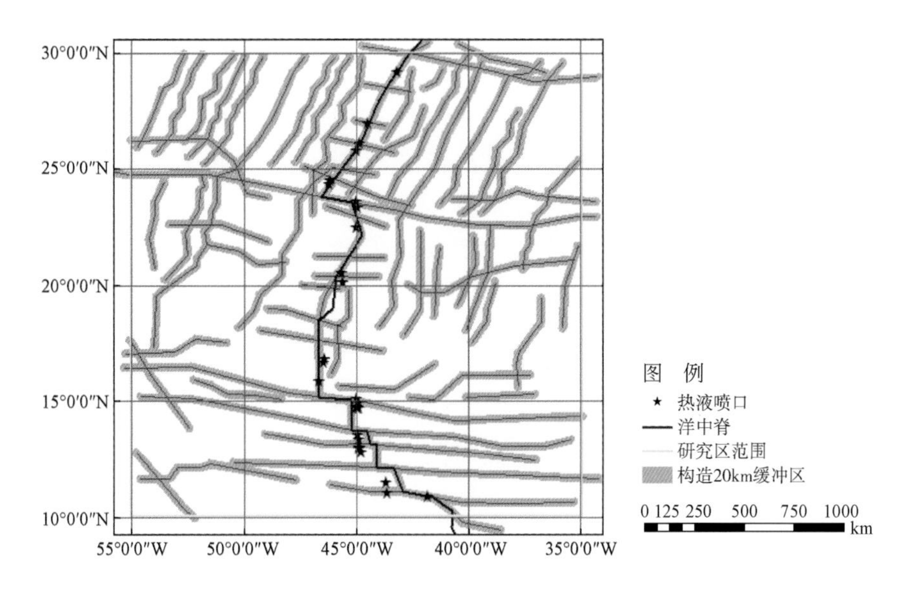

图 6-19　北大西洋研究区构造 20km 缓冲区

3）构造发育程度（断裂等密度）

从理论上讲海底多金属硫化物成矿的一个必要条件就是断裂系统的发育，这是海水、热液循环的必要条件之一。断裂等密度是单位面积中断裂长度的加和，反映了线性构造的复杂程度和发育程度（董庆吉等，2010）。因此，断裂等密度的分析可以从一个方面来反映热液成矿作用的可能性。

从已知热液区与断裂等密度的统计分析图（图 6-20），可以看出［0.156，0.468］为区域断裂等密度的有利区间，最终生成断裂等密度有利区间分布图（图 6-21）。

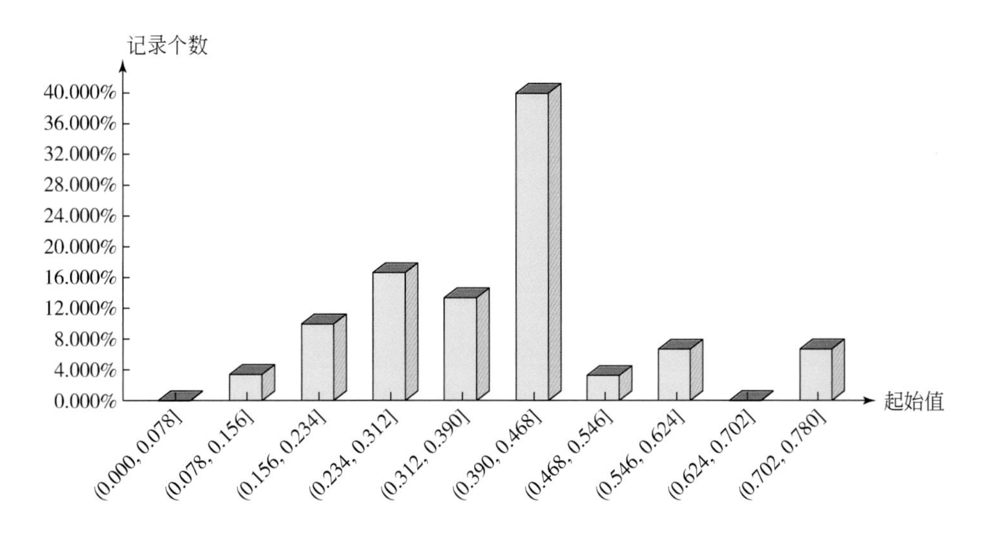

图 6-20　断裂等密度与已知热液区点统计图

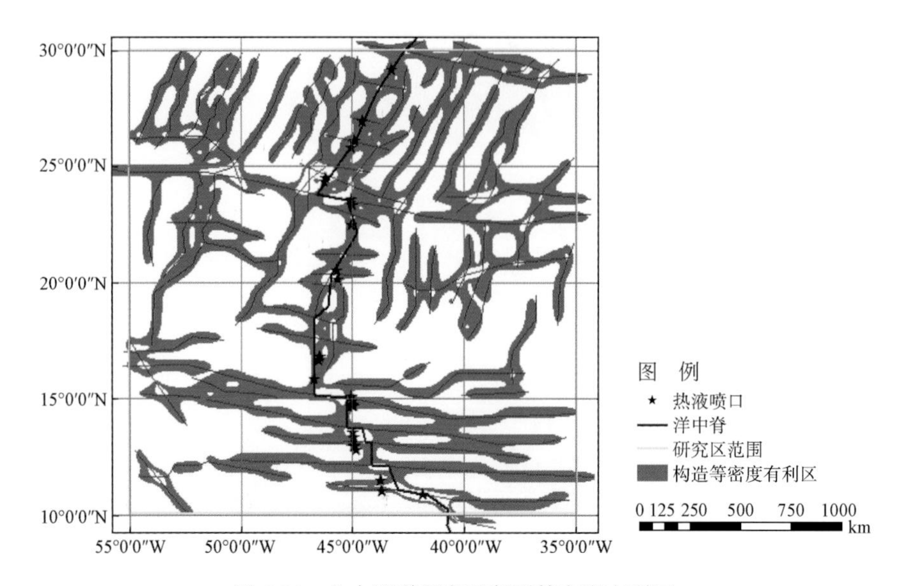

图 6-21　北大西洋研究区断裂等密度有利区

4）主干构造发育（构造优益度）

断裂构造优益度是指线性构造方位的，以及两两之间夹角的控矿程度加权的构造密度的度量，代表了主干构造方向成矿的优越性。经矿点与优益度叠加统计分析（图 6-22）表明，62.5%的矿点位于[0.219，0.438]区间，将此区间与洋中脊进行对比，走向与方位基本一致，且都位于洋中脊附近，这说明优益度分析的可行性，最终生成构造优益度有利区间分布图（图 6-23）。

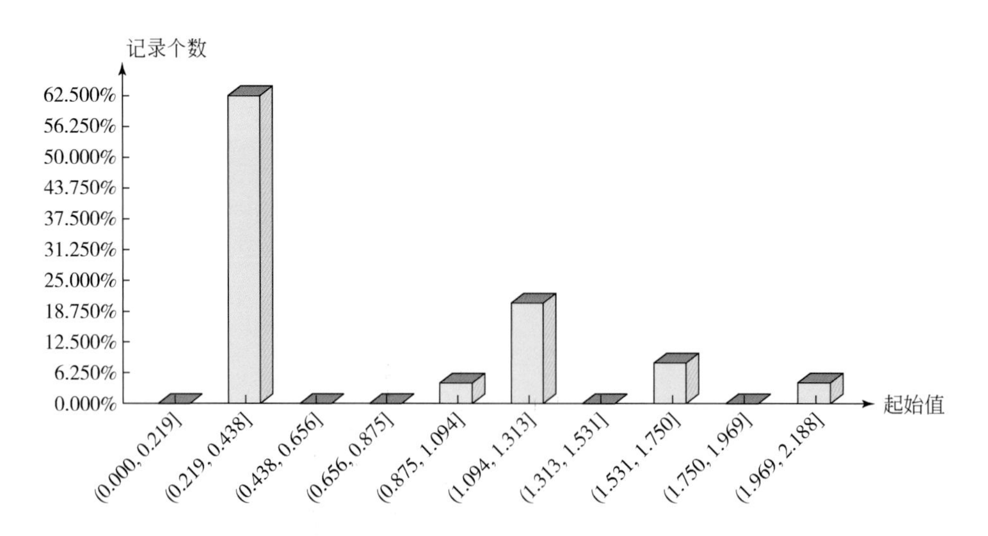

图 6-22　构造优益度与已知热液区点统计图

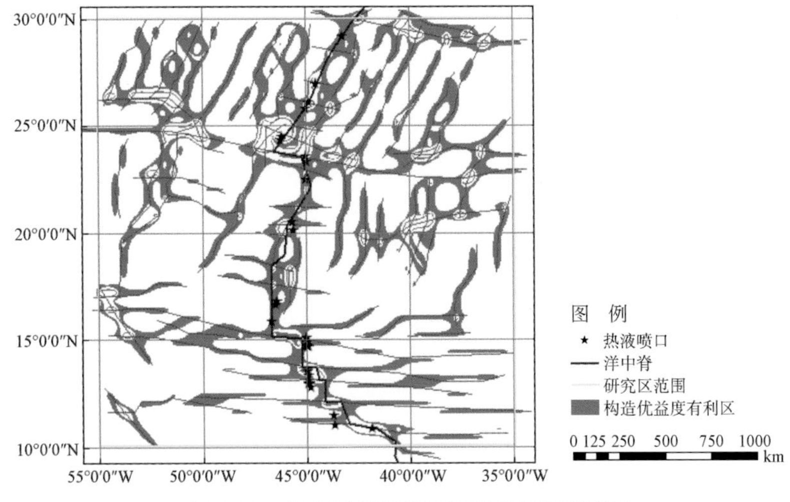

图 6-23　北大西洋研究区构造优益度有利区

2. 洋壳年龄

研究表明，洋壳演化过程中，热液活动明显呈幕式活动增强的特点，分别在后白垩纪（97.5 ～ 65.0Ma）、始新世（54.9 ～ 38.0Ma）、中新世（24.6 ～ 5.1Ma）、更新世（小于 2 Ma）表现较强的热液活动（杨耀民等，2007）。其中，大西洋在［0，24.6］Ma 的范围内，热液活动频率较大。

洋壳年龄资料来自美国地质调查局（USGS），最高分辨率为 17′× 3′，数据格式为 .xyz，数据范围包括全球各大洋，利用 Sufer 对数据进行筛选处理最后生成 .grid 格式数据，然后利用 ArcGIS 对数据进行矢量化，最后获得研究区洋壳年龄分布图（图 6-24），以便进行进一步分析。洋壳的年龄，离洋中脊越近越年轻，越远就越老，证明大洋底在不断扩张和更新，熔融岩浆沿着洋脊裂谷上升，形成新的洋壳，随着海底扩张，老的洋壳向两侧运移。

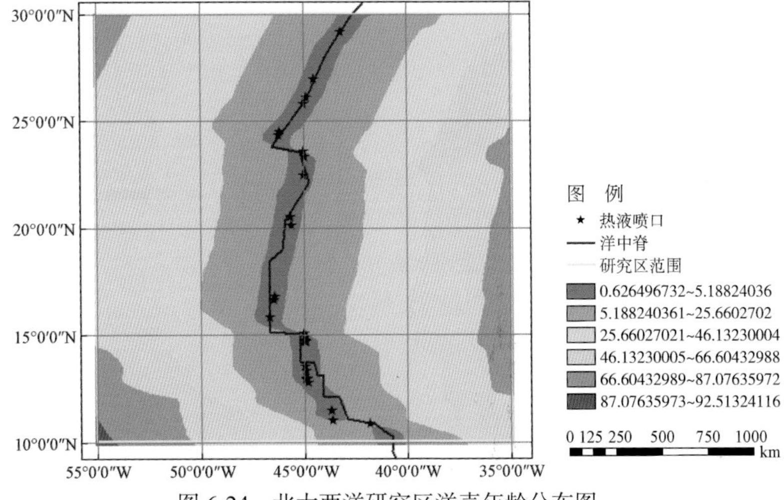

图 6-24　北大西洋研究区洋壳年龄分布图

海底热液活动及其成矿作用与大洋板块的构造演化密切相关。将收集的研究区洋壳年龄数据与热液区进行叠加分析（图 6-25），发现热液区集中分布在［0，10］Ma 的范围内，在大西洋热液活动频率较高区间［0，24.6］Ma 内，最终得到洋壳年龄成矿有利区间分布图（图 6-26）。

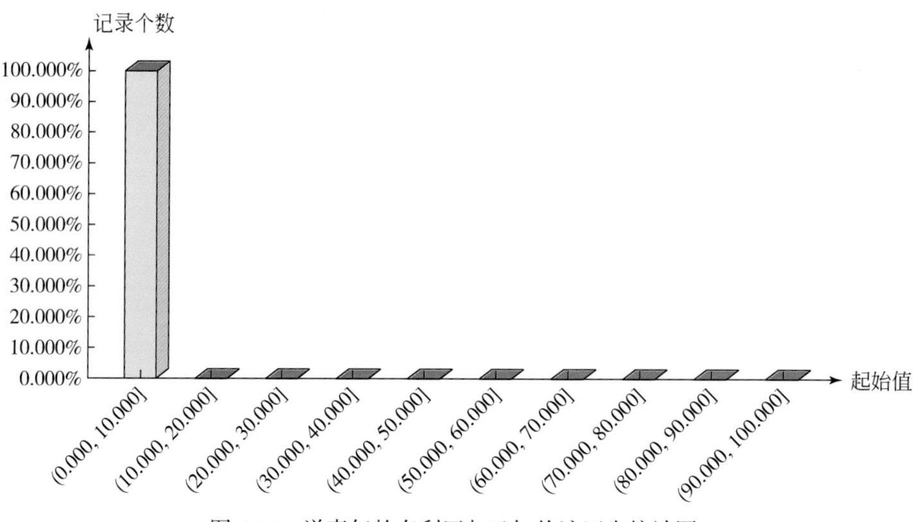

图 6-25　洋壳年龄有利区与已知热液区点统计图

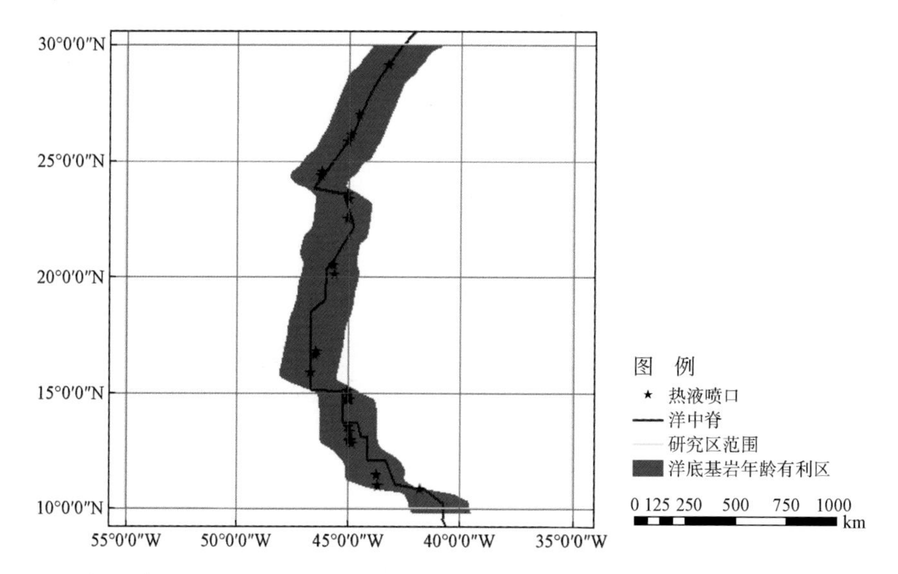

图 6-26　北大西洋研究区洋壳年龄有利区

6.2.4　其他信息

海底的地震和火山活动意味着区域洋壳活动比较活跃，指示区域上存在断裂构造和岩浆活动。海底火山地震中心点监测资料来自美国国家海洋和大气管理局（NOAA），数据格式为 .xyz，为 1950 ～ 2013 年震级大于 5 级的监测数据。对数据进行筛选处理，最后生成研究区地震点分布示意图（图 6-27）。

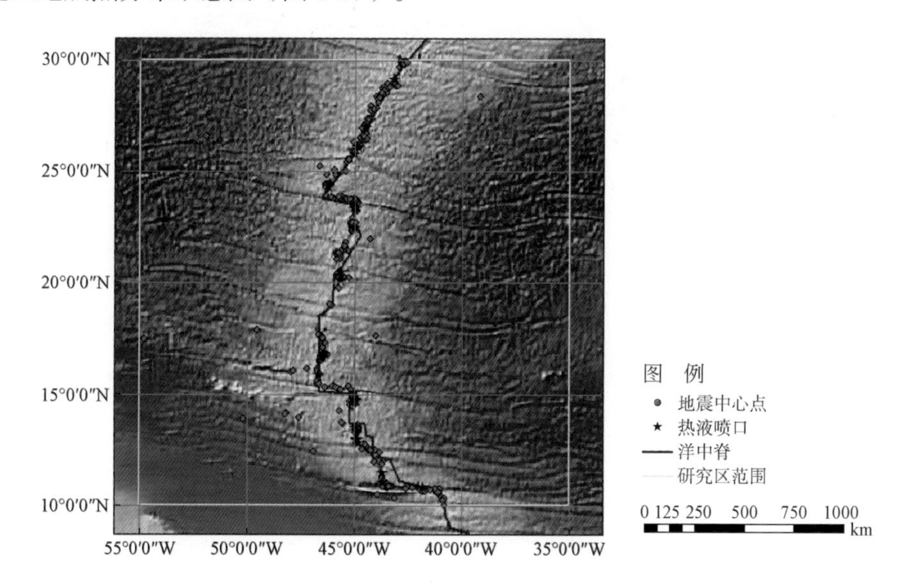

图 6-27　北大西洋研究区地震点分布

对地震点数据进行点密度处理，然后叠加热液活动区进行分析（图 6-28），发现点密度区间［2，6］集中了所有的热液活动区。因此，可以将此密度区间作为成矿有利预测因子，得到地震点密度有利区间分布图（图 6-29）。

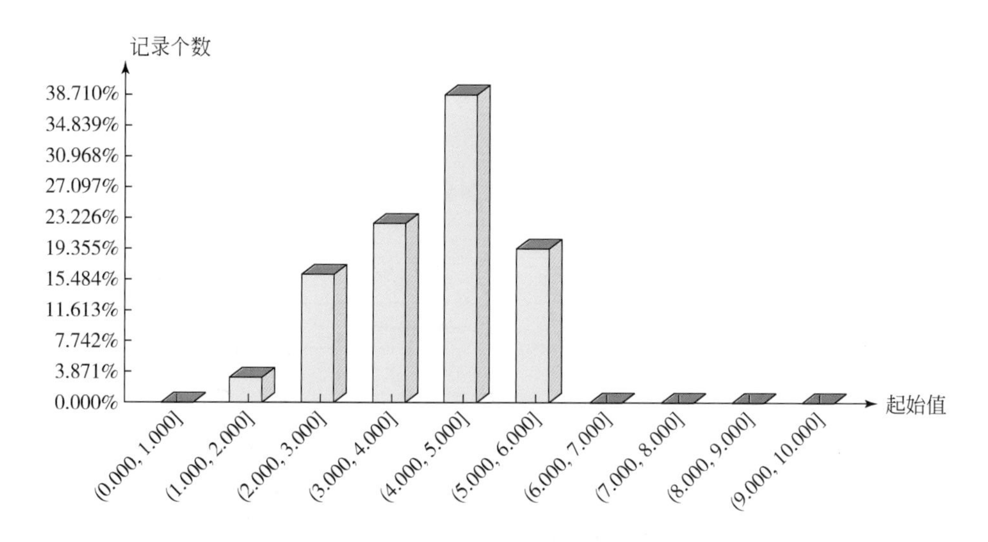

图 6-28　地震点密度与已知热液区点统计图

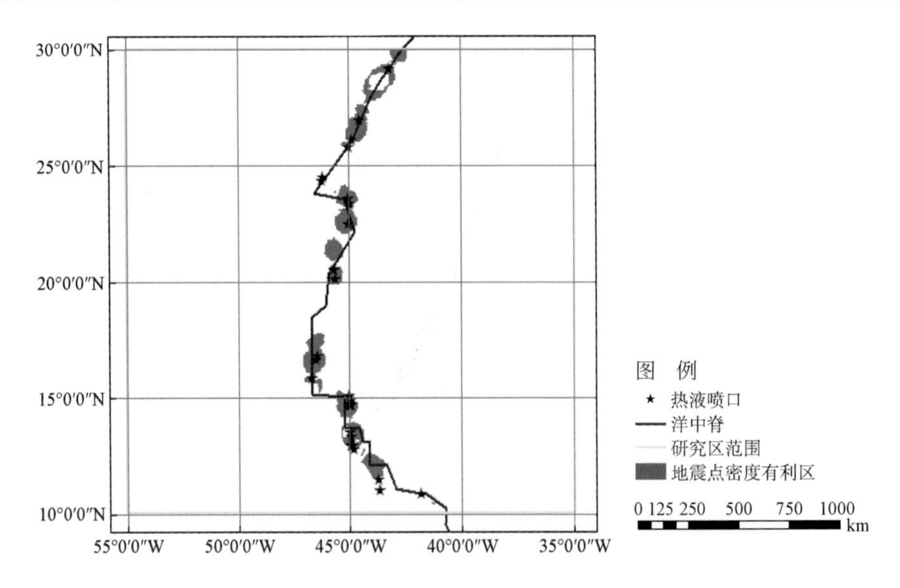

图 6-29　北大西洋研究区地震点密度有利区

6.3　区域多金属硫化物资源预测

6.3.1　区域矿床预测模型的建立

以二维预测技术为支撑，进行矿产资源的预测与评价，探讨矿床可能赋存的位置，为进一步部署建设提供科学依据。通过对研究区找矿模型的分析以及各种找矿信息的提取，并结合实际情况建立了研究区海底多金属硫化物的找矿预测模型（表 6-3）。

表 6-3　北大西洋中脊海底热液多金属硫化物找矿预测模型

矿床类型	控矿因素	成矿预测因子	特征变量	特征值
海底热液多金属硫化物矿床	地形条件	水深条件	水深有利区	有利水深范围 [−3520，−3008]m
	地质条件	有利成矿推断构造	构造缓冲区	断裂 20km 缓冲
		有利成矿构造发育部位	构造优益度有利区	优益度 [0.219，0.438]
		构造发育部位	断裂等密度有利区	等密度 [0.156，0.468]
	地球物理信息	重磁成矿有利分析	重力异常有利区	重力异常 [9.5，20]mGal
			磁异常有利区	磁力异常 [8，20]nT
	其他信息	火山地震密度	地震点密度有利区	火山地震密度区间 [2，6]
		洋壳年龄	洋壳年龄有利区	洋壳年龄区间 [0，10]Ma

6.3.2　资源预测方法介绍

成矿预测采用证据权法，证据权的计算包括先验概率、权值计算和后验概率计算。先验概率计算式根据已知矿点的分布，计算各个证据因子单位区域内的成矿概率，就是计算证据因子存在区域中矿点像元、非矿点像元所占的百分比。各证据因子之间相对于矿点分布满足独立条件。证据权最终结果以权值的形式或者后验概率图的形式表达，证据权的优点在于权的解释是相对直观的，并能够独立地确定，易于产生重现性。

6.6.3　区域硫化物资源预测

在运用证据权方法进行权值计算之前，按照 20km×20km 对整个研究区进行网格单元划分，保证一个网格中至多出现一个已知热液区，然后计算每个预测因子的证据权重值（表6-4）。

表 6-4　北大西洋中脊海底多金属硫化物热液区预测因子权值表

证据因子类型	证据因子	正权重值（W^+）	负权重值（W^-）	综合权值
地形条件	水深有利区	1.986037	−1.453601	3.439638
构造条件	构造 20km 缓冲区	0.306285	−1.955568	2.261853
	构造优益度有利区	0.786072	−2.604206	3.390278
	断裂等密度有利区	0.498868	−1.671586	2.170454
地球物理条件	重力异常有利区	1.355638	−1.171444	2.527082
	磁异常有利区	0.163907	−0.264176	0.428083
其他条件	地震点密度有利区	3.147045	−2.444712	5.591757
	洋壳年龄有利区	1.587318	0.000000	1.587318

证据因子与矿床产出状态之间的关联性强弱，可以通过正负权的差值大小来度量，即 $C=W^+-W^-$。C 值小表示该找矿标志的找矿指示性差，C 值大表示该找矿标志的找矿指示性好，若 C 值为 0 表示该找矿标志对有矿与无矿无指示意义。$C<0$ 表示该找矿标志的出现不利于成矿，$C>0$ 表示该找矿标志的出现有利于成矿。

从表 6-4 中可以看出，构造条件的总权值约为 7.8，与成矿的相关度最高，证明构造对找矿指示作用明显；地震点密度异常权值约为 5.5，说明地震对海底多金属硫化物成矿有利，是重要的找矿标志；水深的权值约为 3.4，证明水深与已知热液区关系密切；重力异常的权值约为 2.5，说明重力与热液硫化物的相关性，对成矿有一定的指示意义；洋壳年龄的权值约为 1.6，磁力异常的权值约为 0.4，对成矿指示性一般。

在计算后验概率前要先进行各预测因子的独立性检验，以确保输入的每个证据因子都是关于矿床点条件独立的。独立性检验是使用证据权法的重要条件之一，因为在实际情况下，都是选择能够指示矿床存在或具有控矿作用的地质变量作为证据因子，因此，它们之间总是存在或大或小的相关性，如果两个证据因子之间存在明显的相关性，就会引起后验概率估计上的偏高，将会夸大找矿远景区的面积和成矿有利度。通过 χ^2（卡方）检验条件的独立性检验，发现各预测因子相互独立，因此可以将所有预测因子作为证据权因子进行后验概率计算。通过计算得到各个预测单元的后验概率值，按照后验概率相对大小分级赋色，得到研究区海底热液多金属硫化物矿床的后验概率图（图 6-30）。

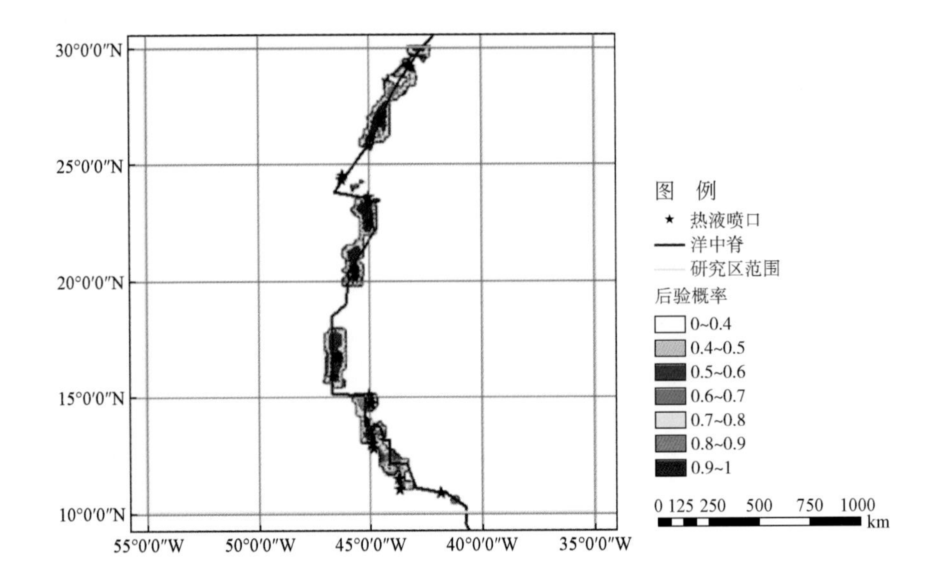

图 6-30　北大西洋研究区海底多金属硫化物后验概率图

6.3.4　远景区预测评价

通过后验概率值与热液区点叠合率大小和所取后验概率下限值以上的范围大小来综合考虑，确定预测阈值。根据后验概率值与热液区点的叠合率图（图 6-31），研究区后验概率值在 0.9 时，热液区点百分比数趋于稳定，因此这里将 0.9 作为研究区网格单元法后验概率的阈值，并根据预测结果圈定海底多金属硫化物资源预测阶段的远景区（图 6-32），详细信息见表 6-5。

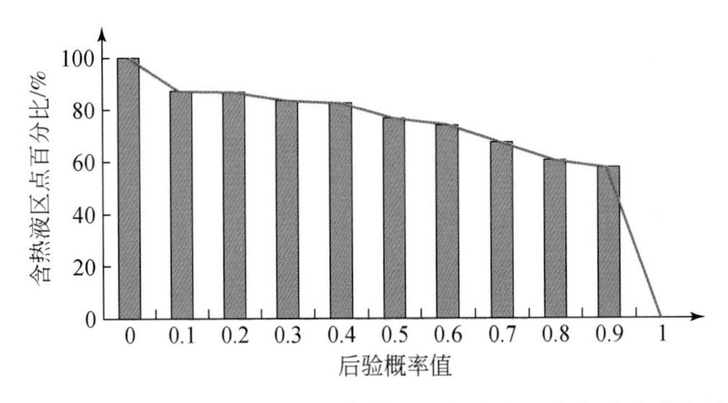

图 6-31　北大西洋研究区后验概率值与已知热液区点的叠合率统计图

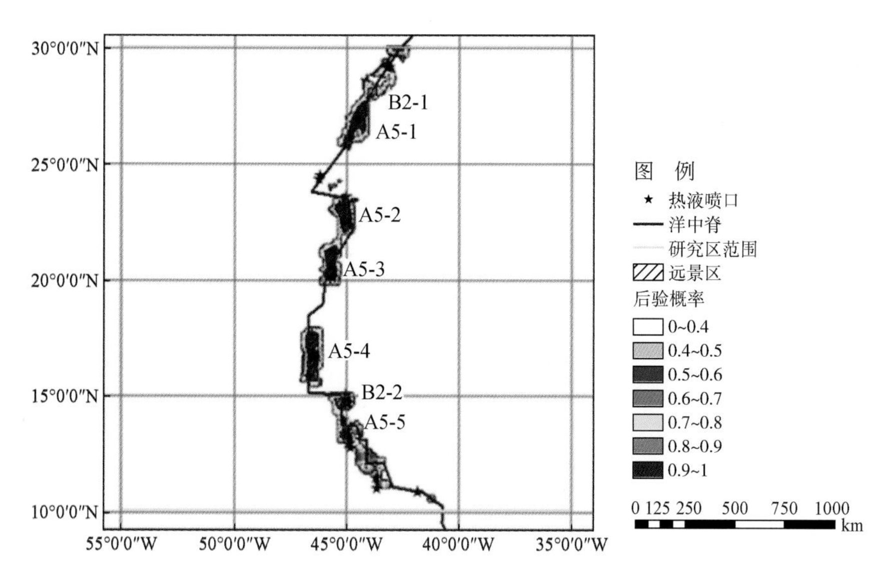

图 6-32　北大西洋研究区海底多金属硫化物资源远景区圈定图

表 6-5　北大西洋研究区多金属硫化物资源远景区位置表

远景区	四角坐标	面积 /km^2
A	(47.06°，28.25°)，(43.69°，28.24°)(44.07°，27.84°)，(43.66°，27.99°)	1374
B	(44.36°，-37.93°)，(44.12°，27.64°)(45.15°，25.88°)，(44.20°，26.44°)	5706
C	(45.48°，23.24°)，(44.89°，23.26°)(45.09°，-38.05°)，(44.71°，22.27°)	4943
D	(45.95°，21.20°)，(45.49°，21.41°)(45.82°，19.98°)，(45.48°，19.98°)	4830
E	(46.70°，17.65°)，(46.26°，17.65°)(46.71°，15.64°)，(46.32°，15.66°)	7605
F	(45.47°，14.87°)，(44.85°，14.87°)(45.41°，14.50°)，(44.84°，14.63°)	1711
G	(45.28°，13.25°)，(45.14°，13.51°)(44.90°，13.05°)，(44.72°，13.16°)	1140

A 区、G 区没有已知热液区，但后验概率显示较好；B 区中部和南部各有一个已知热液区，可以在中南部进行进一步工作，确定有无其他热液活动区；C 区南部有一个已知热液区后验概率显示具有较好的远景；D 区南部有两个已知热液区，可以在其周围进行进一步工作，确定有无其他热液活动区；E 区中部有两个已知热液区，南部有一个已知热液区，中南部可能具有较好的远景；F 区东部有五个已知热液区，东部可能具有较好的远景，可以在其周围进行进一步工作，确定有无其他热液活动区。

6.4　典型热液区三维模拟预测

在研究区多金属硫化物二维预测结果的基础上，选取预测远景区中的典型矿床，建立典型矿床的三维地质体模型，从模拟结果中分析成矿机制，总结成矿规律性，确定有利成矿部位，圈定有利成矿靶区。

6.4.1　TAG 热液区地质背景

预测典型热液区选取的是远景区 B 中的 TAG 热液区（图 6-33）。TAG 热液场位于北大西洋 30°N 断裂带和 Kane 断裂带（24°N）之间，长约 40km，水深约 3670m，面积为 25km²。该区包括三个主要的热液活动区：①目前仍在活动期的 TAG 热液丘状体，直径 200m，高 35m，水深 3670m，靠裂谷底东壁的基部；②两个已熄灭的高温喷口区（Mir 和 Alvin 区），包含多个硫化物堆积体，其位置靠近较低洼的东壁，水深 3400 ～ 3600m；③低温 Fe、Mn 氧化物堆积体，远离轴高和东壁，位于水深 2300 ～ 3100m 地形较高部位。TAG 热液区位于大西洋中脊裂谷以东面积至少 5km × 5km 的区域，中心位置为 26° 08′ N，44°49′ W，水深 3625 ～ 3670m。

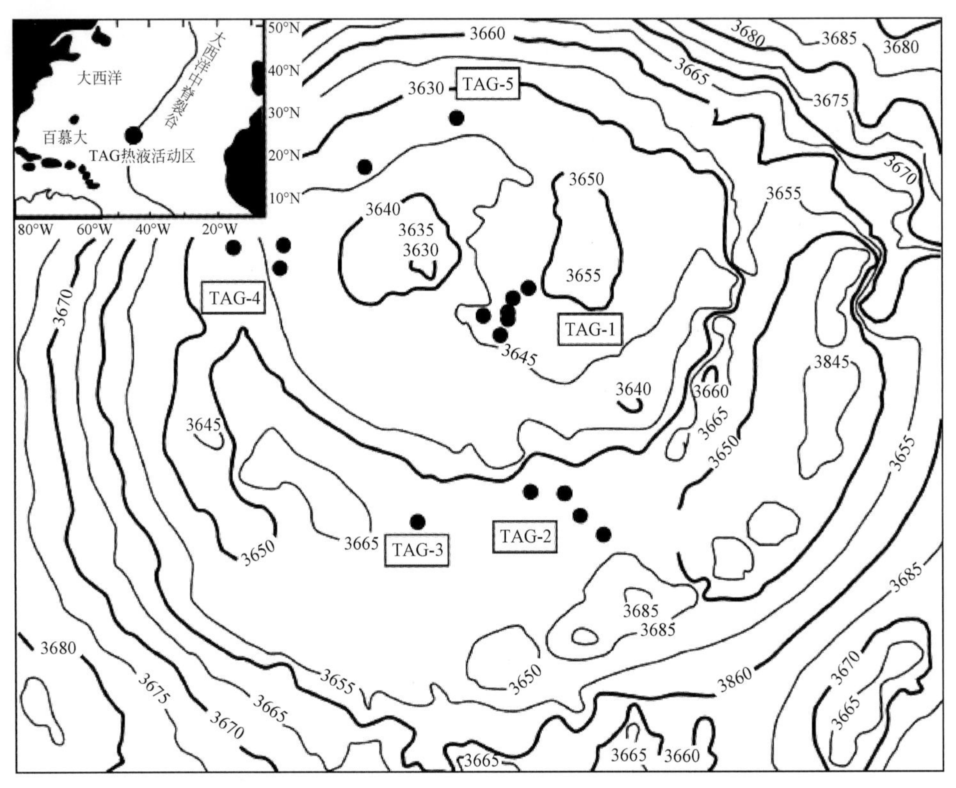

图 6-33　大西洋中脊 TAG 热液活动区的等深线图（据李怀明等，2008）

自 1972 ～ 1973 年美国国家海洋和大气管理局横跨大西洋综合地质调查（TAG）计划发现低温热液活动和 Fe-Mn 氧化物矿化作用以来，TAG 热液区就是一个不断发展中的合作和多学科研究的主题。最初的工作集中到裂谷东壁 2300 ～ 3100m 水深的低温热液带，而首次高温热液活动新发现的研究地点（≤ 350℃），在大西洋裂谷轴东约 2.4 km，水深 3670m 硫化物丘。深拖系统沿裂谷东壁水深 3400 ～ 3600m 的低洼部分，由照相（摄像）拖体鉴别出两条不活动的热液带。该地点于 1988 年和 1991 年两次被俄罗斯“Mir”号深潜和 1990 年“Alvin”号深潜所光顾，残留硫化物堆积是早期的高温喷出产物，并在较大面积上由不连续的热液沉淀物占据着，称为“Mir”带和“Alvin”带。

1994 年 10 月，大洋钻探计划（ODP）的 158 航次在 TAG 热液丘状体的五个区块进行了钻探取样，获取了大量 TAG 热液丘状体深部的硫化物样品，极大深化了对 TAG 热液硫化物丘状体内部物理结构和化学组成等方面的认识。丘状体表面形状呈直径为 200m 的圆形，有 50m 左右的地形起伏，大致由两层相对平缓的平地组成，表层全部被松散的热液沉积物覆盖，没有基岩出露（李怀明，2008）。高温的黑烟囱活动集中分布在丘状体的上层平地，位于丘状体中心西北方向 25m 处，黑烟囱体主要由黄铜矿和硬石膏组成，呈圆锥形，流体温度较高，可达 360 ～ 366℃。温度相对较低（273 ～ 301℃）的白烟囱活动区与黑烟囱位置大致呈对称分布，白烟囱体主要由闪锌矿和富硅矿物组成，整体为穹窿结构。另外，TAG 丘状体在垂向上具有明显的分带性（Knott *et al.*, 1998），曾志刚等（2000）结合 ODP 的研究成果将 TAG 热液丘状体从表层向下分出五个层区：表层硫化物区、块状硫化物区、硫化物 - 硬石膏区、硫化物 - 二氧化硅区和蚀变玄武岩区。

6.4.2　三维建模与可视化

三维可视化地质建模是科学计算可视化与勘探地质学、数学地质、地球物理、矿山地质、GIS 等学科相结合的交叉学科，最早由 Simon（1994）提出，是指在三维空间上，以地质数据为基础，运用计算机技术和数学方法对地质体、地质构造或者某种地质特征进行描述，并通过数据管理、地质解译、空间分析探索、地学统计与预测、三维可视化等来实现地质体的计算机三维展示。近年来，计算机图形学和计算机硬件的高速发展推动着三维地质领域的快速前行。三维地质建模作为三维地质研究的基础，由于它可以将传统平面图和剖面图内蕴的地质信息，在三维环境下形象、准确、丰富地表达，能够快速直观地再现地质单元的空间展布及其相互关系，因此三维地质建模技术是确定地质体空间关系的最佳方法。在成矿预测方面，利用三维地质建模技术，实现地质对象的数字化和三维重构，可以认识矿床系统中各地质单元之间的信息联系和相互作用规律，为开展三维空间分析、控矿因素提取和实现三维成矿预测提供坚实可靠的数据基础重要前提。

1. 实体模型的建立

实体模型构建是指基于地质界限的三维解译信息，通过确定相互之间的关联关系采用一系列三角面描述实体的轮廓或表面，最终构建出真实地质体空间三维形态的过程。通过三维地质实体，可以实现任意对地质体体积和表面积的计算，可以对地质体进行任意方向切割观察，也可以通过布尔运算探讨体与体之间相互关系等。

1）研究区地表范围模型

研究区的地表模型主要是用来切制平面图和剖面图，规范研究区的范围。本章主要根据大西洋中脊 TAG 热液活动区的等深线图（图 6-34），数字化成 50m 间隔的水深数据等值线，然后在 Surpac 软件中，生成 DTM 模型表示研究区的地表形态（图 6-35）。

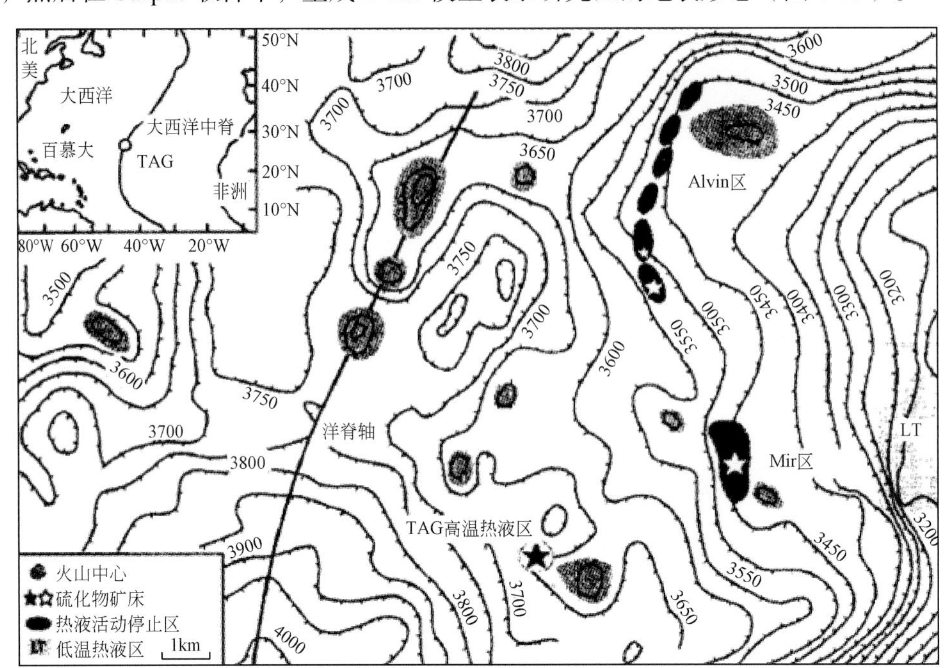

图 6-34　大西洋中脊 TAG 热液活动区的等深线图（据 Herzig *et al.*，1998）

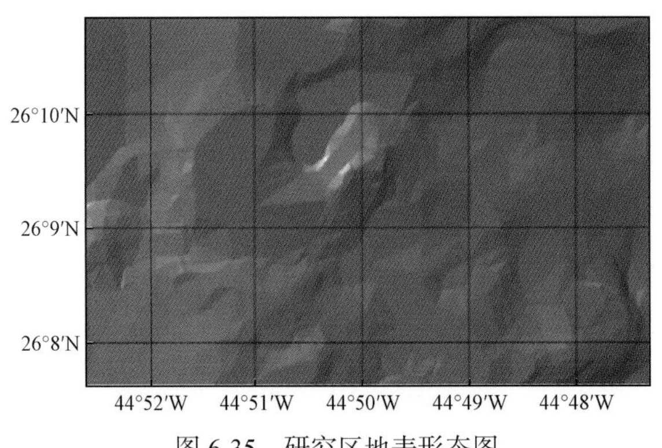

图 6-35　研究区地表形态图

研究区范围模型的经纬度为 26° 7′ 41″ N ～ 26° 10′ 53″ N，44° 47′ 18″ W ～ 44° 52′ 42″ W，水深为 -3000 ～ -10000m。在地表范围模型建立过程中，利用地表的等高线文件生成地表的面文件与范围的实体相切，得到研究区地表范围模型（图 6-36）。

2）洋壳实体模型

洋壳是位于大洋盆地之下的地壳，主要由基性、超基性岩组成，正常洋壳的厚度为 5 ～ 10km，大致可分为三层：玄武岩层，厚度约 2km，P 波速度为 4.5 ～ 6.0km/s；辉长岩层，厚度在 3km 左右，P 波速度为 6.5 ～ 7.5km/s；橄榄岩层，平均厚度接近 1km，P 波速度为 8.1 ～ 8.6km/s 范围内。对洋壳的探测主要采用人工声源的地震法，有关洋壳各结构深度、密度和厚度的数据大部分是从地震折射波法探测取得的。根据收集到的资料定性模拟玄武岩层与辉长岩层分界面以及莫霍面的表面形态，用玄武岩层与辉长岩层分界面以及莫霍面切割研究区地表范围实体模型（图 6-37），生成玄武岩的实体模型、辉长岩实体模型、橄榄岩实体模型，从而构成洋壳实体模型。

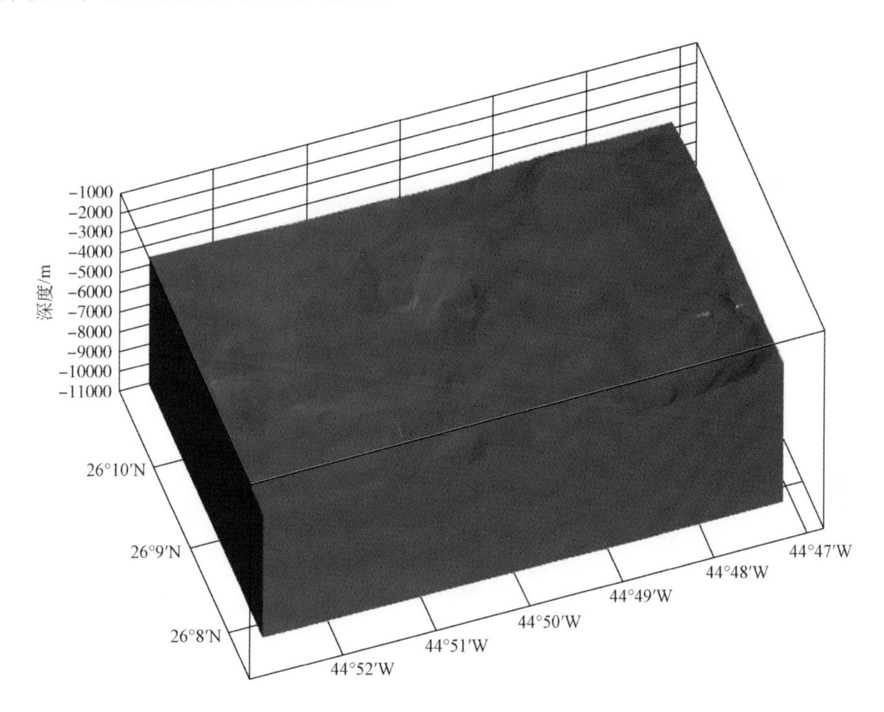

图 6-36　研究区地表范围实体模型

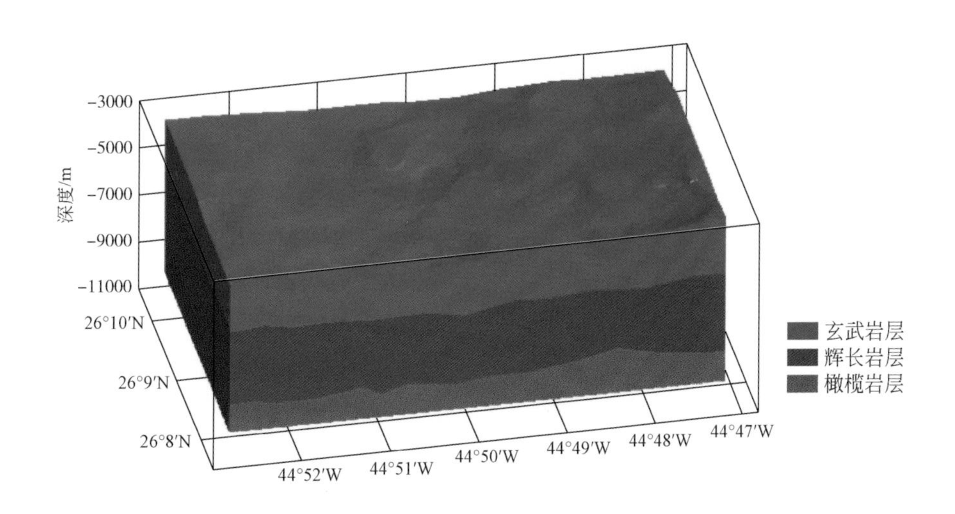

图 6-37　研究区洋壳实体模型

3）构造实体模型

断裂构造对矿体的分布及产出形态都有着重要的影响，是矿床形成规律中非常重要的组成部分，是指导找矿的关键。通过构造实体模型可以清楚地掌握断层与矿体的位置关系，直观地显示和更好地揭示出区域不同类型断裂的形态趋势和属性特征，对于把握整个研究区的构造格局具有重要作用。

建立研究区构造实体模型主要是根据收集到的剖面上的构造进行实体连接，并进行一定深度的扩展，通过三维坐标变换赋予其三维空间坐标信息。在此基础上，再结合相关报告和资料进一步修改和完善，使其能够更准确地反映实际断裂形态。图 6-38 为研究区三维断裂实体模型。

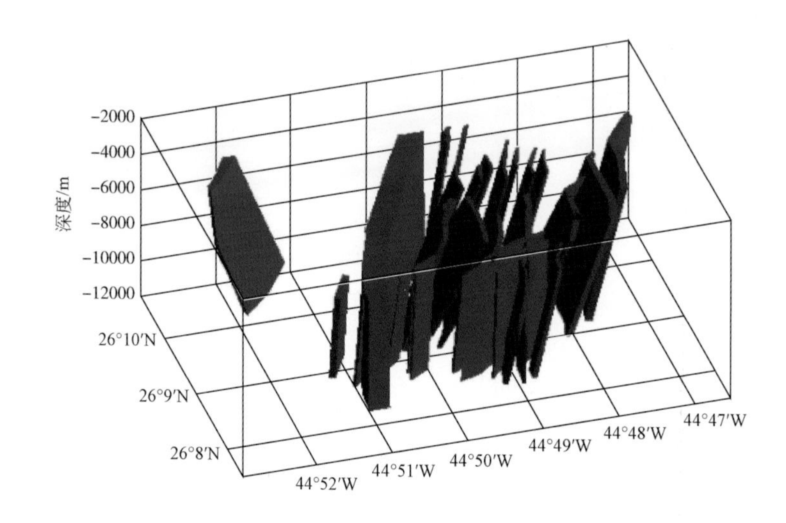

图 6-38　研究区断裂构造实体模型

4）已知热液区实体模型

研究区热液区实体模型包含三个热液区：TAG 区高温热液区、Mir 热液硫化物堆丘区及 Alvin 热液硫化物堆丘区（图 6-39）。

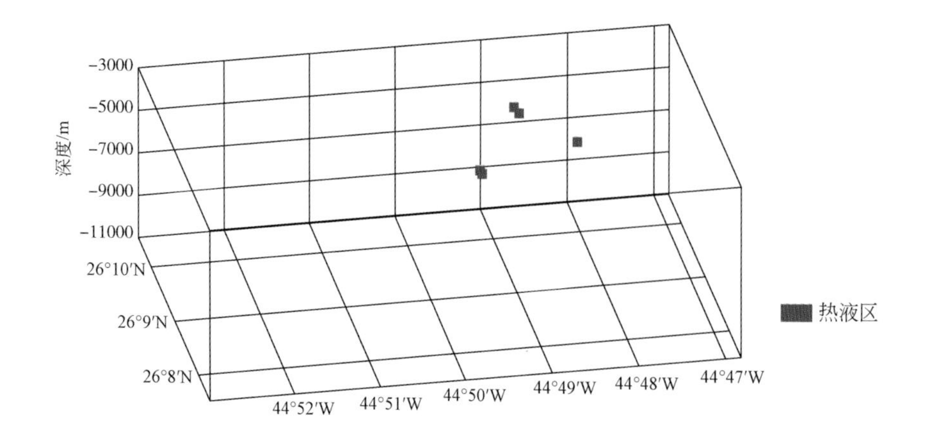

图 6-39　研究区热液区实体模型

2. 块体模型的建立

立方体/块体（block）是一种传统的建模方法，在地质建模方面的研究主要形成于20世纪60年代初。该方法主要是将研究区划分为相等大小的立方体，通过规则的立方体单元的属性来对地质体的空间范围和性质进行描述，是地质体实体模型的空间离散化表达，基于块体模型可以对研究区内空间任一点进行研究。

三维块体模型的构建首先需要对模型的空间属性进行初始化，如三维块体模型的起点和范围，各立方体单元的长、宽、高尺度大小，以及是否需要次级分块等。根据三维预测的实际需求和计算量限制，为了建立起来的模型看起来更直接清晰，本次工作将模型的长宽扩大了两倍，模型区形态实际值是一个坐标范围为44°47′18″ W ～ 44°52′42″ W，26°7′41″ N ～ 26°10′53″ N的长方体区域，水深为–3000 ～ –10000m，单元块行 × 列 × 层为400m × 400m × 400m，实际为200m × 200m × 400m，模型总共有31248个单元块。

6.4.3 基于成矿过程的找矿靶区模拟预测

1. 数值模拟的原理与方法

数值模拟就是利用计算机软件进行数值分析，其基本原理是将描述物理现象的偏微分方程在一定的网格系统内离散，用网格节点处的场变量值近似描述微分方程中各项所表示的数学关系，按一定的物理定律或数学原理构造与微分方程相关的离散代数方程组，引入边界条件后求解离散代数方程组，得到网格节点处的场变量分布，用这一离散的场变量分布近似代替原微分方程的解析解。数值模拟技术始于20世纪50年代，最初应用于油气藏渗流及水文地质方面的研究，随后进入构造学领域。数值模拟在这些领域的研究带动了固体矿产成矿系统数值模拟，地质学者逐渐将数值模拟作为一种手段用于成矿系统的研究。成矿地质过程的数值模拟是研究成矿过程的重要手段及发展趋势，其以计算机程序模拟和再现成矿过程，探讨各类地质因素在不同时间阶段对成矿过程的影响，论证已有的成矿理论与假设，阐明和再现复杂地质系统的时空演化并为矿产勘查提供建议。

选择FLAC3D软件作为数值模拟的平台，FLAC3D求解问题的一般流程分为五个步骤：①建立有限差分网格模型，界定模型形态；②本构关系与材料性质，表征模型地质体的物理响应特征，确定模型参数；③边界条件与初始条件，定义模型的初始状态；④编写命令，进行初步模拟；⑤分析模拟结果，若不符合需要则修改模型。

选择合适的本构模型是数值模拟分析的基础，模拟中材料参数的选择必须能够反映地质单元的真实情况，此模拟采用的是线性结构静力学分析，材料应选择各向同性的弹性材料。岩体 – 围岩体系可以看成一个黏弹性的多孔介质，用经典的莫尔 – 库仑本构模型来表达流变性特征，在应力作用的情况下，莫尔 – 库仑材料会表现为弹性变形，当压力达到屈服应力临界点后，开始表现为塑性变形，是一种不可逆的大应变。

2. 模型条件和参数

根据收集的研究区地质实测资料和物理实验数据，综合考虑研究区具体情况，设置了模拟参数、初始条件和边界条件，并对其进行了定量化表达，形成了模拟模型（表 6-6）。

表 6-6　地质模型转换模拟模型简表

地质模型	模拟模型
地质体形态及空间关系	三维实体模型/剖面形成几何模型
活动断裂及性质	筛选控矿断裂
围岩和岩体岩性	莫尔－库仑本构模型
围岩流体性质	孔隙度和渗透率
流体性质	对应温压下水的性质
应力场：北西－南东，挤压	边界条件为速度 7.5×10^{-10}
洋壳表面温度及温度梯度	2℃，80℃/km
洋脊表面温度及温度梯度	300℃，40℃/km
围岩孔隙压力	静水压力，$P=\rho_{水}gh$
岩体孔隙压力	围岩孔隙压力的 2 倍

利用密度、体积模量、剪切模量、黏聚力、抗张强度、内摩擦角、膨胀角这七个参数来表征莫尔－库仑本构材料模型的力学性质，孔隙率和渗透率表征模型的流体性质，热导率、比热容和热膨胀系数表征模型的热力学性质。

三维过程模拟是一个发展趋势，越接近三维的真实地质模型，地质体的物理性质越精确，初始条件和边界条件越接近研究区的实际情况，数值分析模拟的结果也越可靠，更具科学性。根据收集研究区岩石样品物理性质的实测数据和《岩石和矿物的物理性质》（托鲁基安，1990）中提供的实验数据，同时考虑到岩石样品与地层的区别，参考国内外模拟相关文献，借鉴前人采用的模拟参数和数量级，综合考虑本研究区具体岩性特征和各地质体间性质的差别与联系，分别设置了各地质体的性质参数。各种岩石的材料参数有较大的变化范围，通过选用不同的参数进行模拟计算，最后通过对比模拟结果来选择比较合理的参数。所采用的参数只能代表最合理的值，但并不一定是其真实的值（表 6-7）。

表 6-7　研究区地质体模型性质和参数表

岩性	莫尔－库仑本构模型							流体模型		热模型		
	密度/（g/cm³）	体积模量/GPa	剪切模量/GPa	黏聚力/MPa	抗拉强度/MPa	内摩擦角/（°）	膨胀角/（°）	孔隙度	渗透率/m²	热导率/[W/（m·k）]	比热容/[J/（kg·k）]	热膨胀系数/℃⁻¹
玄武岩	2.95	41	25	55	15	48	2	0.8	1×10^{-18}	1.7	883	6.6×10^{-6}
辉长岩	3.03	88	34	50	18	50	2	0.3	1×10^{-21}	2	720	9×10^{-6}
橄榄岩	3.31	1.20	44	60	22	55	3	0.1	1×10^{-22}	2.3	787	9.5×10^{-6}
断裂	2.10	0.2	0.1	10	1	20	5	3	1×10^{-16}	2	2000	14×10^{-6}
洋脊	2.1	0.2	0.1	10	1	20	5	3	1×10^{-16}	2	2000	14×10^{-6}

动态过程的数值分析模拟是一个瞬时问题，确定边界条件和初始条件才能设定模拟的动力条件。本章初始条件主要分析了压力场和温度场的变化，压力场包括地表大气压力、

地压梯度变化及流体压力，温度场分布包括海底地表温度、洋壳温度梯度、岩体温度、洋脊表面温度及洋脊内部温度梯度；边界条件主要是施加在模型边界的应力场或变形速度，以及持续的时间。以下是对研究区初始条件和边界条件的设置。

1）温度场

温度场的设置包括海底地表温度、洋壳温度梯度、岩体温度、洋脊表面温度及洋脊内部温度梯度。根据资料，洋壳的地热梯度变化为每往下延伸 1km，温度升高 40 ～ 80℃。本章中，海底地表温度的设置采用的是平均海水温度 2℃，洋脊表面温度设置为 300℃，洋脊内部温度梯度设置为 40℃/km，对洋壳和断裂采用了 80℃/km 的地温梯度变化。洋壳地温梯度的设置如图 6-40 所示。

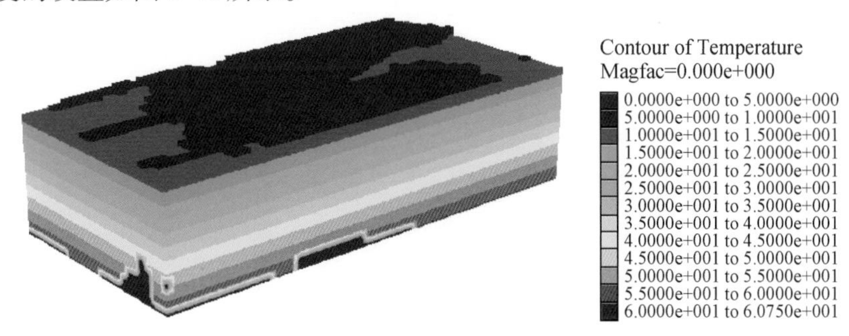

图 6-40　北大西洋典型热液区地温梯度设置图

2）压力场

压力场的设置包括海底地表大气压力、地压梯度和流体压力三个部分。海底地表大气压力采用了平均值 6.1×10^7Pa，地压梯度采用的是 1×10^4Pa/m 的变化来表示，通过公式 $P=\rho_{水}gh$ 可计算出模型对应深度的静水压力。研究区的初始地压梯度设置如图 6-41 所示。

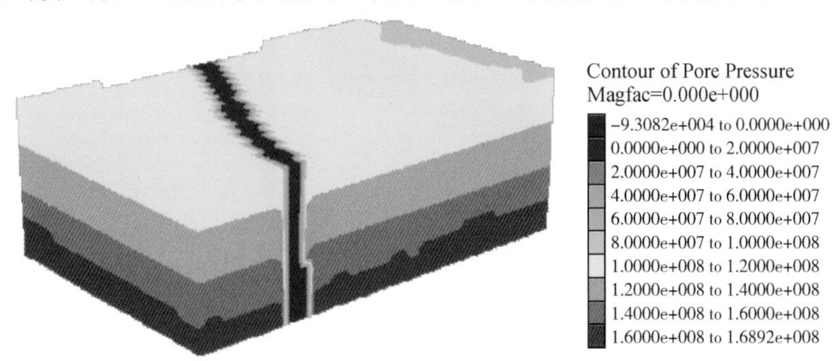

图 6-41　北大西洋典型热液区地压梯度设置图

3）边界条件

由于本研究区没有可靠的应力场实测或估计数据，考虑到应力的结果是产生形变，因此，采用的是通过位移来表示边界条件，即通过作用在模型边界处向两侧内部的一定的位移，实际上通过对模型边界施加变形的速度和时间来代替。由于研究区海底热液活动及其成矿作用主要分布在洋中脊，属于伸张构造单元，模型的边界条件设置应为拉伸形变，即速度的方向为向两侧拉伸。

3. 模拟结果及分析

模拟结果的分析主要是通过流体的运移路径演化、孔隙水压力的变化以及反映成矿空间位置的体积应变的值进行结果分析。从结果现象到原因剖析，再到规律总结，包括随时间演化的模拟结果描述，与研究区的地质现象对比、提高对成矿过程的认识，剖析成矿原因并总结控矿规律性。

图 6-42 ～图 6-44 为孔隙压力随时间的演化过程图，由于孔隙压力是流体运移的直接动力，断裂是运移的通道，通过对比分析，能直观地反映出流体运移方式及路径，为进一步分析成矿原因和规律奠定基础。

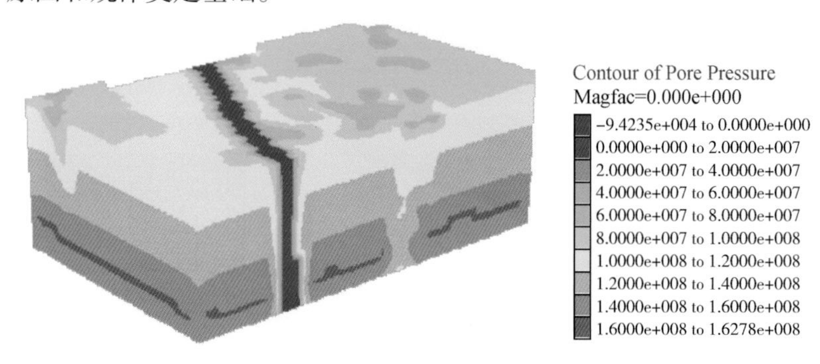

图 6-42　初始设置状态下孔隙水压力分布图

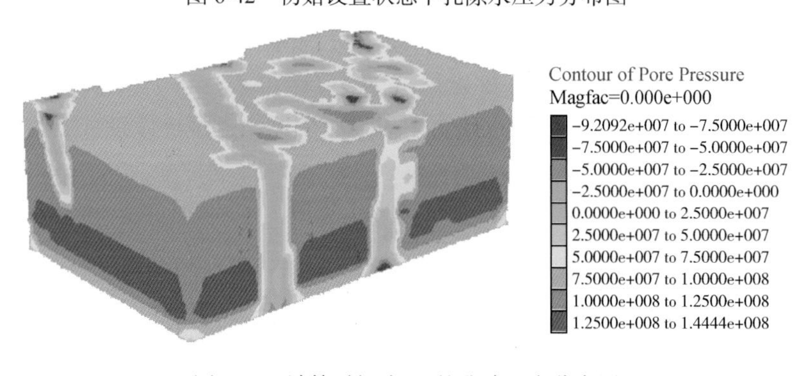

图 6-43　计算时间为 1s 的孔隙压力分布图

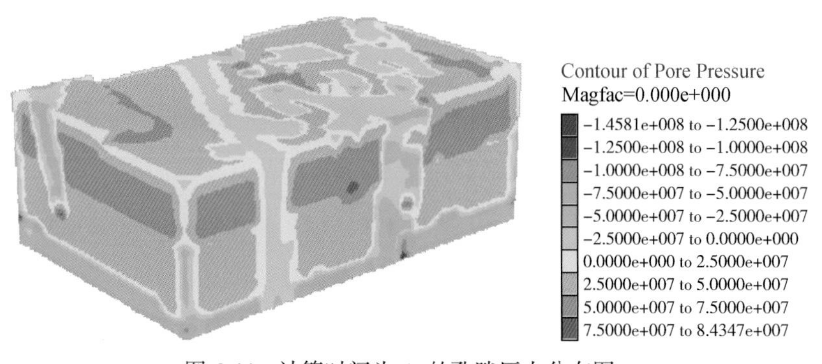

图 6-44　计算时间为 4s 的孔隙压力分布图

图 6-43 中，由于地质体在应力场作用下转换成为有效应力，以及岩体侵入使温度升高，流体体积膨胀，形成了大于该深度下的静水压力的驱动力，使岩体表面，尤其是断裂之间岩体部分的流体向上覆围岩中渗流；由于断裂比地层围岩的孔隙率大、渗透率高，流体会大量集中在与岩体相交的断裂处，并沿着断裂向上方及两侧运移。

图 6-44 中，由于应力和热量转换的孔隙压力发生了变化，岩体底部的孔隙压力逐渐减小，岩体顶部一定范围内的孔隙压力逐渐增加，驱动着流体不断地向上运移，其中，离断裂带距离较远的流体仍缓慢地向上覆地层渗入；在断裂带附近的流体则沿着断裂通道大量地快速地向上方运移；在应力场的作用下，断裂带产生了较大变形，使断裂带两侧孔隙压力减小，部分流体由断裂通道向两侧区域运移。

图 6-45 中，流体沿着断裂向上运移，随着时间的推移，孔隙压力分布逐渐均匀，直到压力、温度达到新的平衡状态，流体将停止运移。

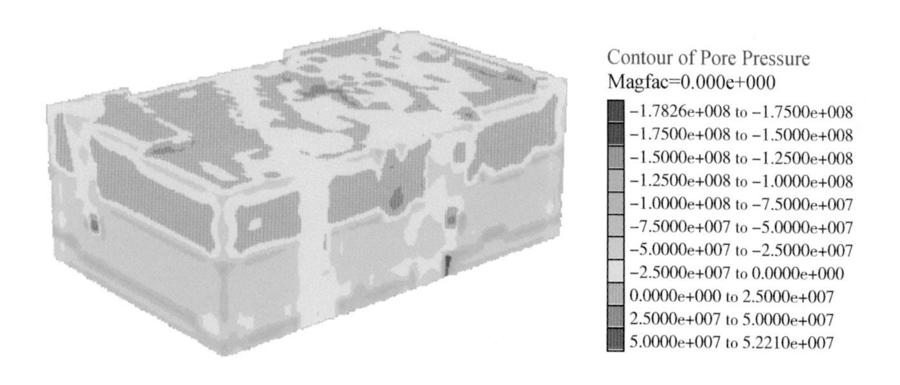

图 6-45　计算时间为 6s 的孔隙压力分布图

图 6-46 和图 6-47 为体积应变值随时间的演化过程图，在应力的作用下，岩体会发生破裂，导致孔隙容积增加，体积膨胀提供了矿体形成的容矿空间，通过对比分析，能直观地反映出流体运移方式及路径，为进一步分析成矿原因和规律奠定基础。

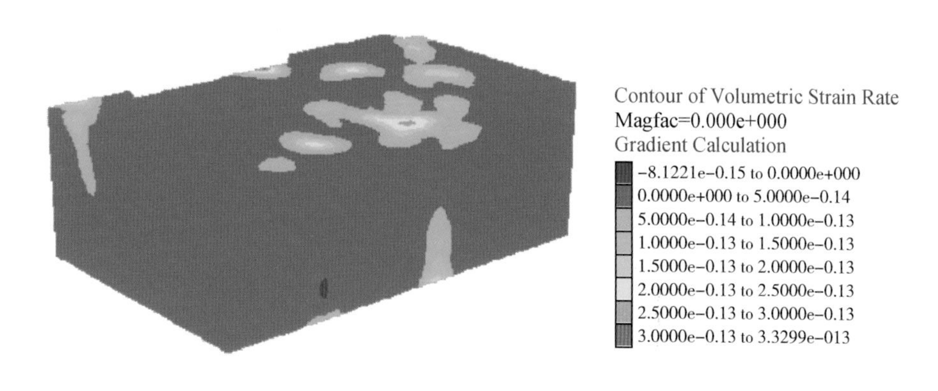

图 6-46　初始体积应变值分布图

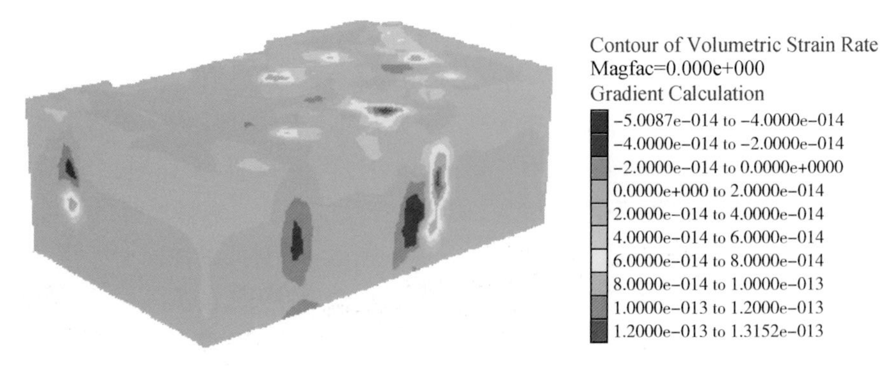

图 6-47　计算时间为 3s 的体积应变值分布图

在应力作用下，岩体会发生破裂，导致孔隙容积增加，流体逐渐向体积应变大的区域汇聚，从而进一步导致该处液压致裂，体积应变值更加增大，流体进一步汇聚。岩体的接触带附近表现为正的体积应变值，岩体内部表现为负的体积应变值，从而在岩体的接触带上形成了正和负的体积应变转换带，地质现象上为接触带的体积膨胀，如图 6-47 所示，体积膨胀提供了矿体形成的容矿空间。扩容空间的形成是岩体的热应力、区域构造应力和流体水压致裂共同作用的结果，是成矿的有利部位。

4. 找矿靶区的圈定

对 TAG 热液区成矿过程的模拟研究表明，应变率高的地区有效地形成了扩容空间，扩容空间对矿床的形成起着重要的控制作用。孔隙率为热液提供了有效的运移通道，是成矿必不可少的条件。在岩浆岩接触带附件，在应变率高与孔隙率大的部位，是进一步找矿的有利部位。

将反映成矿特征的孔隙水压力和体积应变的值定量化输出，转入到块体模型中，将孔隙水压力的高值区间（1.55×10^{7}，3.21×10^{7}）作为成矿的有利区，将体积应变的高值区间（1.13×10^{-14}，2.95×10^{-14}）作为成矿的有利区，取两者的公共部分，圈定出找矿靶区（图 6-48、图 6-49）。

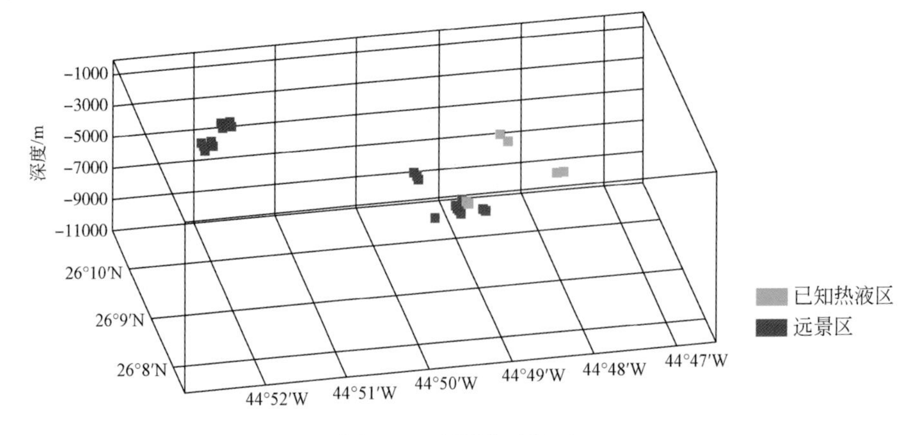

图 6-48　预测找矿靶区

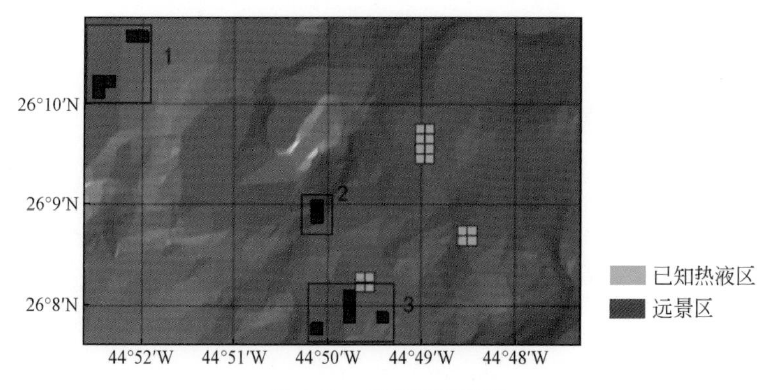

图6-49　找矿靶区圈定

（1）找矿靶区1：26°10′N～26°11′N，44°52′W～44°52′40″W，水深3200～3600m。

（2）找矿靶区2：26°8′40″N～26°9′N，44°50′W～44°50′20″W，水深3200～3600m。

（3）找矿靶区3：26°10′N～26°11′N，44°49′20″W～44°50′15″W，水深3200～3600m。

下篇
应用实例

第 7 章　区域海底多金属硫化物远景区定量预测——印度洋中脊

印度洋中脊属于超慢速扩张洋中脊，现已发现多处热液区点，具有较大的硫化物成矿潜力。2011 年，我国获得了西南印度洋中脊上 10000km^2 硫化物矿区的专属勘探权和优先商业开采权，将在 2019 年和 2021 年分别放弃 50%和 75%的勘探区面积。因此，本章选取印度洋中脊为海底多金属硫化物成矿预测研究区，依据建立的海底多金属硫化物资源预测评价流程体系，运用证据权预测方法完成第一层次的成矿预测。

7.1　印度洋研究区概况

印度洋是全球第三大洋，位于亚洲、大洋洲、南极洲和非洲之间，是地球上最年轻的大洋，面积约 7.4×10^7km^2，约占世界海洋总面积的 20%，平均水深 3872.4m。印度洋经历了劳亚古陆和冈瓦纳古陆的裂解以及各板块的碰撞拼合，海底构造复杂，其东、西、南部与稳定的陆块接壤，北面则与红海、亚丁湾裂谷、喜马拉雅山和爪哇海沟为邻。

在印度洋中，分布着西南印度洋中脊、中印度洋中脊、东南印度洋中脊和 Carlsberg 洋中脊。其中，西南印度洋中脊、中印度洋中脊、东南印度洋中脊在印度洋构成“入”字形（图 7-1），在罗德里格斯岛（Rodriquez）附近连接构成三联点（25°32′S，70°02′E）。

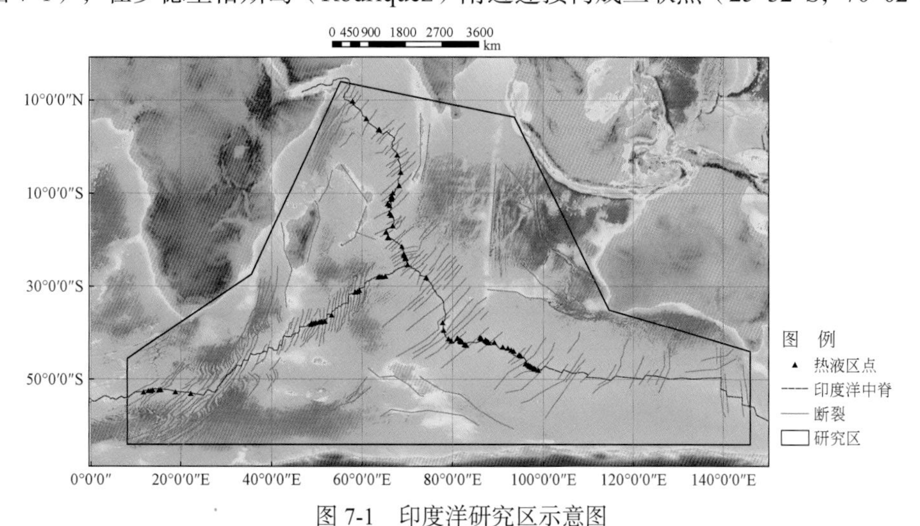

图 7-1　印度洋研究区示意图

大型转换断层、热点或地幔柱，以及海洋核杂岩等特殊的构造单元在印度洋海域均有发育（索艳慧，2014），其复杂的构造背景和特殊的构造单元为其构造－岩浆作用及热液活动的发育以及热液硫化物矿床的形成提供了良好的场所。

印度洋中脊热液活动区主要处于洋中脊的轴部裂谷、轴部海山、翼部、转换断层、离轴海山，以及洋中脊与断层交汇部分等环境中，洋壳主要由玄武岩和超镁铁质岩等组成。研究区内已知的热液喷口 92 个（表 7-1），多集中分布在洋中脊及其附近。

表 7-1　印度洋研究区已知热液区点

编号	名称	经度	纬度
1	Boomerang Seamount	77.825° E	37.7217° S
2	Jade Emperor Mountain	49.26° E	37.94° S
3	SWIR，51.7° E	51.732° E	37.466° S
4	SWIR，unnamed，Segment 27	50.4671° E	37.6579° S
5	SWIR，53.2° E	53.255° E	36.101° S
6	GEISEIR site 1，segment J2	78.092° E	39.44° S
7	Landing Stage	51° E	37.5° S
8	GEISEIR site 19，segment L3	87.6266° E	41.8333° S
9	GEISEIR site 20，segment L3	87.8008° E	41.9508° S
10	GEISEIR site 21，segment L3	87.8808° E	42.005° S
11	GEISEIR site 22，segment L3	88.042° E	42.113° S
12	GEISEIR site 23，segment M2	89.2205° E	42.0272° S
13	GEISEIR site 24，segment M3	91.0357° E	43.0369° S
14	Kairei Field	70.04° E° E	25.3195° S
15	GEISEIR site 10，segment K4	82.71° E	42.477° S
16	GEISEIR site 15，segment L1	86.3892° E	41.223° S
17	GEISEIR site 16，segment L3	87.2615° E	41.5883° S
18	GEISEIR site 17，segment L3	87.3481° E	41.6498° S
19	GEISEIR site 18，segment L3	87.4375° E	41.7133° S
20	GEISEIR site 26，segment M4	92.8451° E	43.6901° S
21	GEISEIR site 30，segment O1	96.0594° E	46.624° S
22	GEISEIR site 7，segment K3	81.838° E	41.802° S
23	GEISEIR site 11，segment K4	82.8266° E	42.5375° S
24	GEISEIR site 12，segment K4	83.0366° E	42.66° S
25	GEISEIR site 31，segment O1	96.5709° E	46.8956° S
26	GEISEIR site 32，segment O2	96.8947° E	47.1196° S
27	GEISEIR site 35，segment O3	97.8678° E	47.6179° S
28	GEISEIR site 6，segment K2	81.6617° E	41.66° S
29	Solitaire Field	65.85° E	19.545° S
30	CIR，19° 29′ S	65.733° E	19.483° S
31	GEISEIR site 14，segment L1	86.155° E	41.0716° S
32	GEISEIR site 25，segment M4	92.1335° E	43.3115° S
33	GEISEIR site 27，segment M5	93.4571° E	43.9805° S

续表

编号	名称	经度	纬度
34	GEISEIR site 28，segment M6	94.6039° E	44.7237° S
35	GEISEIR site 29，segment M6	94.9673° E	44.9054° S
36	GEISEIR site 33，segment O2	97.1566° E	47.2383° S
37	GEISEIR site 34，segment O3	97.4373° E	47.4145° S
38	GEISEIR site 36，segment O3	98.0631° E	47.7009° S
39	GEISEIR site 9，segment K3	82.06° E	41.9633° S
40	Dodo Field	65.305° E	18.347° S
41	SWIR，63.9° E	63.923° E	27.851° S
42	Dragon	49.6494° E	37.7838° S
43	GEISEIR site 13，segment L1	86.0608° E	41.0125° S
44	GEISEIR site 2，segment J4	79.103° E	41.252° S
45	GEISEIR site 3，segment J4	79.753° E	41.772° S
46	GEISEIR site 37，segment O4	98.1756° E	47.7483° S
47	GEISEIR site 38，segment O4	98.8232° E	48.0048° S
48	GEISEIR site 4，segment K1	81.0625° E	41.2025° S
49	GEISEIR site 8，segment K3	81.9816° E	41.8833° S
50	SWIR，unnamed，Segment 26	50.8527° E	37.608° S
51	CIR，Segment 3	69.6667° E	24° S
52	MESO Zone	69.2422° E	23.3927° S
53	GEISEIR site 5，segment K1	81.158° E	41.242° S
54	Mount Jourdanne	63.9333° E	27.85° S
55	Bai Causeway	48.8° E	37.9° S
56	near Jade Emperor Mountain	49.2166° E	37.8666° S
57	Su Causeway	48.6° E	38.1° S
58	CIR，8-17 S，Segment 7	66.8° E	17° S
59	SWIR，Plume 6	65.133° E	27.767° S
60	Area EX/FX	68.7666° E	21.4° S
61	Edmond Field	69.596° E	23.878° S
62	CIR，8-17 S，Segment 6，14.75° S	66.5° E	14.75° S
63	Area JX	69.1833° E	22.9666° S
64	Carlsberg Ridge，63°40′ E	63.6666° E	3.7° N
65	Carlsberg Ridge，63° 50′ E	63.8333° E	3.6916° N
66	Carlsberg Ridge，CR2003	60.95° E	6.05° N
67	CIR，8-17 S，Segment 3	66.5° E	10.66° S
68	CIR，8-17 S，Segment 4，10.9° S	66.7° E	10.9° S
69	CIR，8-17 S，Segment 4，11.3° S	66.4° E	11.3° S
70	CIR，8-17 S，Segment 6，14.3° S	66.1° E	14.3° S
71	Vityaz megamullion	68.5833° E	5.4° S
72	SWIR，D57	13.738° E	52.224° S
73	CIR，8-17 S，Segment 1	68.2° E	8.25° S
74	SWIR，Plume 1，Segment 17	58.5° E	31.183° S

续表

编号	名称	经度	纬度
75	SWIR，Plume 4	63.55° E	27.967° S
76	CIR，8-17 S，Segment 4，11.2° S	66.5° E	11.2° S
77	CIR，8-17 S，Segment 5，12.6° S	66.1° E	12.6° S
78	SWIR，Plume 3，Segment 16	59.383° E	30.85° S
79	SWIR，D50B	12.748° E	52.42° S
80	SWIR，D9B	18.817° E	52.707° S
81	SWIR，D36	11.711° E	52.749° S
82	SWIR，D62	15.103° E	52.253° S
83	CIR，8-17 S，Segment 2	66.75° E	9.9° S
84	CIR，8-17 S，Segment 5，12.25° S	65.7° E	12.25° S
85	SWIR，Plume 5	64.45° E	27.917° S
86	SWIR，D54	13.312° E	52.437° S
87	SWIR，D82	15.583° E	52.208° S
88	SWIR，D20	22.188° E	53.02° S
89	SWIR，Plume 2，Segment 16	58.967° E	31.067° S
90	Carlsberg Ridge，1.67° S	67.77° E	1.6768° S
91	Owen transform fault	57.95° E	9.8333° N
92	SEIR	74.1733° E	28.0614° S

7.2 区域信息综合分析与提取

本章基于海底多金属硫化物控矿因素与找矿标志的总结，收集了印度洋中脊区域相关数据资料，如地形水深、重磁异常、断裂分布、地震点分布等。研究区内已知热液区点92个，根据地质学与数学统计结合的方法，对获取的数据进行分析处理和信息挖掘，提取与海底热液硫化物相关的直接或间接信息，总结找矿有利条件（表7-2），开展成矿信息的分析和预测工作。

表7-2 印度洋中脊海底多金属硫化物找矿有利条件

矿床类型	控矿因素	成矿预测因子	特征变量
海底多金属硫化物矿床	地形信息	水深条件	水深有利区
	地球物理信息	重磁异常分析	布格异常
			磁异常解析信号
	地质信息	构造	有利构造影响区
			主干构造发育
			构造发育程度
			构造对称特征
	其他信息	地震点密度	地震点密度有利区

7.2.1　地形信息

地形信息以水深条件为主，水深数据格式为 .xyz，数据范围包括全球各大洋，利用 Surfer 软件对水深数据进行筛选、网格化形成印度洋研究区水深示意图（图 7-2）。利用 GIS 软件对水深数据进行统计分析，提取与已知热液点相关的成矿有利信息。将研究区的水深数据与已知热液区点进行叠加分析，发现［–4200，–2200］m 的水深范围内集中了大部分的热液区点，与全球大洋已知热液点的统计区间 2000 ~ 4000m 类似，因此可以将［–4200，–2200］m 作为有利预测因子形成水深有利区范围分布图（图 7-3）。

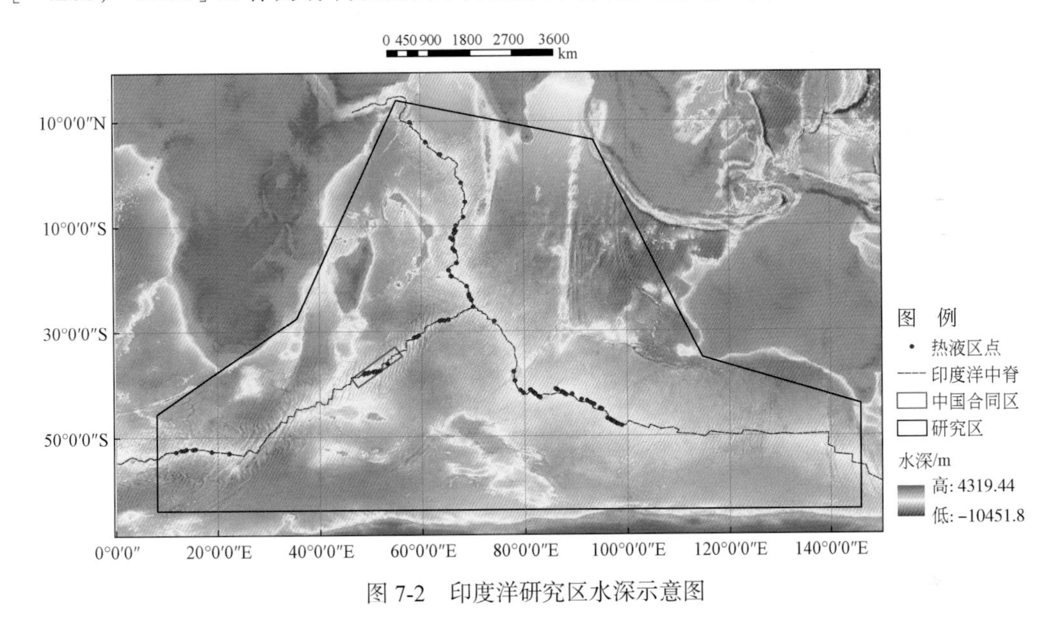

图 7-2　印度洋研究区水深示意图

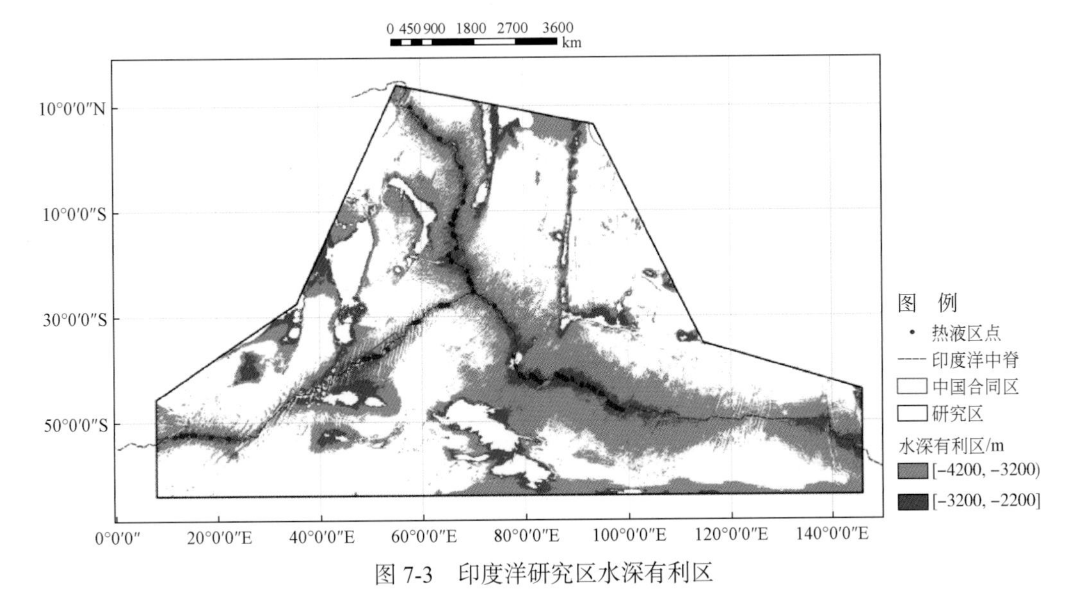

图 7-3　印度洋研究区水深有利区

7.2.2 地球物理信息

1. 重力异常分析

1）研究区重力数据处理

研究区自由空气重力异常数据格式为 .xyz，数据范围包括全球各大洋。利用 Surfer 软件对数据进行筛插值，在 GIS 软件中形成自由空气重力异常分布示意图（图 7-4）。研究区自由空气重力异常值范围为 –262 ～ 270mGal，主体以西南印度洋中脊区域较高，反映不同分支洋中脊间深部岩浆构造活动的差异。同理，在 GIS 软件中形成经过数据处理校正后的布格异常分布示意图（图 7-5），异常值范围为 –146 ～ 617mGal。

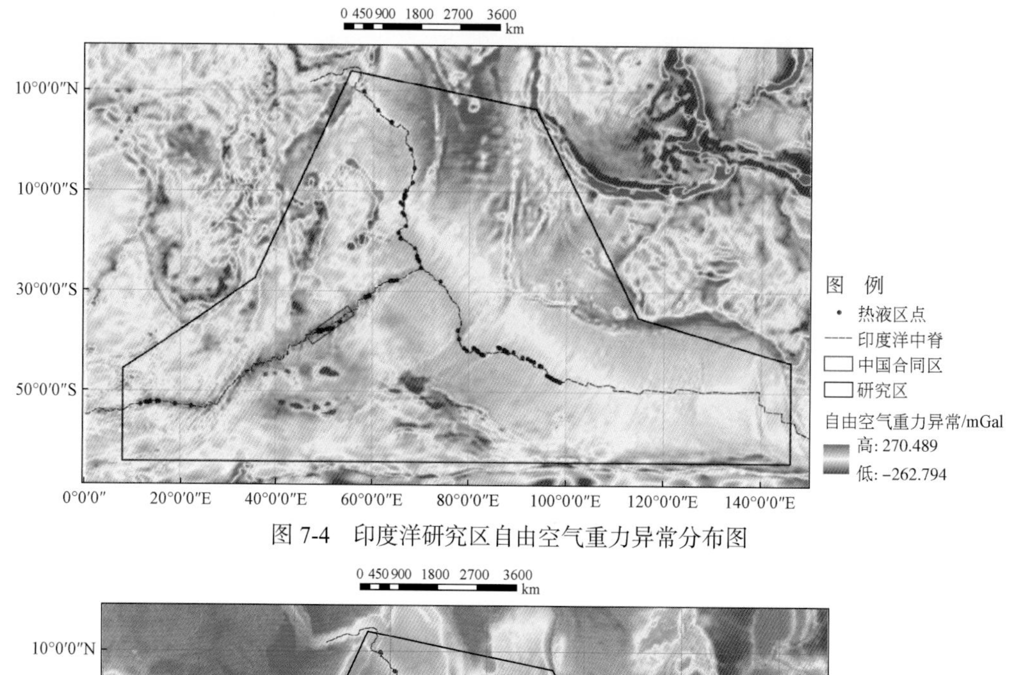

图 7-4 印度洋研究区自由空气重力异常分布图

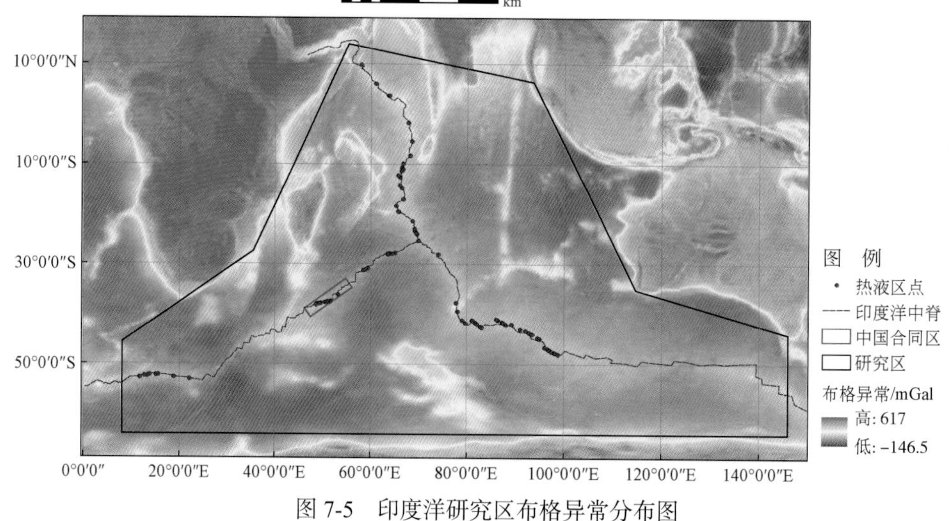

图 7-5 印度洋研究区布格异常分布图

运用矩形滑动窗口平均法，对重力数据进行平滑处理，并在此基础上进行求导（水平方向 0°、45°、90°、135° 导数），提取区域内构造信息。

（1）浅部异常分析（垂向一阶导数处理）。对研究区的重力数据进行垂向一阶导数处理（图 7-6），叠合印度洋中脊可以看出高值区与洋中脊延伸方向一致，最高值区域沿西南印度洋中脊呈条带状展布，推测引起高值异常的密度体与区域构造有关，受构造格架方向控制。

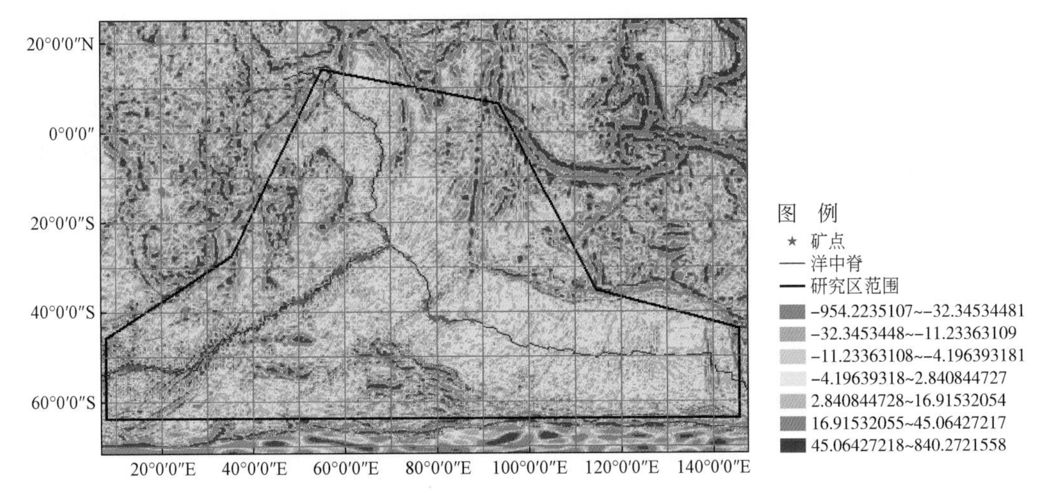

图 7-6　印度洋研究区重力异常垂向一阶导数

（2）线性构造分布特征（水平方向导数处理）。各个方向上的水平一阶导数可以较好地增加与该方向垂直的密度体的特征，可以表现出较强的构造展布特征。0° 方位梯度突出东西向、近东西向构造异常[图 7-7(a)]。45° 方位梯度突出北西向构造异常[图 7-7(b)]。90° 方位梯度突出南北向、近南北向构造异常［图 7-7（c）］。135° 方位梯度突出北东向构造异常［图 7-7（d）］。由原平面四个方向上的水平一阶导数可以看出研究区很强的北东—南北向展布特征，以及与之垂直或者平行的展布特征。

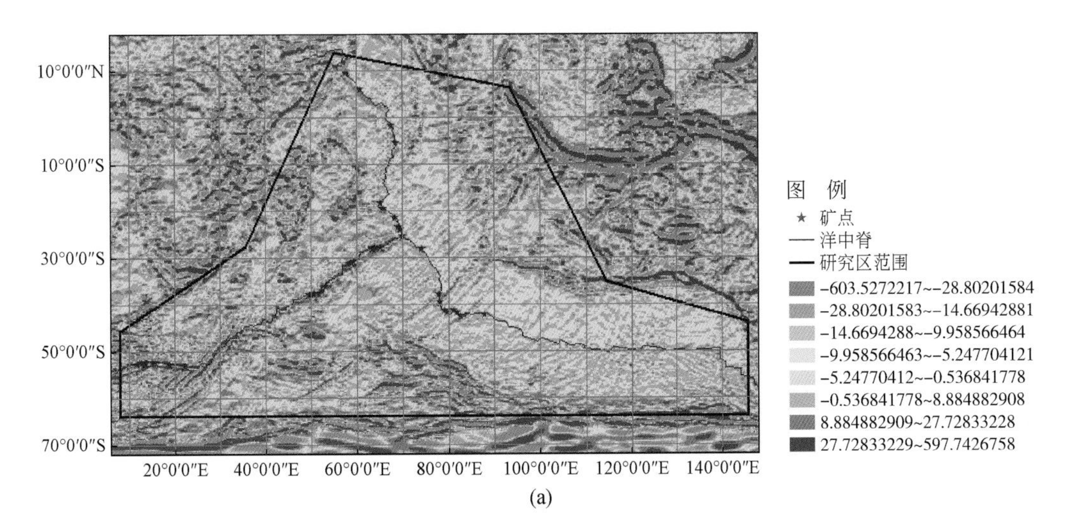

(a)

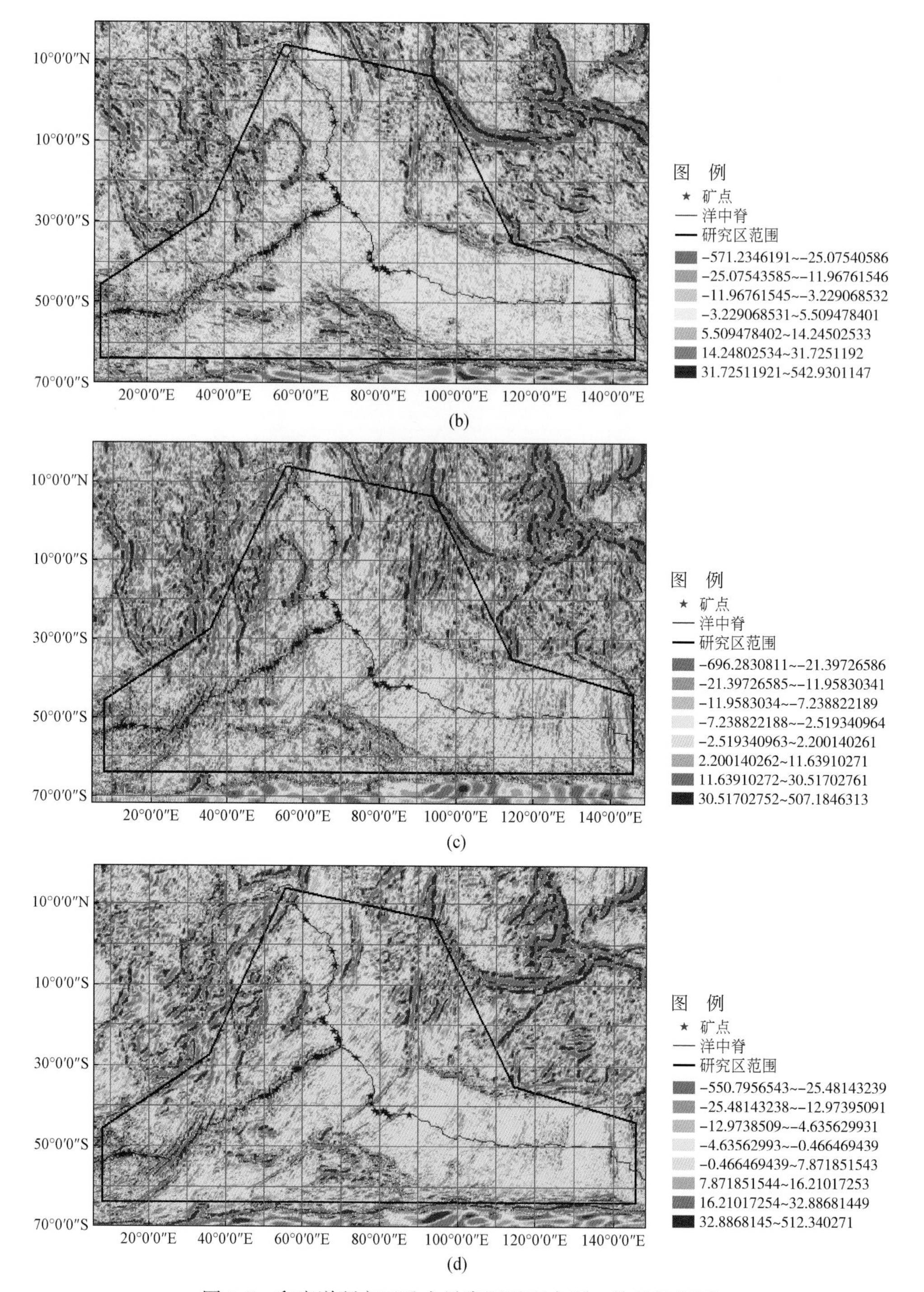

图 7-7　印度洋研究区重力异常原平面水平一阶导数组图

（a）水平 0° 一阶导数；（b）水平 45° 一阶导数；（c）水平 90° 一阶导数；（d）水平 135° 一阶导数

2）重力有利信息提取

研究区范围较大，选择布格异常作为预测因子之一。将印度洋研究区布格异常与已知热液区点进行叠加分析发现已知热液区点主要位于［355，410］mGal 区间内，形成布格异常有利区间分布图（图 7-8）。

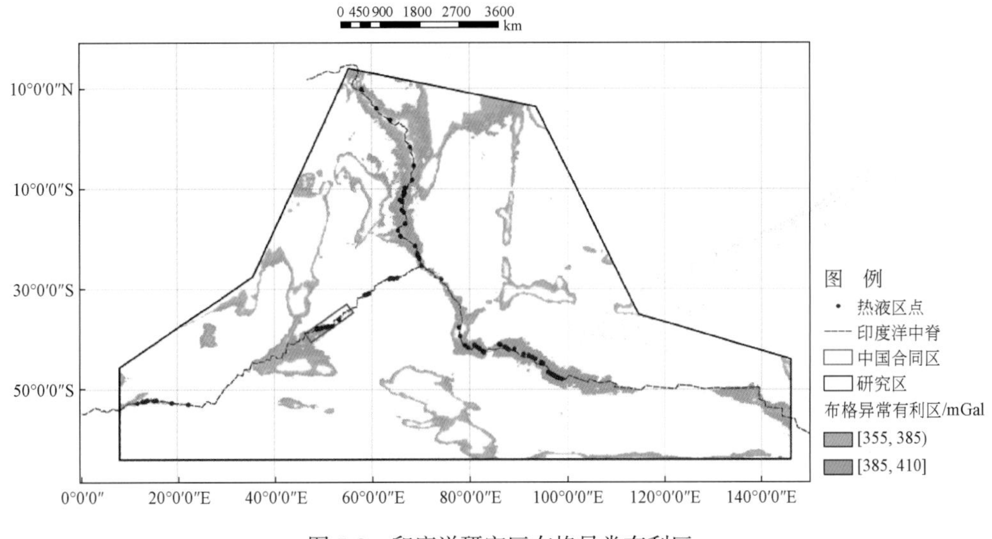

图 7-8　印度洋研究区布格异常有利区

2. 磁力异常分析

1）研究区磁力数据处理

磁力数据综合利用卫星、海洋、航空和地面磁测而成。数据格式为 .xyz，数据范围包括全球各大洋。对数据进行筛选、网格化得到印度洋研究区磁异常分布（图 7-9）。研究区磁力整体沿洋中脊呈团带状分布，正负异常中心相间出现，异常值为 –553 ～ 764nT。对磁异常数据进行处理，形成磁异常解析信号图（图 7-10），磁异常解析信号是梯度的绝对值，对于圈定地质体的边界具有比较好的效果。

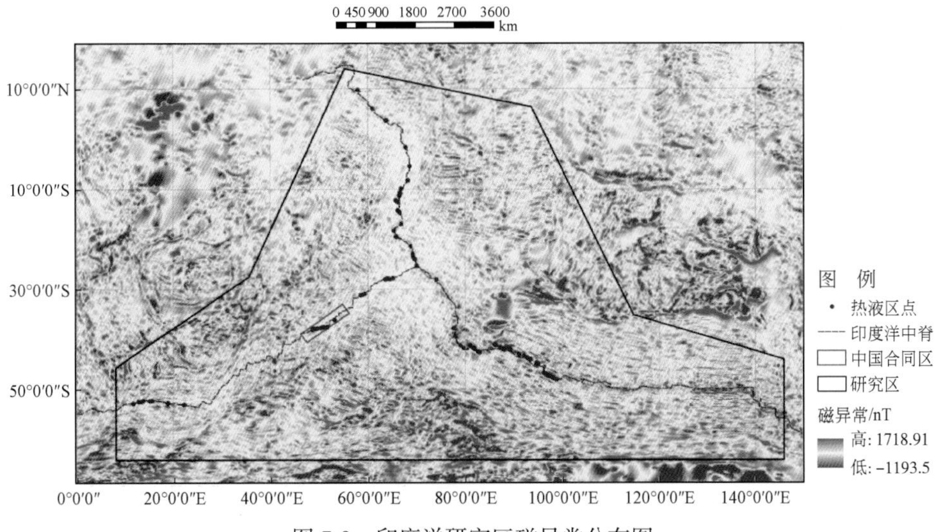

图 7-9　印度洋研究区磁异常分布图

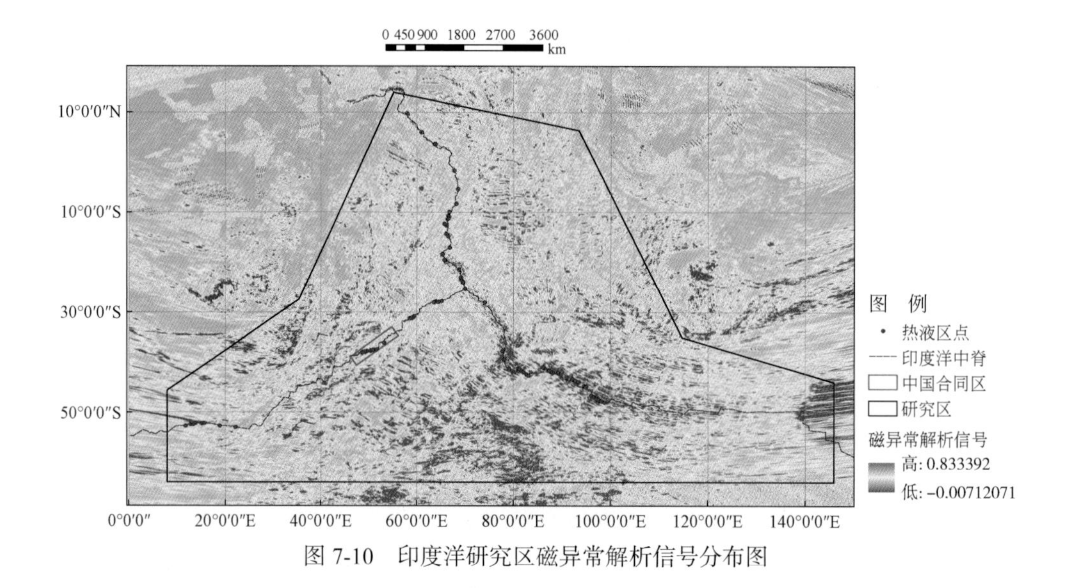

图 7-10　印度洋研究区磁异常解析信号分布图

2）磁力有利信息提取

磁异常解析信号提取找矿有利信息方法与布格异常提取方法类似。将磁异常解析信号与已知热液区点进行叠加分析，有利含矿区间为［0.009，0.06］，形成磁异常有利区间分布图（图 7-11）。

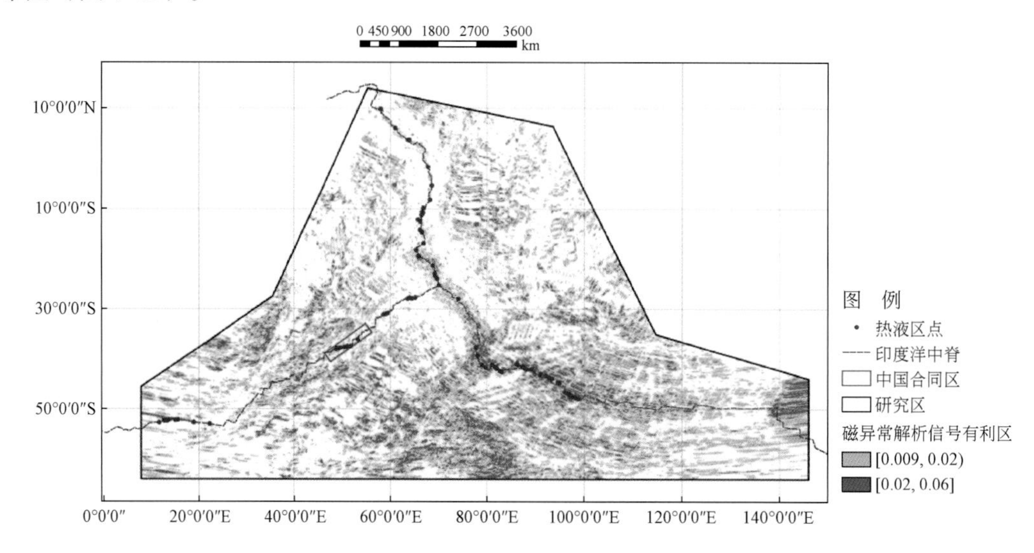

图 7-11　印度洋研究区磁异常解析信号有利区

7.2.3　地质信息

地质信息主要是构造条件的分析。成矿构造信息提取主要包括两个方面，第一是直接提取控制成矿作用的构造；第二是从构造线中提取地质异常变量，包括断裂等密度、断裂优益度、中心对称度等，这些变量反映了地质体的空间分布特征。

1. 构造解译分析

根据文献书籍中收集到的构造资料，结合重磁异常信息，解译印度洋研究区内的构造分布（图 7-12）。

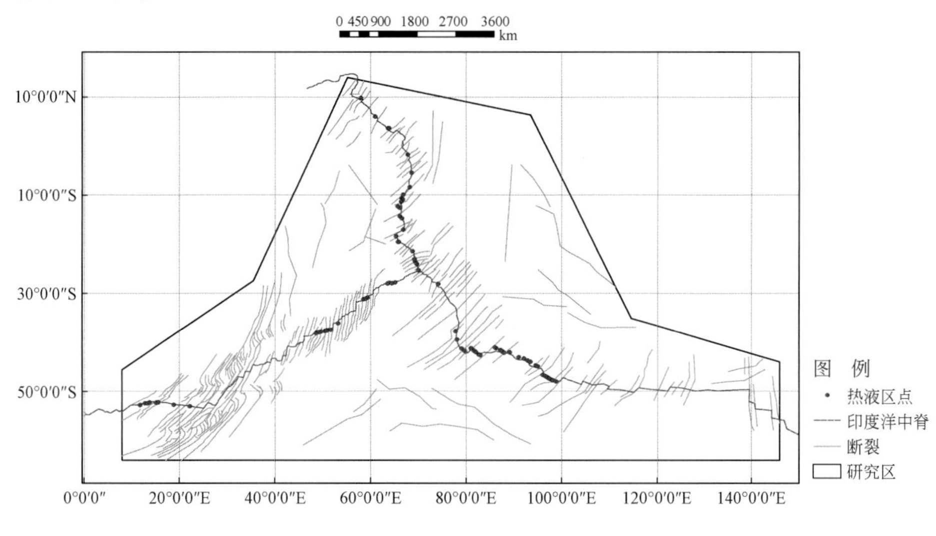

图 7-12　印度洋研究区构造分布图

2. 有利构造影响区（缓冲区分析）

区域性的断裂构造控制着岩浆的侵入，岩浆热液的运移等，对成矿起着至关重要的作用，探讨区域性构造断裂的展布特征能够更好地指明区域找矿方向。根据实际情况，对断裂构造进行 20km 的缓冲处理（图 7-13）。

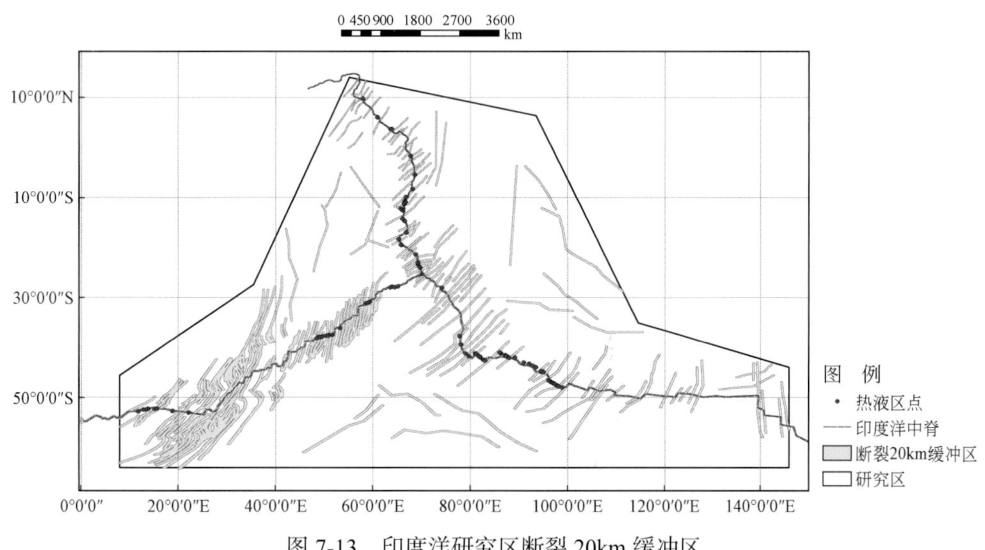

图 7-13　印度洋研究区断裂 20km 缓冲区

3. 构造发育程度（断裂等密度）

断裂等密度是单位面积中断裂长度的加和，反映了线性构造的复杂程度和发育程度。断裂等密度公式为

$$l = \sum_{i=1}^{n_j} S_i \tag{7-1}$$

式中，l 为断裂等密度；n_j 为第 j 单元中的总线形体数；S_i 为第 i 条线形体的长度（董庆吉等，2010）。

已知热液区点与断裂等密度的统计分析图（图 7-14），表明中间区［1.5，3］为断裂等密度的有利区间，形成断裂等密度有利区间分布图（图 7-15）。取中间范围为有利区表明没有断裂构造发育或是断裂构造发育程度过高、活动过于频繁均不利于海底多金属硫化物的赋存。

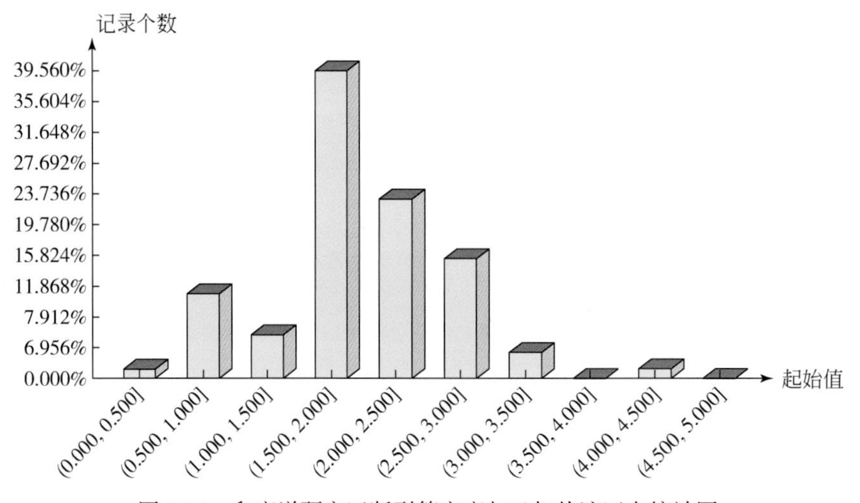

图 7-14　印度洋研究区断裂等密度与已知热液区点统计图

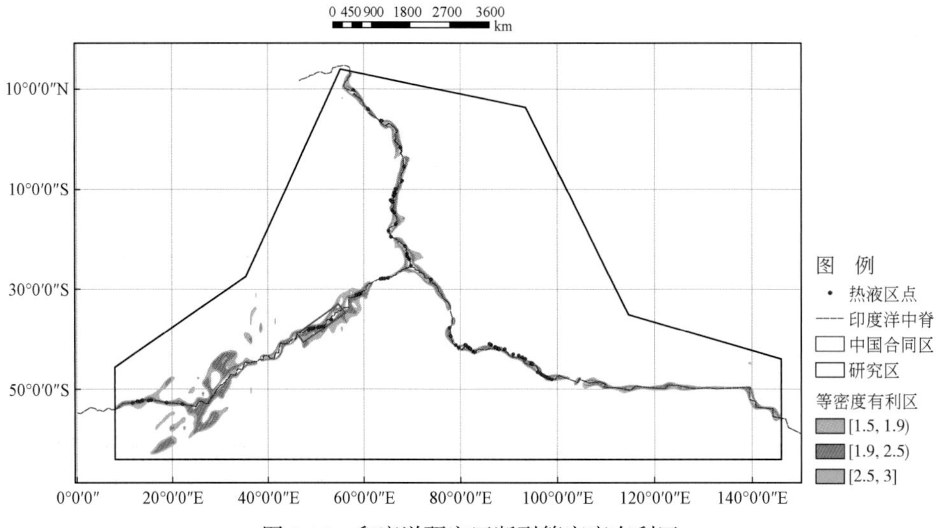

图 7-15　印度洋研究区断裂等密度有利区

4. 主干构造发育（构造优益度）

构造优益度是指线性构造方位，以及两两之间夹角的控矿程度加权的构造密度的度量，代表了主干构造方向成矿的优越性。已知热液区点与优益度叠加统计分析（图 7-16）表明，大部分的热液点位于较高值［2，5］区间内，此区间与洋中脊走向以及大型转换断层的方位基本一致，形成构造优益度有利区间分布图（图 7-17）。

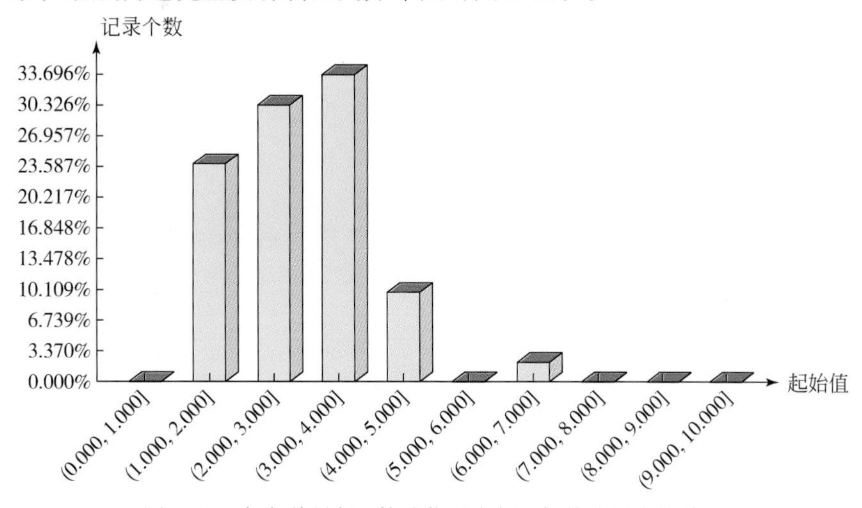

图 7-16　印度洋研究区构造优益度与已知热液区点统计图

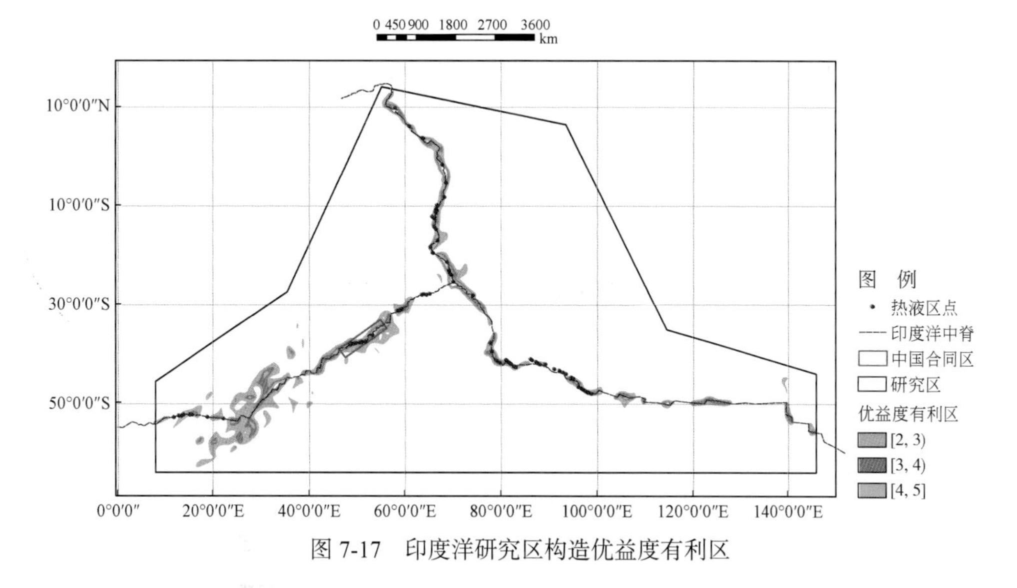

图 7-17　印度洋研究区构造优益度有利区

5. 构造对称特征（构造中心对称度）

构造中心对称度代表了构造对称的特征，在实际地质情况中，造成构造对称性分布的地质现象主要有地壳运动、岩浆上侵等，因此构造中心对称度对上述地质作用有较好的描述作用。从大洋实际情况出发，该参数可以用来描述热液流体沿断裂上涌从热液喷口喷出所造成的对称特征等，中心对称度范围较小，选取大于 0 的区间作为异常区间，因此形成中心对称度有利区间分布图（图 7-18）。

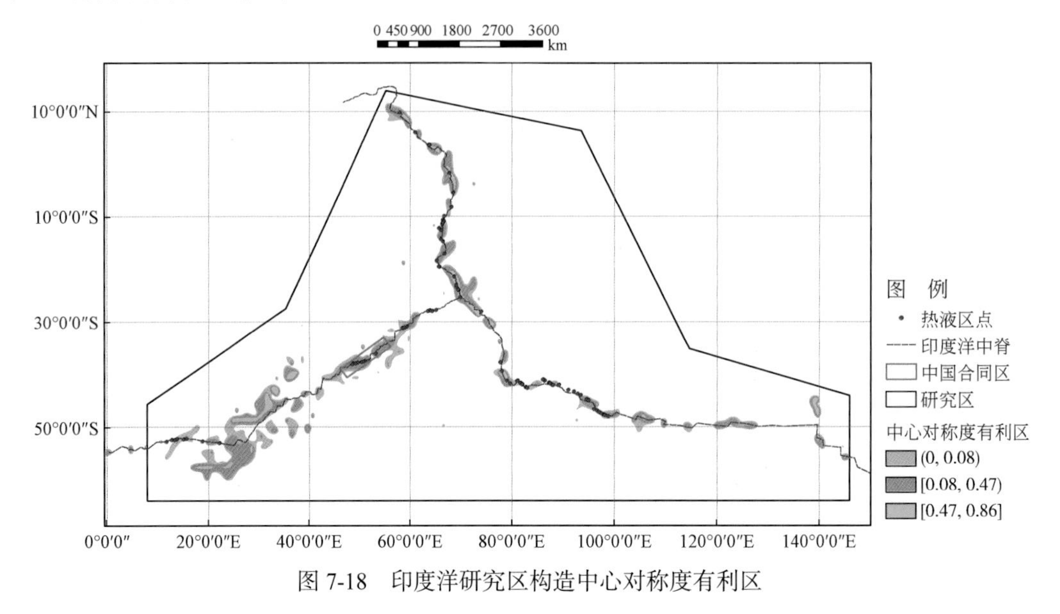

图 7-18　印度洋研究区构造中心对称度有利区

7.2.4　其他信息

海底的地震活动均与区域的地壳活动息息相关，地震活动意味着区域地壳活动的活跃性，表明了断裂构造及岩浆活动的存在，而断裂构造和岩浆活动是控制海底热液活动关键因素之一，因此地震信息可以作为间接的找矿预测因子之一。海底地震数据格式为 .xls，为 1950～2013 年震级大于 5 级的监测数据（图 7-19）。在 GIS 软件中对地震点数据进行点密度处理，与已知热液区点进行统计，结果表明大部分的已知热液区位于［1.6，2.8］区间内（图 7-20）。

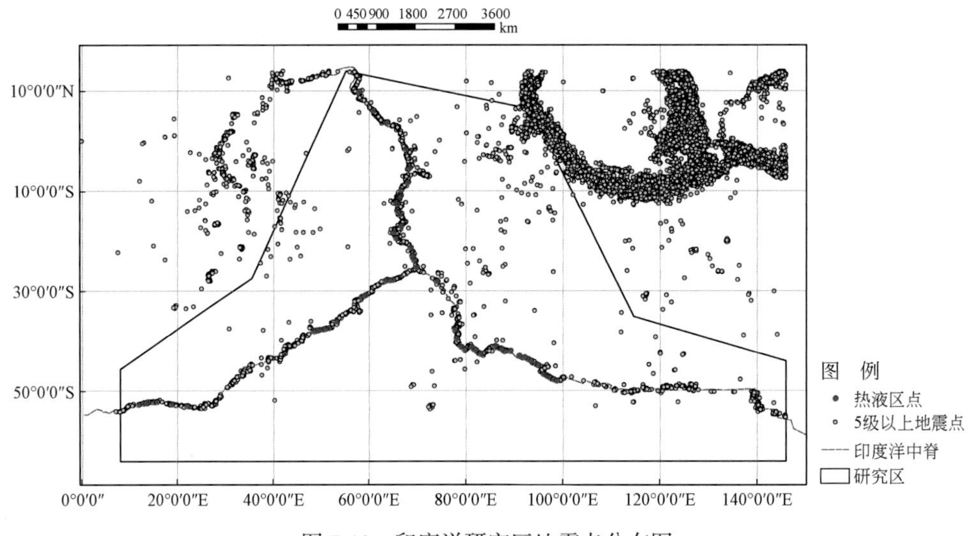

图 7-19　印度洋研究区地震点分布图

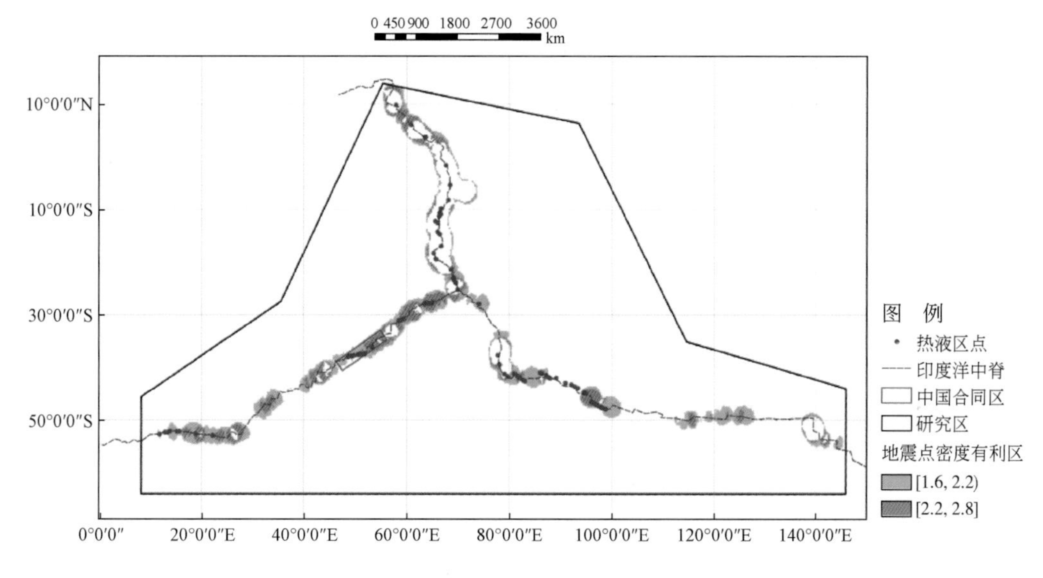

图 7-20　印度洋研究区地震点密度有利区

7.3　区域海底多金属硫化物资源成矿预测

7.3.1　区域找矿有利条件组合

以二维成矿预测技术为支撑，以海底多金属硫化物控矿因素和找矿标志为依据，结合印度洋中脊相关数据的实际情况，形成了印度洋研究区海底多金属硫化物矿床的找矿有利信息组合（表 7-3），进而实现研究区海底多金属硫化物大区域成矿预测。

表 7-3　印度洋中脊海底多金属硫化物找矿有利信息组合

矿床类型	成矿预测因子		特征变量	特征值
海底多金属硫化物矿床	水深条件		水深有利区	[-4200，-2200]m
	构造条件	有利构造影响区	构造缓冲区	20km 缓冲区
		主干构造发育	优益度有利区	[2,5]
		构造发育程度	等密度有利区	[1.5,3]
		构造对称特征	中心对称度有利区	>0
	重磁异常分析		布格异常	[355,410]mGal
			磁异常解析信号	[0.009,0.06]
	地震点密度分析		地震点密度有利区	[1.6,2.8]

7.3.2　区域硫化物资源预测

在运用证据权法进行权值计算之前，采用网格化单元划分法，将研究区以规则网格划分成若干个单元，以网格作为抽样单元，这种方法将地质问题与空间坐标建立了联系，是一种广泛用于矿产资源评价及大批地质数据处理工作中的样品确定方法（陈建平等，2013）。

层次一预测按照 80km × 80km 对整个研究区进行网格单元划分，然后计算每个预测因子的权重值（表 7-4）。

表 7-4　印度洋中脊海底多金属硫化物预测因子权值表

证据因子类型	证据因子	正权重值（W^+）	负权重值（W^-）	综合权值
地形条件	水深有利区	0.563232	0	0.563232
构造条件	断裂 20km 缓冲区	1.036744	0	1.036744
	等密度有利区	2.505304	−3.36763	5.872932
	优益度有利区	2.422514	−1.86684	4.289351
	中心对称度有利区	2.341646	−1.66253	4.004179
地球物理条件	布格异常有利区	1.116674	−2.39072	3.507392
	磁异常解析信号	0.255355	−2.7062	2.961552
其他条件	地震点密度有利区	1.974477	−1.545584	3.520061

从表 7-4 可以看出等密度、优益度及中心对称度权值均比较高，表明构造是海底多金属硫化物形成的关键控制因素；布格重力异常权值大于 3.5，磁异常解析信号权值接近 3，这也说明地球物理数据是重要的找矿标志之一。

对 8 个证据层进行条件独立性检验，在显著性水平为 0.05 的情况下，所有因子满足条件独立性。计算得到各个单元网格的后验概率值，按照后验概率相对大小分级赋色，得到印度洋研究区海底多金属硫化物后验概率图（图 7-21）。

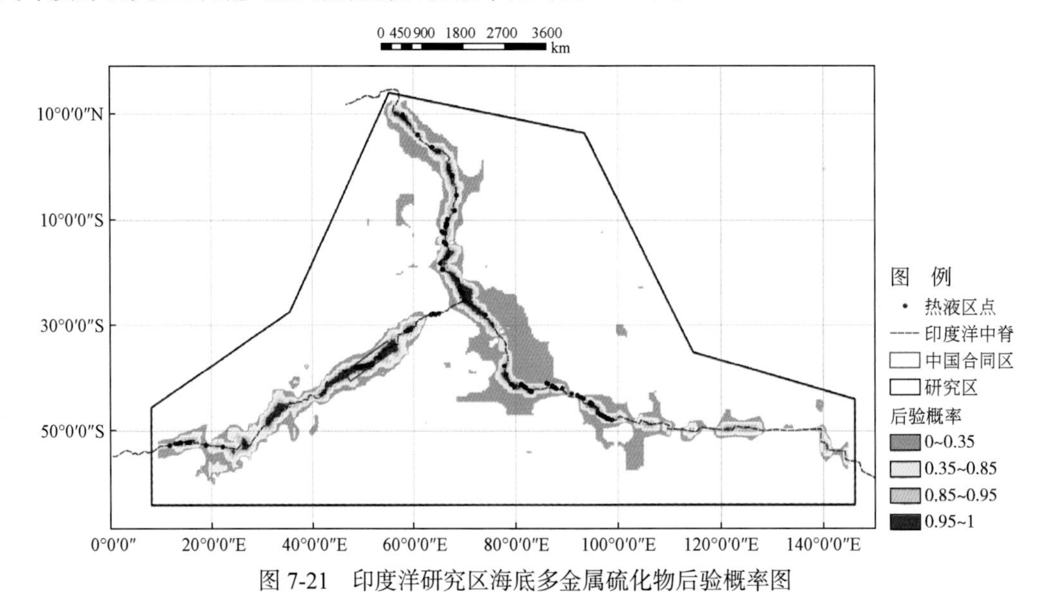

图 7-21　印度洋研究区海底多金属硫化物后验概率图

7.3.3 远景区预测评价

根据后验概率图可以看出预测高值区主要分布在西南印度洋中脊及罗德里格斯三联点（RTJ）附近，这与已知热液区的分布较为吻合，说明预测结果具有较高可信度。西南印度洋中脊后验概率高值区主要分布在 30°E ～ 35°E 及 41°E ～ 56°E 范围内。合同区内后验概率值非常高（图 7-22），具有非常好的成矿潜力，所有申请的硫化物区块均在后验概率高值区，这也表明我国申请的硫化物区是可行可靠的，具有较好的找矿前景。

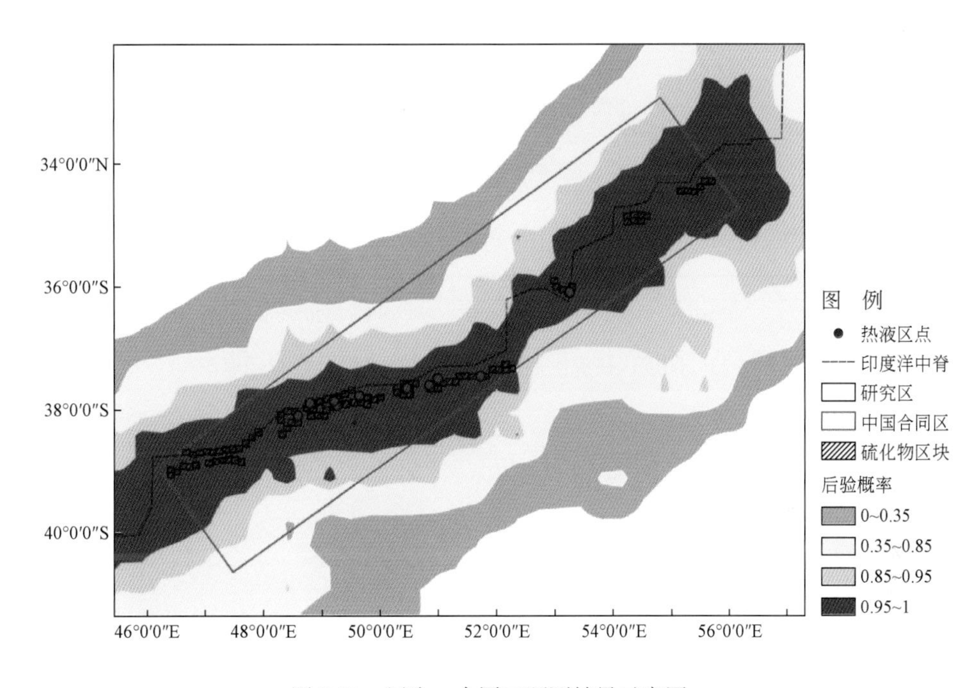

图 7-22 层次一合同区预测结果示意图

7.3.4 印度洋海区硫化物区块申请规划

在充分了解印度洋热液硫化物矿床的成矿地质背景、特征，以及成矿机制及其成矿环境的基础上，将适用于北大西洋中脊的硫化物资源评价方法应用于印度洋热液硫化物矿床的预测工作，进一步完善海底热液多金属硫化物资源预测评价体系。总结印度洋热液硫化物矿床的控矿因素，结合地形、地质、地球物理等相关数据，对研究区数据进行了集成分析，提取了成矿有利信息，形成了印度洋热液硫化物矿床找矿有利条件组合。

层次一的预测结果说明在印度洋海域，中国硫化物合同区后验概率值较高，是成矿较为有利区域，具有较好的找矿前景，同时也说明了中国硫化物区块申请的准确性。韩国、德国的硫化物合同区（图 7-23 中蓝色实线方框）及印度即将申请的硫化物合同区（图 7-23

中蓝色虚线方框）也包含了后验概率值较高的区域。图 7-23 中红色椭圆框的区域虽然不是申请的合同区，但后验概率值较高，可以作为进一步申请勘探的区域。通过成矿预测，我们可以快速聚焦成矿有利区，减少勘探工作量，并为下一层次的预测奠定基础。

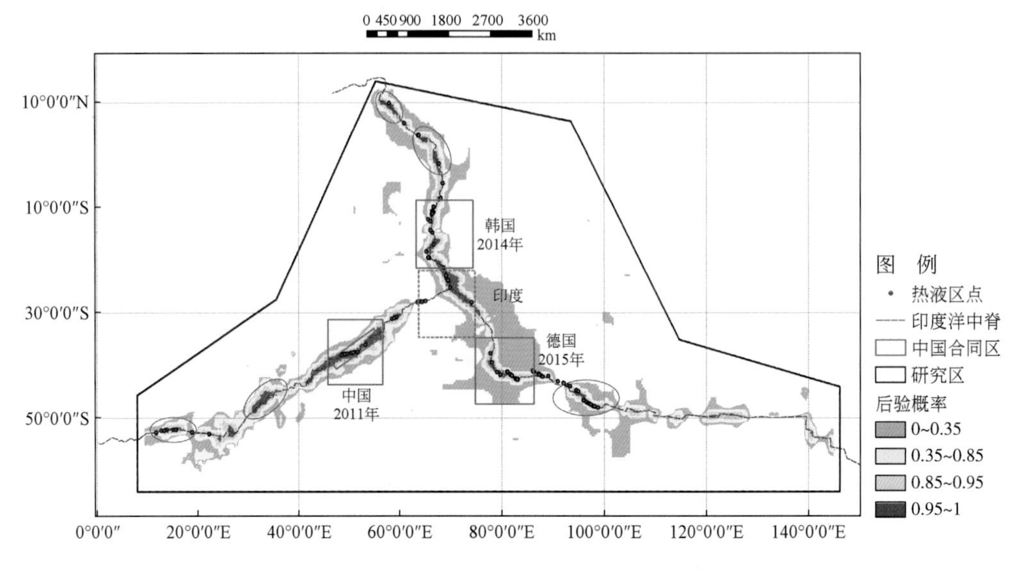

图 7-23　印度洋研究区后验概率及各国合同区位置示意图

第 8 章　远景区海底多金属硫化物找矿靶区定量预测与评价——西南印度洋中脊

西南印度洋中脊属于超慢速扩张洋中脊，现已发现 Mt. Jourdanne 热液区、A 热液区等多个热液区。本章依据建立的海底多金属硫化物资源预测评价流程体系，在第一层次预测结果的基础上，运用证据权法完成第二层次成矿预测。

8.1　西南印度洋研究区概况

西南印度洋中脊（SWIR）整体位于南半球，全长约 8000km，以近南西 - 北东走向分割非洲板块和南极洲板块（图 8-1），其西侧与大西洋中脊（MAR）和美洲 - 南极洲洋中脊（AAR）相交于布韦（Bouvet）三联点（BTJ）（55°S，0°40′W），东侧则与中印度洋中脊（CIR）和东南印度洋中脊（SEIR）相交于罗德里格斯（Rodrigues）三联点（RTJ）（25°30′S，70°E），洋壳厚度为 3.0 ～ 6.0km，扩张速率沿轴向变化较小（为 8.4 ～ 16mm/a），而扩张方向从 N18°E 变化到 N0°E。在 100Ma 前 SWIR 将非洲板块和南极洲板块分离，是全球大洋的一个主要板块边界（Muller *et al.*，1985；Bach *et al.*，2002；Dick *et al.*，2003；张佳政等，2012）。

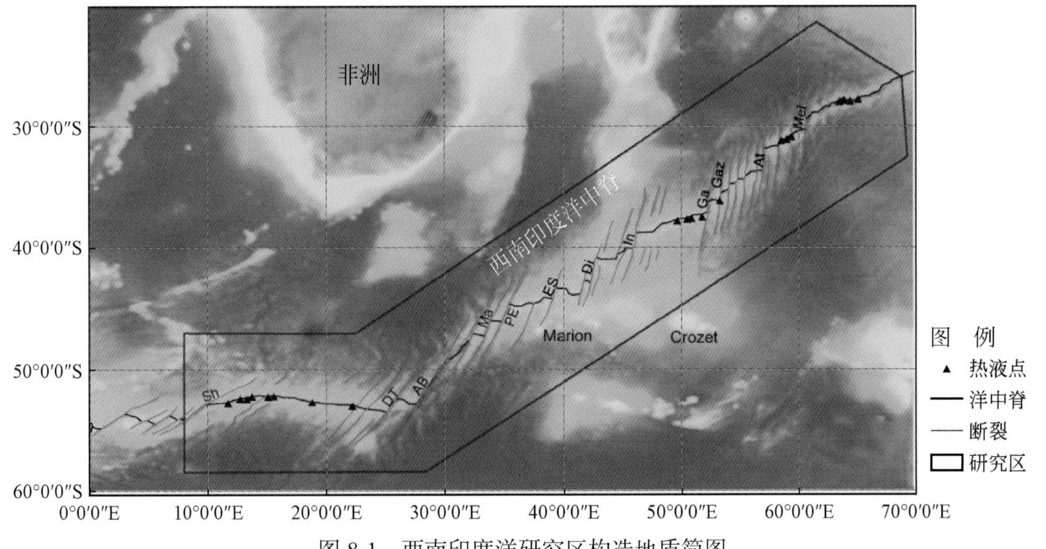

图 8-1　西南印度洋研究区构造地质简图

在SWIR，分布着非岩浆作用扩张洋脊段与岩浆作用扩张洋脊段，轴向裂谷地形及构造环境变化多样，地形起伏较大，轴部水深较深，可达5000m，被一系列南北向转换断层所切割，邻近这些转换断层出露地幔物质——蛇纹石化橄榄岩，在SWIR存在较大断裂的地段还可以采集到辉长岩和玄武岩。在西南印度洋区域内存在着Bouvet、Marion、Crozet、Reunion、Kuguelen及Conrad（不活动）等几个热点（Fujimoto *et al.*，1999；Munch *et al.*，2001；张涛、高金耀，2011）。根据已有的地质和地球物理资料初步判断，该区域局部地段火山和构造活动活跃，具备了热液体系形成所必需的热源和流体流动通道，这为热液活动和块状硫化物的形成提供了有利的条件。西南印度洋研究区内已知的热液喷口25个（表8-1），多集中分布在洋中脊及其附近。

表8-1　西南印度洋研究区已知热液区点

编号	名称	经度	纬度
1	SWIR，Plume 6	65.133°E	27.767°S
2	SWIR，Plume 5	64.45°E	27.917°S
3	Mount Jourdanne	63.9333°E	27.85°S
4	SWIR，63.9°E	63.923°E	27.851°S
5	SWIR，the 63°32′E hydrothermal field	63.53°E	27.95°S
6	SWIR，Plume 3，Segment 16	59.383°E	30.85°S
7	SWIR，Plume 2，Segment 16	58.967°E	31.067°S
8	SWIR，Plume 1，Segment 17	58.5°E	31.183°S
9	SWIR，the 53°15′E hydrothermal field	53.25°E	36.1°S
10	SWIR，the 51°19′E hydrothermal field	51.32°E	37.45°S
11	Landing Stage	50.4°E	37.65°S
12	Longqi hydrothermal field	49.65°E	37.78°S
13	Jade Emperor Mountain	49.27°E	37.93°S
14	near Jade Emperor Mountain，on-axis	49.2166°E	37.8666°S
15	Bai Causeway	48.8°E	37.9°S
16	Su Causeway	48.6°E	38.1°S
17	SWIR，D20	22.188°E	53.02°S
18	SWIR，D9B	18.817°E	52.707°S
19	SWIR，D82	15.583°E	52.208°S
20	SWIR，D62	15.103°E	52.253°S
21	SWIR，D57	13.738°E	52.224°S
22	SWIR，D54	13.312°E	52.437°S
23	SWIR，D50B	12.748°E	52.42°S
24	SWIR，D43	12.526°E	52.645°S
25	SWIR，D36	11.711°E	52.749°S

8.2　远景区信息综合分析与提取

相比于陆上热液多金属硫化物的研究，海底多金属硫化物目前的研究程度较低，可收集的数据资料并不能完全反映热液硫化物的控矿因素和找矿标志。因此，为了预测分析工作的进一步开展，结合收集的数据建立了西南印度洋热液硫化物矿床数据驱动找矿模型（表 8-2），为下一步信息提取及成矿预测奠定基础，使用的主要数据包括西南印度洋中脊热液点资料、水深、扩张速率、重磁异常、断裂构造、地震点分布、洋壳年龄、沉积物厚度等。

表 8-2　西南印度洋中脊海底多金属硫化物数据找矿模型

矿床类型	控矿因素	成矿预测因子	特征变量
海底多金属硫化物矿床	地形信息	水深条件	水深有利区
		坡度条件	坡度有利区
	地球物理信息	重磁异常分析	剩余重力异常
			磁异常解析信号
	地质信息	构造条件	有利构造影响区
			主干构造发育
			构造发育程度
			构造对称特征
		洋壳年龄条件	洋壳年龄有利区
		沉积物条件	沉积物厚度有利区
	其他信息	地震活动	地震点密度分析
		扩张速率	扩张速率有利区

8.2.1　地形信息

地形信息主要包括水深条件和坡度条件，对水深数据进行筛选、网格化形成西南印度洋水深示意图（图 8-2）。在 ArcGIS 软件中对水深数据进行坡度分析，形成西南印度洋坡度示意图（图 8-3）。

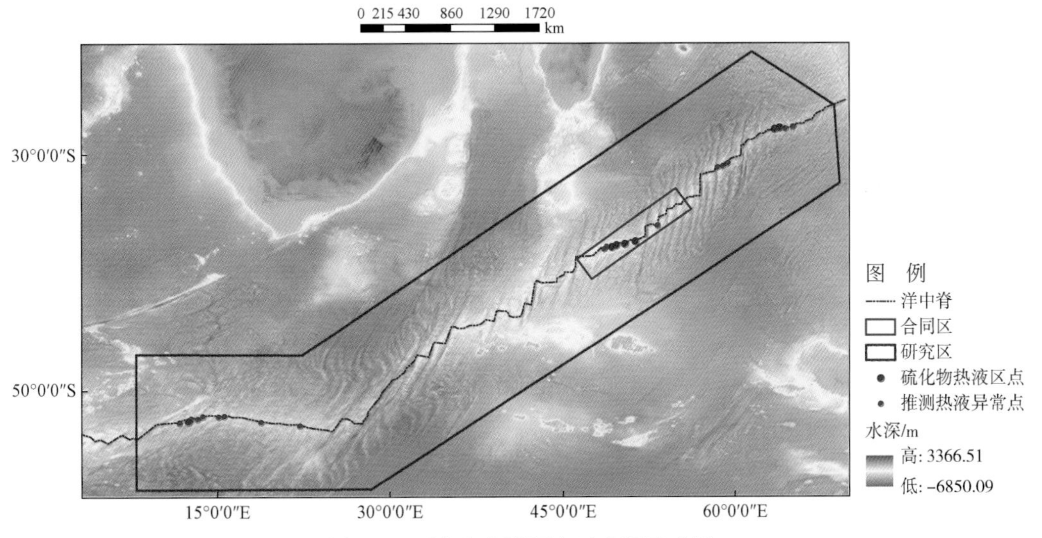

图 8-2　西南印度洋研究区水深示意图

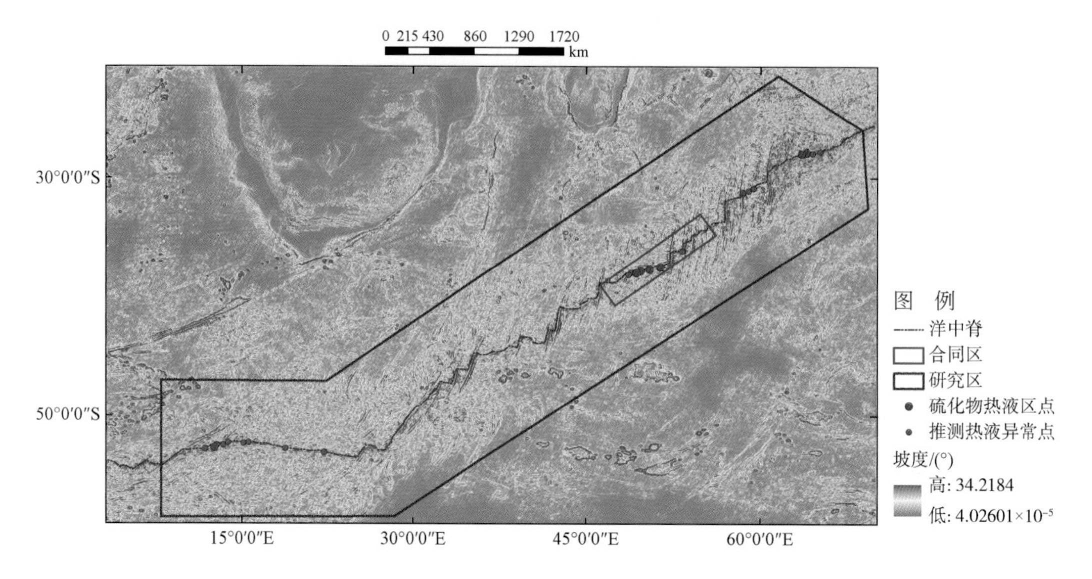

图 8-3　西南印度洋研究区坡度示意图

将西南印度洋研究区水深数据与已知热液区点进行叠加分析（图 8-4），发现热液区集中分布在［–4000，–2000］m 的水深范围内。同理，将西南印度洋研究区坡度数据与已知热液区点进行叠加分析（图 8-5），结果表明热液区点集中分布在［3°，11°］范围内，现代海底热液活动主要分布在海底高地形中的负地形上，因此可以将坡度作为预测要素之一。

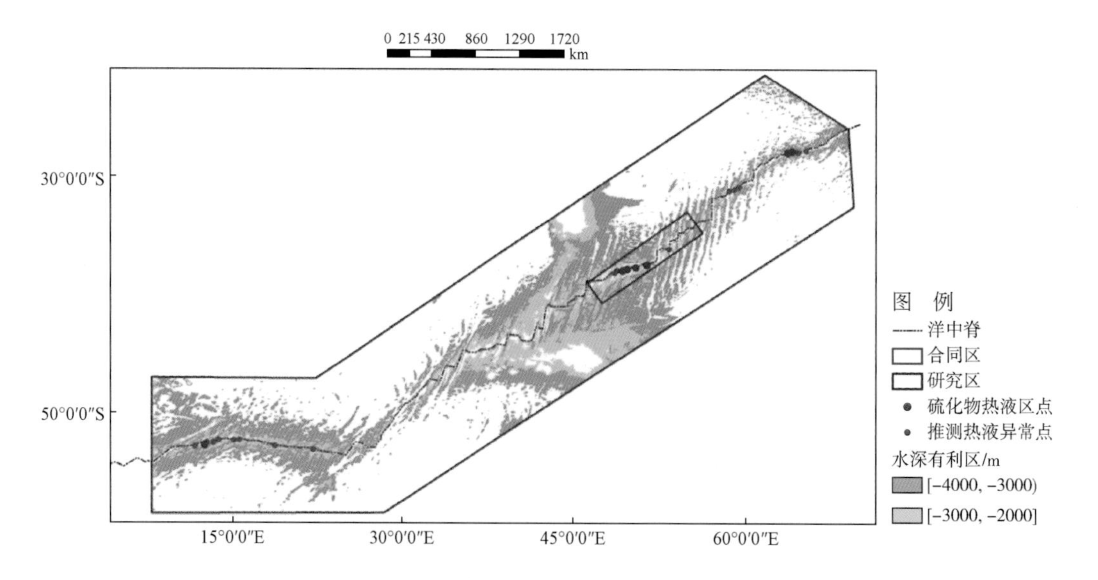

图 8-4　西南印度洋研究区水深有利区

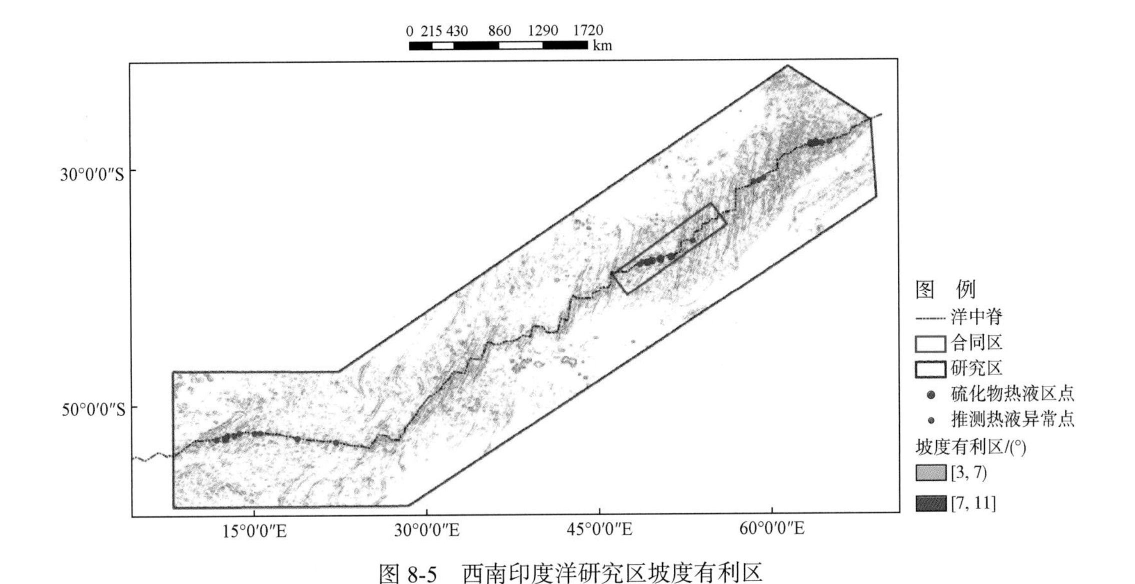

图 8-5 西南印度洋研究区坡度有利区

8.2.2 地球物理信息

1. 重力异常分析

1）研究区重力数据处理

重力资料在深部地质结构的研究中发挥着重要的作用。西南印度洋研究区自由空间重力异常沿洋脊呈条带状分布（图 8-6），异常值为 –76 ～ 220mGal。西南印度洋研究区布格异常如图 8-7 所示，异常值为 –70 ～ 636mGal，可较明显地反映洋脊及相关热点的分布状况。

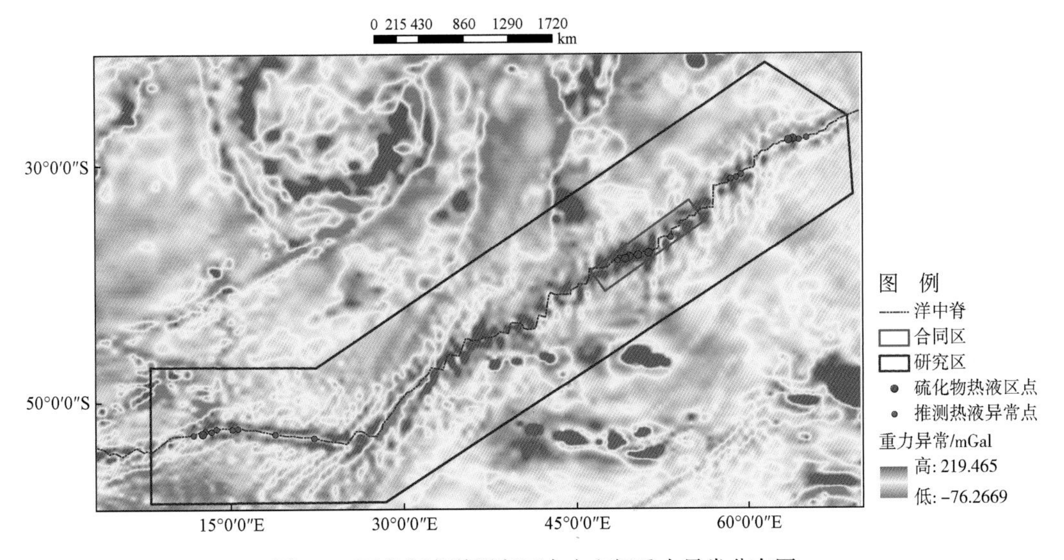

图 8-6 西南印度洋研究区自由空间重力异常分布图

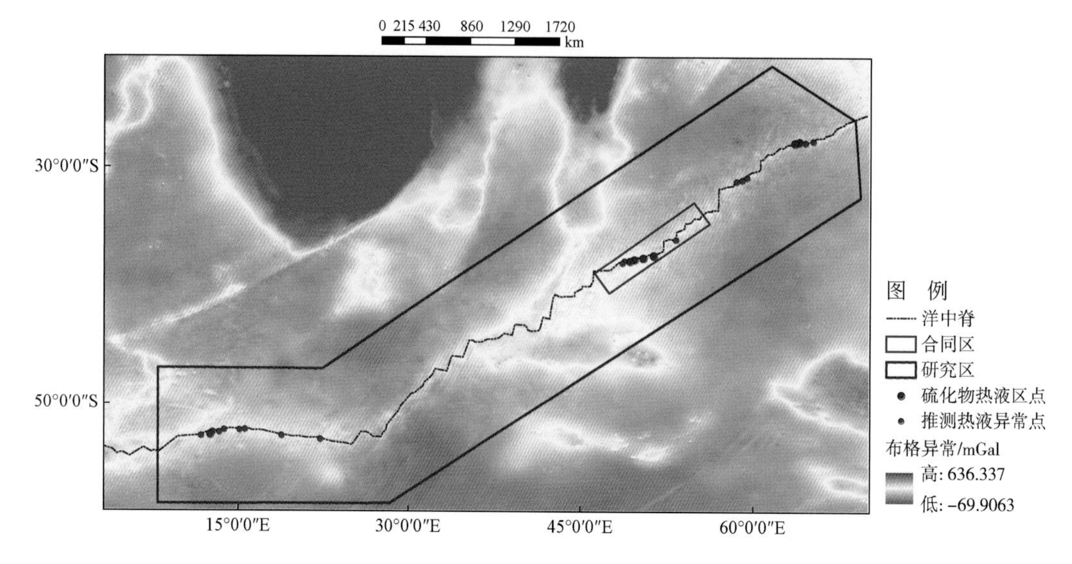

图 8-7　西南印度洋研究区布格异常分布图

运用矩形滑动窗口平均法，对数据进行平滑处理，并在此基础上进行垂向和水平求导（水平方向 0°、45°、90°、135° 导数）处理。

（1）浅部异常分析（垂向一阶导数处理）。对研究区的重力数据进行垂向一阶导数处理。图 8-8 为研究区重力垂向一阶导数等值线图，其高值区与低值区相间出现，沿洋脊形态呈条带状、团块状展布。垂向一阶导数侧重于浅层近地表地质的重力效应而压制深层区域背景场的影响，从而突出浅部地质体引起的局部异常。由图 8-8 可知，引起重力垂向一阶导数异常的密度体多与洋脊断裂及转换断层有关，且受构造格架方向控制。

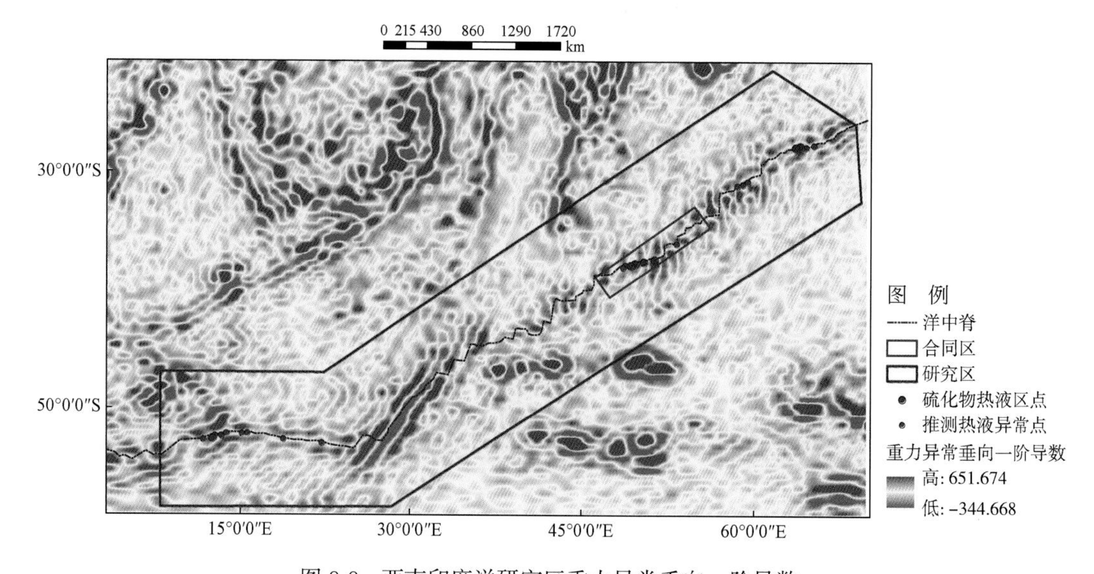

图 8-8　西南印度洋研究区重力异常垂向一阶导数

（2）线性构造分布特征（水平方向导数处理）。对研究区重力数据进行水平方向（0°、45°、90°、135°）导数处理（图8-9），求取水平方向导数的目的是为了突出线性构造在重力场中的反映，确定区内线性构造，突出与之垂直走向线性构造。由原平面四个方向上的水平一阶导数图可以明显看出西南印度洋中脊及周边断裂的展布特征，因此重力四个方向水平一阶导数能够较为有效地推断研究区内的线性构造。

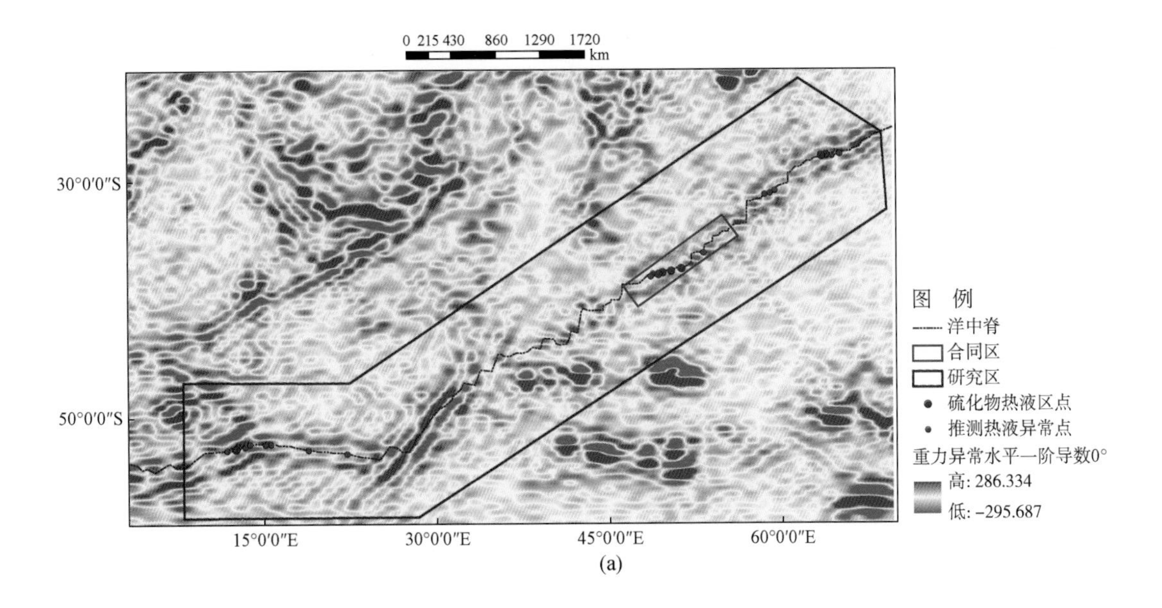

(a)

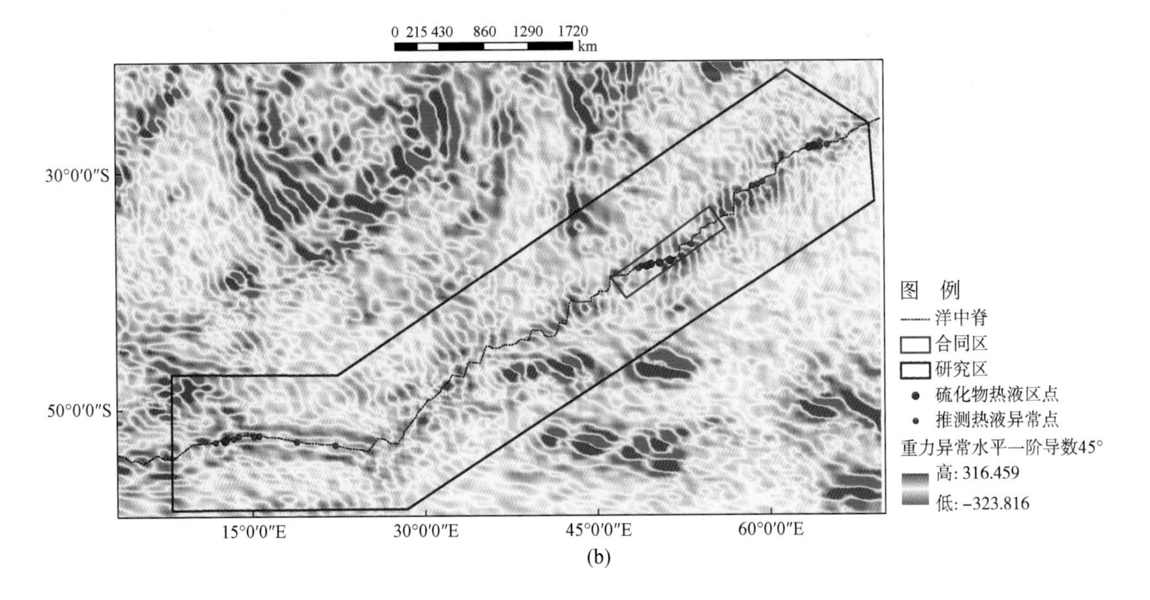

(b)

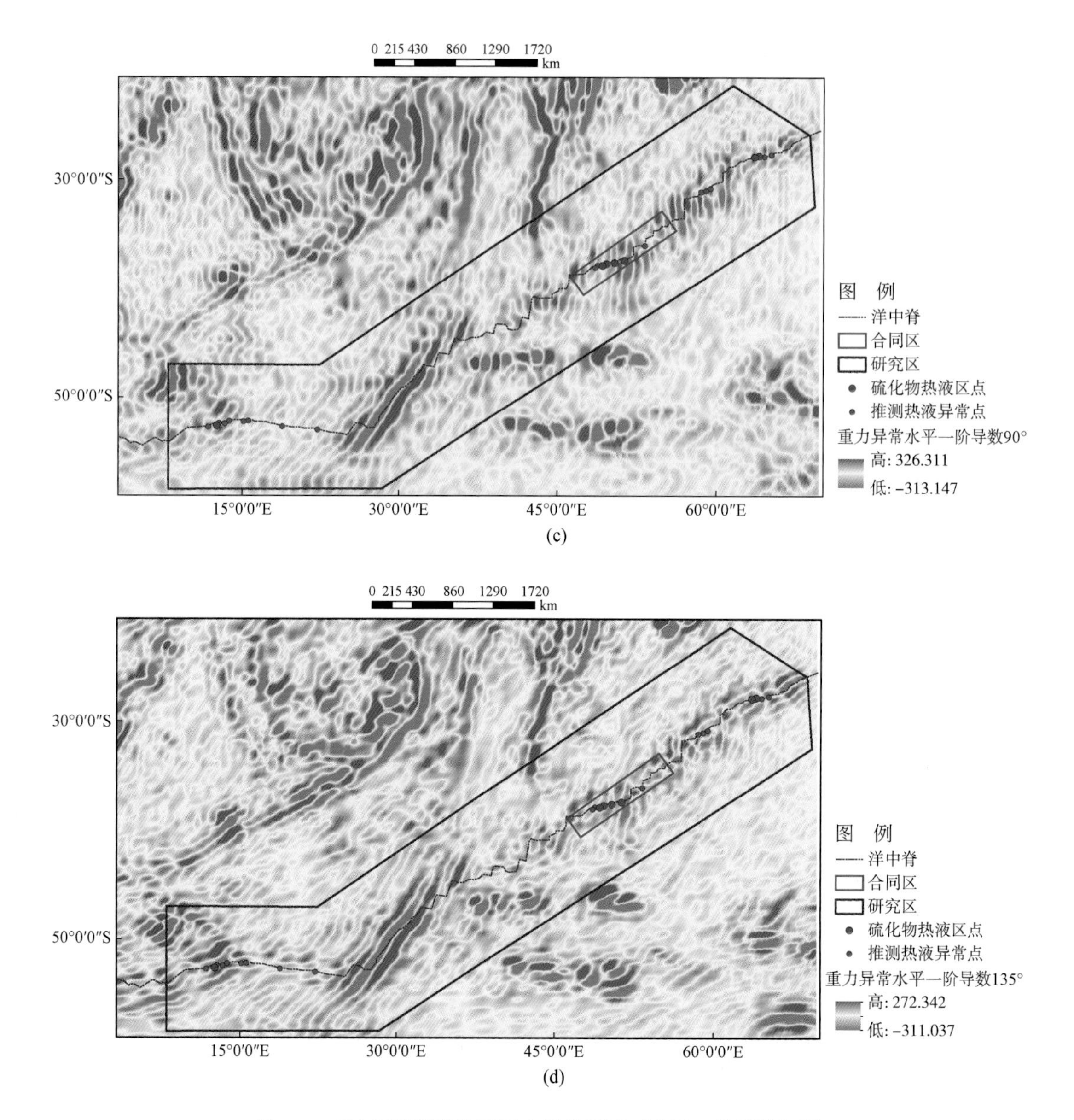

图 8-9　西南印度洋研究区重力异常原平面水平一阶导数组图

（a）水平 0° 一阶导数；（b）水平 45° 一阶导数；（c）水平 90° 一阶导数；（d）水平 135° 一阶导数

（3）局部异常分析（剩余重力异常处理）。

剩余重力异常主要反映局部地质构造或矿体剩余质量造成的影响，是研究局部地质构造和勘探矿产的重要资料。由研究区剩余重力异常图（图 8-10）可以看出，研究区剩余重力异常呈条带状分布，重力高异常区可能反映了洋中脊扩张带及基底玄武岩，重力低异常区可能是基底坳陷、沉积物等的反映。

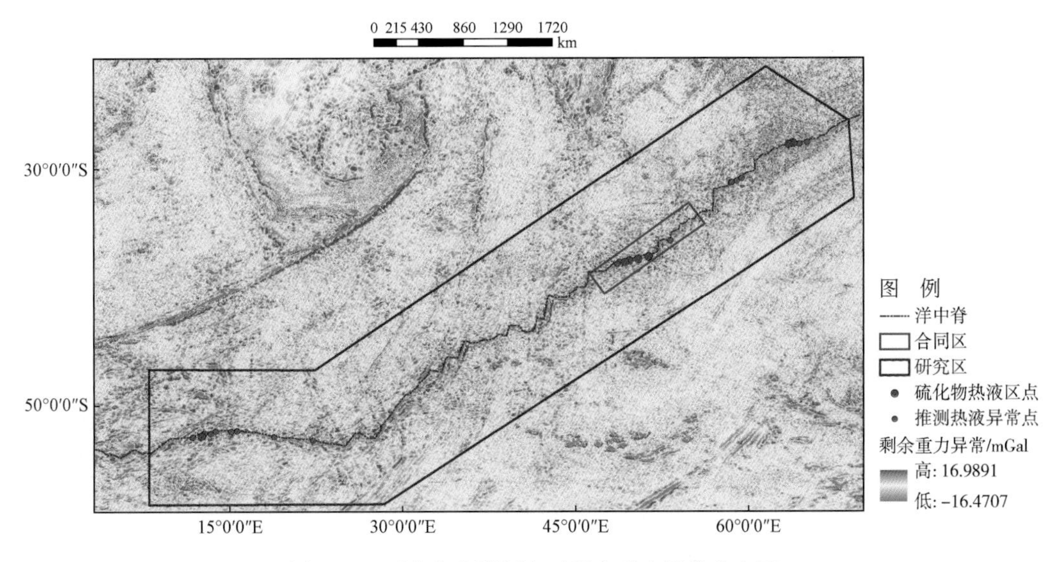

图 8-10 西南印度洋研究区剩余重力异常分布图

2）重力有利信息提取

对研究区剩余重力异常进行成矿有利区间提取分析，发现热液异常点落在较高值区间［0，6］mGal，最终形成剩余重力异常成矿有利区间分布图（图 8-11）。

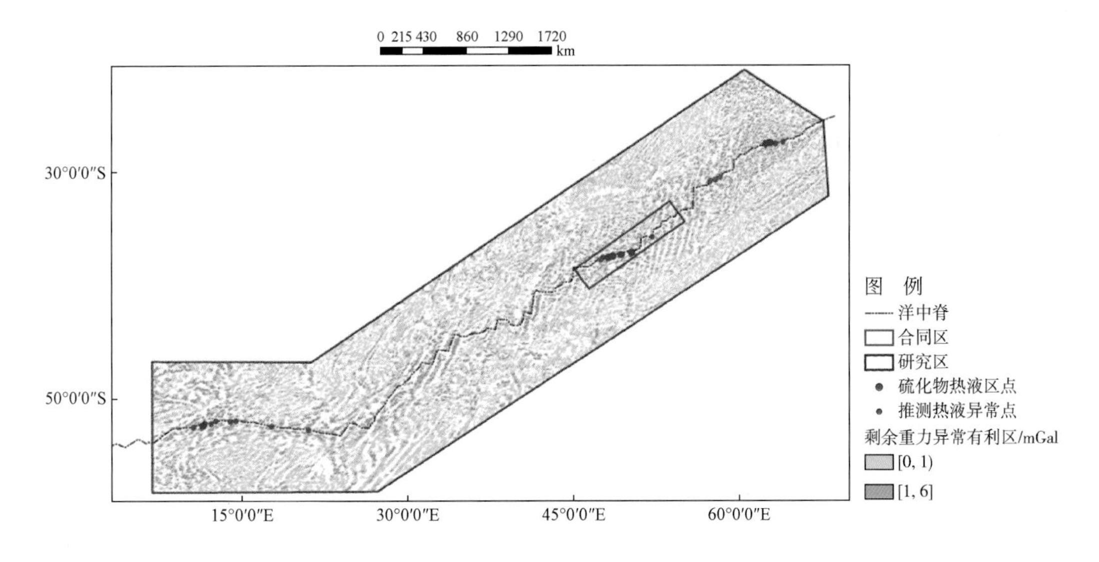

图 8-11 西南印度洋研究区剩余重力异常有利区

2. 磁力异常分析

1）研究区磁力数据处理

磁异常图可以加深对地下构造及地壳成分的认识。对研究区数据进行筛选、网格化得到研究区磁异常分布图（图 8-12）。

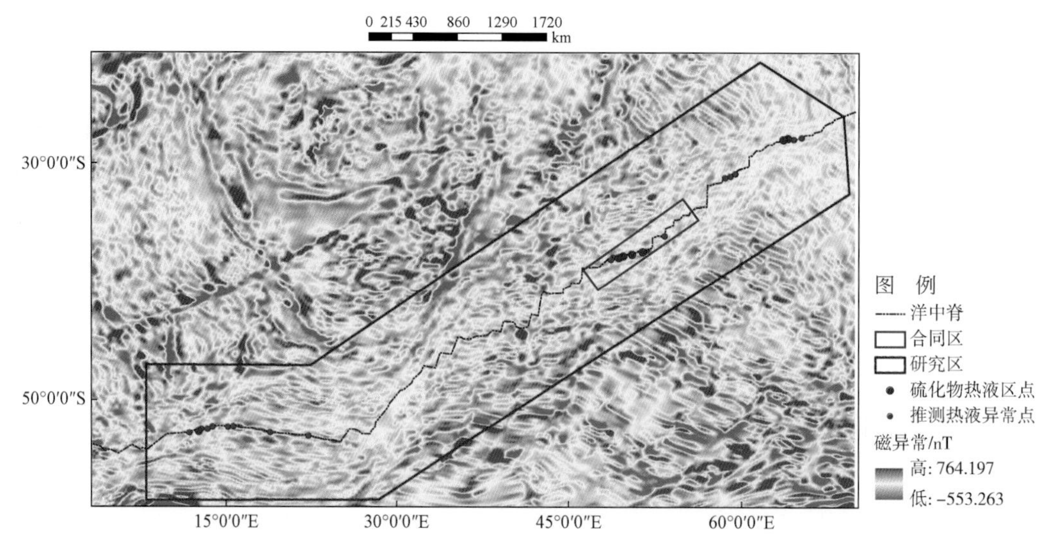

图 8-12　西南印度洋研究区磁异常分布图

研究区磁异常整体沿洋中脊呈长条状分布，这种条带状磁异常是由于洋底岩石磁化方向不同所引起的，是大洋盆地中广泛存在的一种磁异常。这种分布格局与陆上复杂的磁异常分布有着明显的不同。磁异常在西南印度洋中脊区北部以北东向为主，南部以东西向为主，沿大洋中脊轴的两侧对称分布，相互平行，正负相间，异常值为 −553 ～ 764nT。对磁异常数据进行处理，形成磁异常解析信号图（图 8-13）。

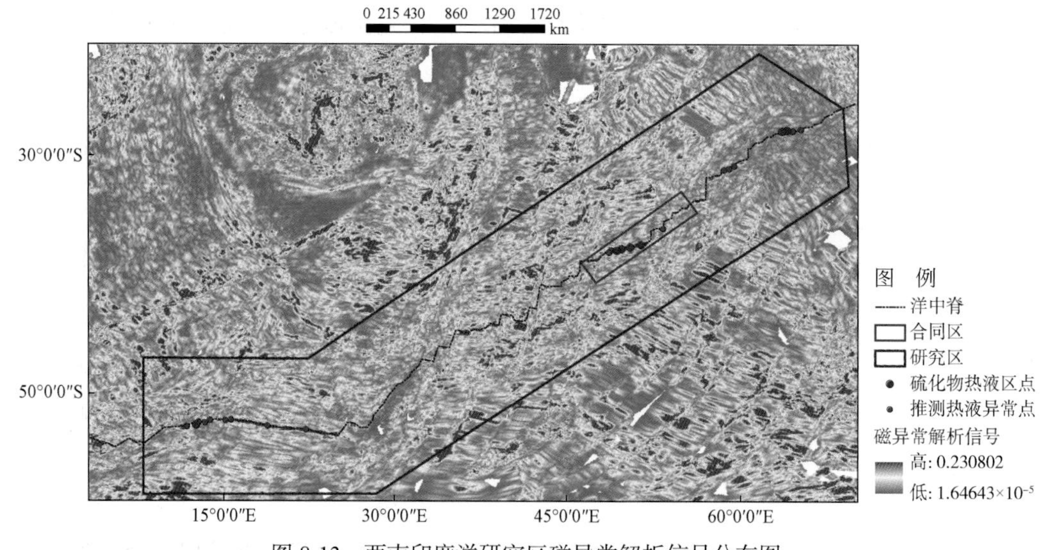

图 8-13　西南印度洋研究区磁异常解析信号分布图

2）磁力有利信息提取

磁异常解析信号提取有利信息与重力剩余异常提取方法类似。将磁异常解析信号与已知热液区点进行叠加分析，有利区间为［0.01，0.06］（图 8-14）。

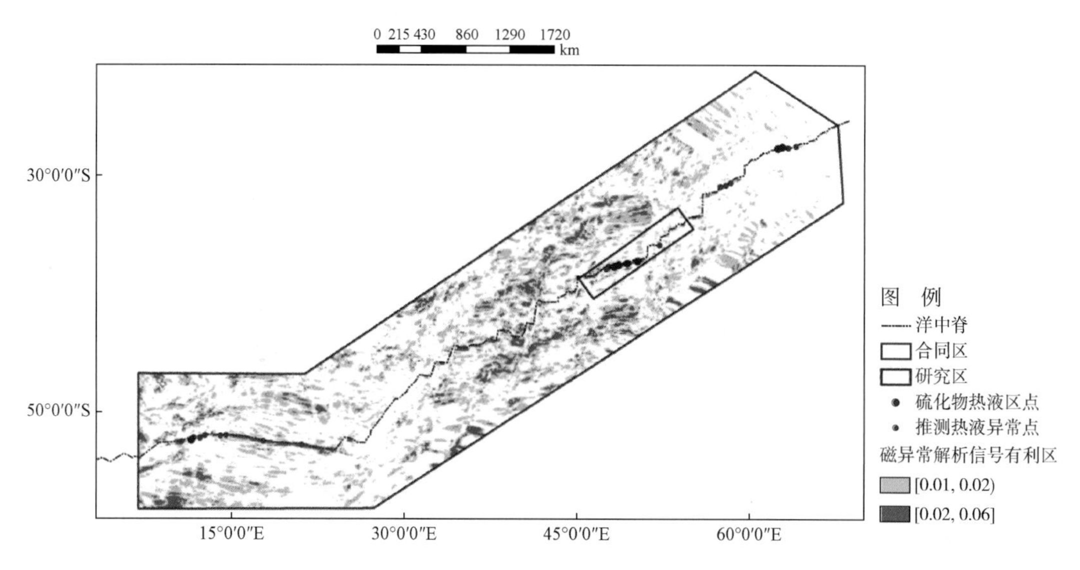

图 8-14　西南印度洋研究区磁异常解析信号有利区

8.2.3　地质信息

海底火山块状硫化物矿床与海底火山、火山通道、断裂构造等密切相关，因此，地质信息主要包括构造、洋壳年龄及沉积物。

1. 构造

成矿构造信息提取主要包括两个方面，第一是直接提取控制成矿作用的构造；第二是从构造线中提取地质异常变量，包括断裂等密度、构造优益度、中心对称度等，这些地质异常反映了一定地质体的空间分布特征。

1）构造解译分析

断裂构造数据来自收集的文献图片矢量化，以及水深、重磁数据的解译。从理论上讲，重磁水平一阶导数的极值轴是不同地质体或者密度体之间分界线的一种反映，可确定区内线性构造，突出与之垂直走向线性构造。因此根据西南印度洋研究区重磁方向导数，结合文献资料推断解译了区内的线性构造（图 8-15）。

2）有利构造影响区（缓冲区分析）

断裂系统是海水下渗对流、热液与基底玄武岩发生物质交换、交代、萃取等作用，以及热液运移、喷出的良好通道，对成矿起着至关重要的作用。对断裂构造进行缓冲区处理并统计分析（表 8-3），确定 13km 缓冲区（图 8-16）为预测要素之一，已知的热液点有 88%落在 13km 缓冲区内。

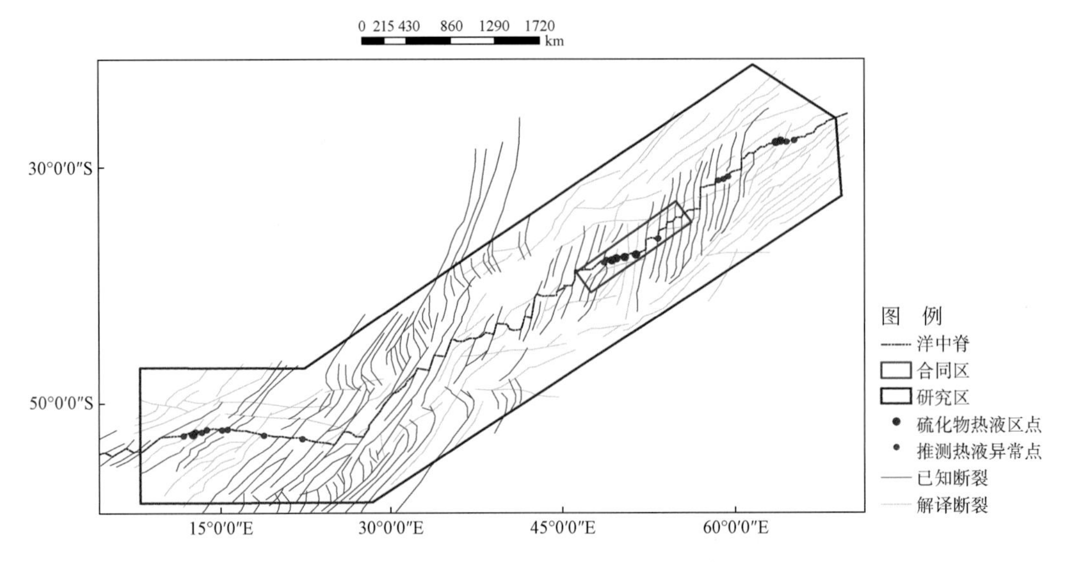

图 8-15　西南印度洋研究区重磁推断线性构造图

表 8-3　西南印度洋研究区构造缓冲区统计

缓冲区 /km	缓冲区内包含已知热液点百分比 /%
10	72
11	76
12	80
13	88
14	88
15	88

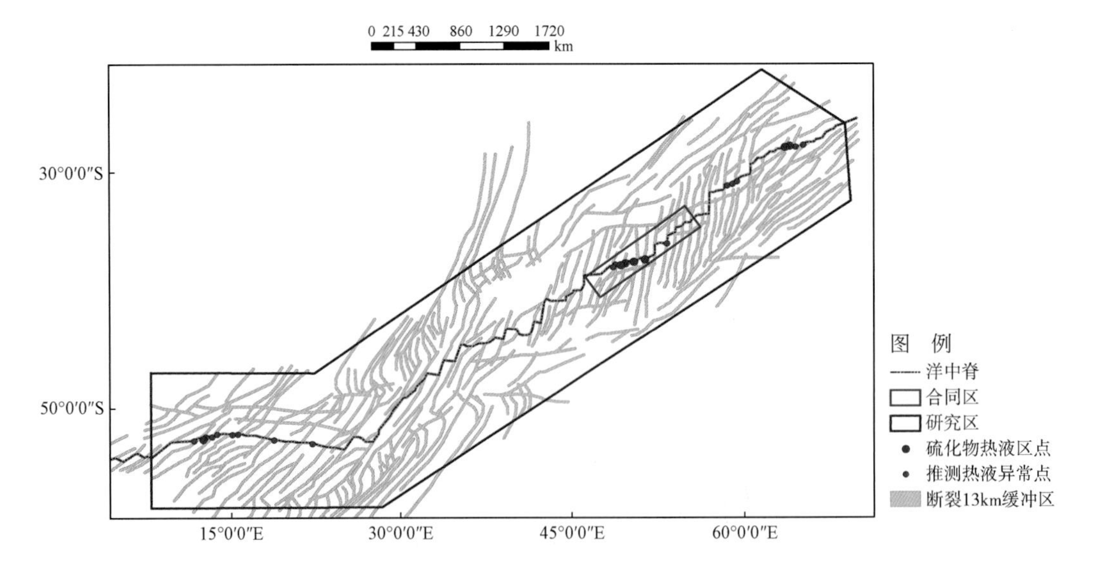

图 8-16　西南印度洋研究区断裂 13km 缓冲区

3）构造发育程度（断裂等密度）

断裂等密度是单位面积中断裂长度的加和，反映了线性构造的复杂程度和发育程度。因此，断裂等密度的分析可以从另一个角度来反映热液成矿作用的可能性。图 8-17 是已知热液区与断裂等密度的统计分析，可以看出中间值［0.45，0.9］为区域断裂等密度的有利区间（图 8-18）。

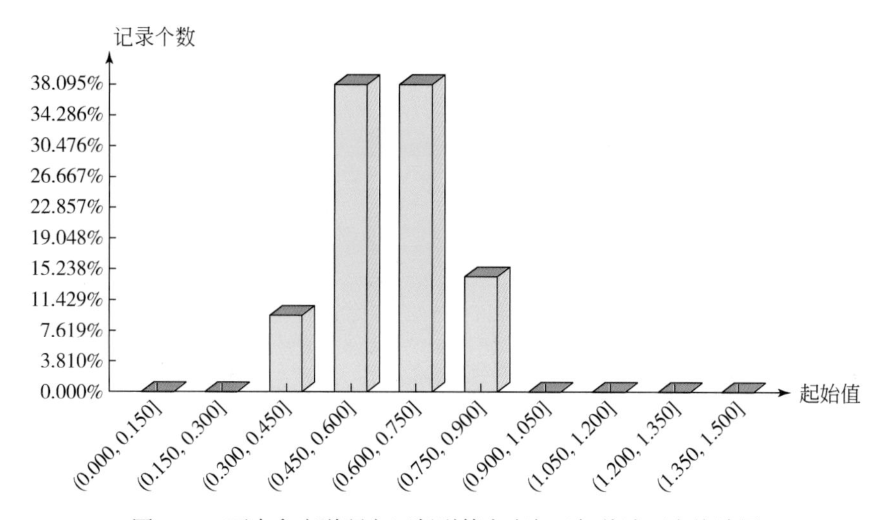

图 8-17　西南印度洋研究区断裂等密度与已知热液区点统计图

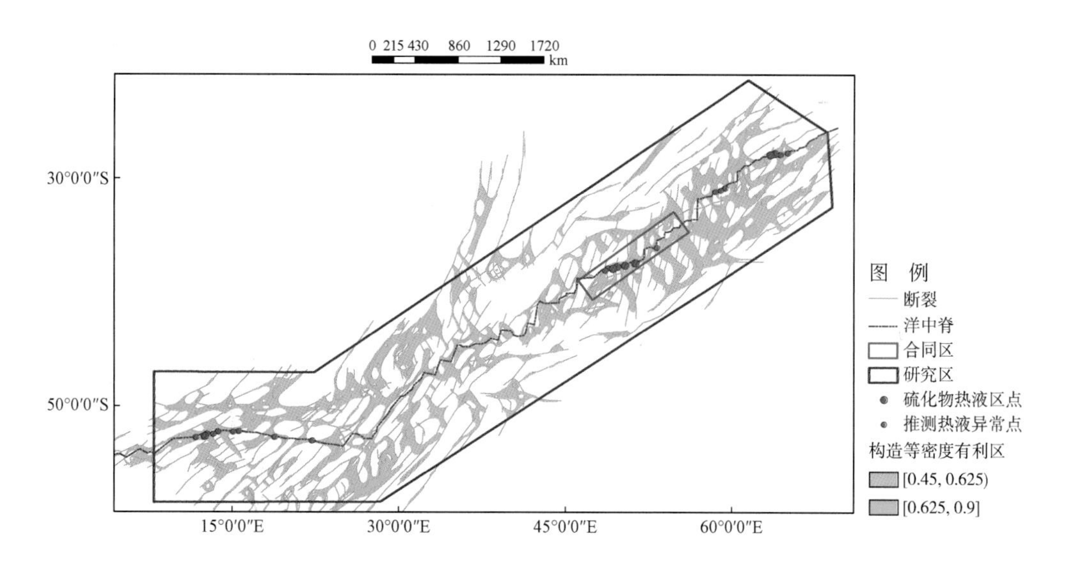

图 8-18　西南印度洋研究区断裂等密度有利区

4）主干构造发育（构造优益度）

构造优益度是指线性构造方位，以及两两之间夹角的控矿程度加权的构造密度的度量。代表了主干构造方向成矿的优越性。经热液区点与优益度叠加统计分析（图 8-19），表明大部分的热液区点位于较高值［1.2，2.4］区间内（图 8-20）。

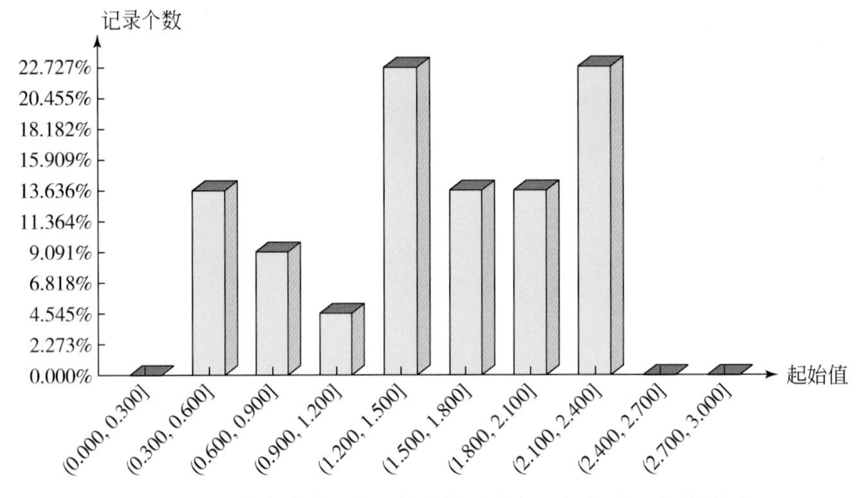

图 8-19　西南印度洋研究区构造优益度与已知热液区点统计图

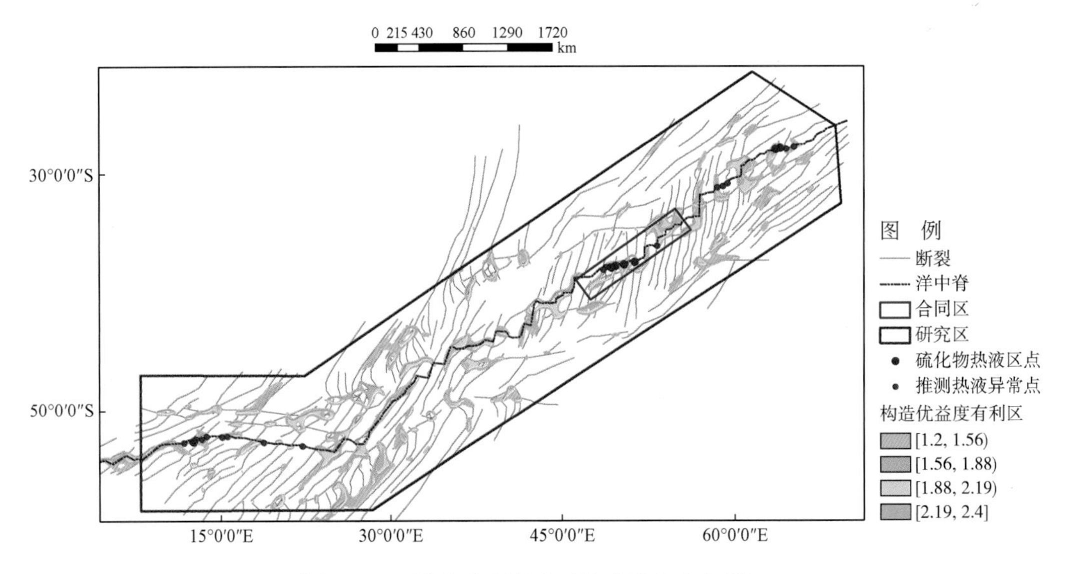

图 8-20　西南印度洋研究区构造优益度有利区

5）构造对称特征（构造中心对称度）

构造中心对称度代表了构造对称的特征，在实际地质情况中，造成构造对称性分布的地质现象主要有地壳运动、基底岩浆上涌侵位等，因此构造中心对称度对上述地质作用有较好的描述作用。从大洋实际情况出发，该参数可以用来描述热液流体沿断裂上涌从热液喷口喷出所造成的对称特征等，中心对称度范围较小，因此选取大于 0 的区间作为异常区间（图 8-21）。

2. 洋壳年龄

洋壳年龄数据每个网格节点的值是由扩张方向上相邻洋底等时线作线性内插得到，最古老磁异常和陆壳间的洋底年龄由被动大陆边缘区段的年龄推测内插得到，数据范围包括各大洋。对数据进行筛选处理最后生成研究区洋壳年龄示意图（图 8-22）。

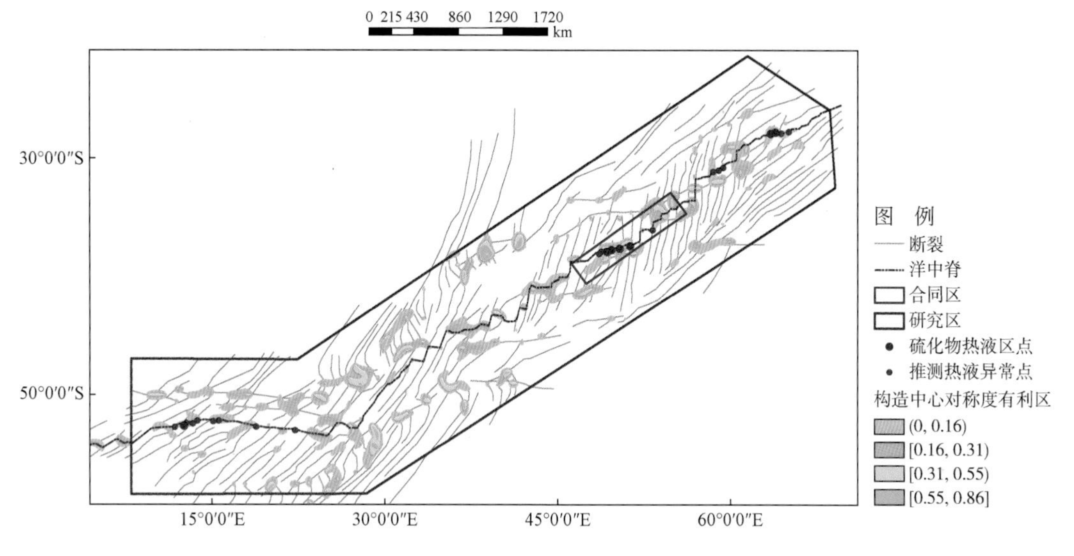

图 8-21　西南印度洋研究区构造中心对称度有利区

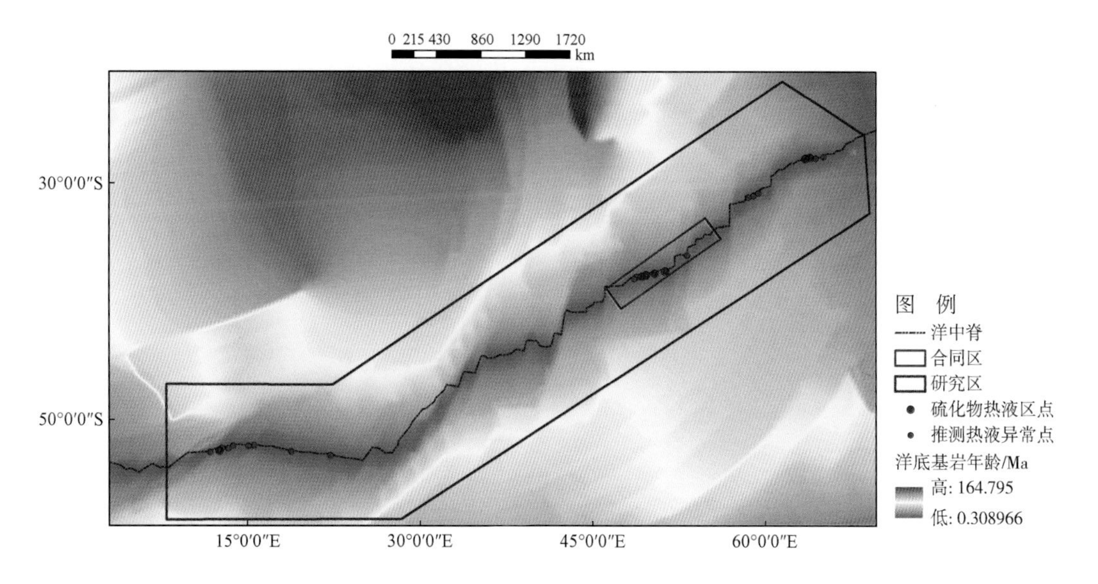

图 8-22　西南印度洋研究区洋壳年龄示意图

海底热液活动及其成矿作用与大洋板块的构造演化相关，通过统计不同历史时期含金属沉积物在层间的出现频率，表明印度洋在更新世、上新世及始新世表现较强的热液活动（杨耀民等，2007），然而较老时期的热液活动易被厚层沉积物覆盖，不利于找矿，因此选取［0，5.1］Ma 作为洋壳年龄的有利区间（图 8-23）。

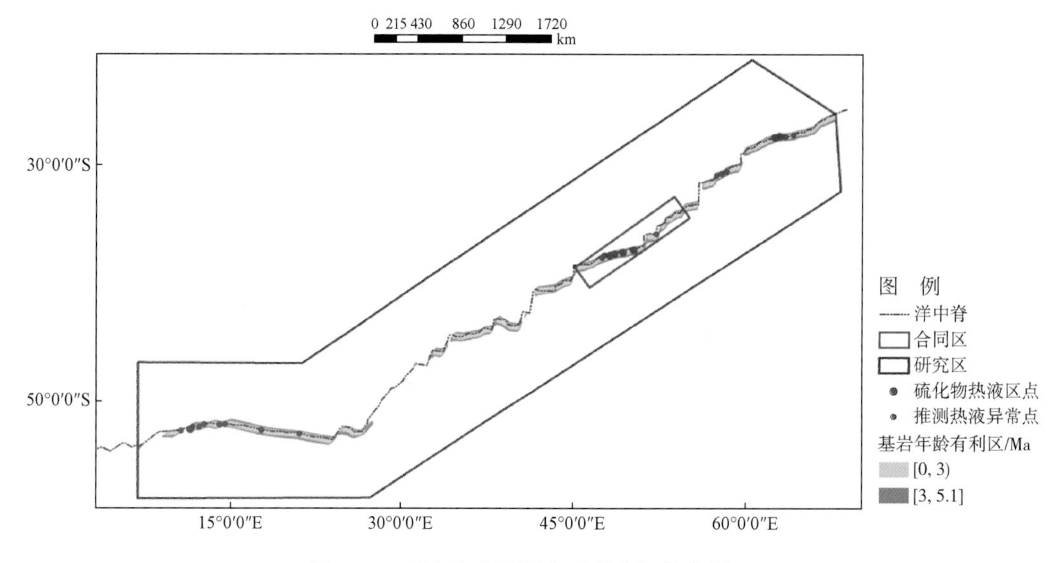

图 8-23　西南印度洋研究区洋壳年龄有利区

3. 沉积物

深海钻探调查表明，大洋中脊有无沉积物覆盖是造成热液硫化物类型存在差异的主要原因。有沉积物覆盖的洋中脊，沉积物为海底热液成矿提供了部分甚至主要物质来源。对沉积物数据进行筛选、网格化形成西南印度洋沉积物厚度分布图（图 8-24）。将沉积物厚度数据与已知热液区点进行叠加分析，结果表明大部分的热液区点位于［8，38］m区间内（图 8-25），这也是研究区内沉积物最薄的区域。

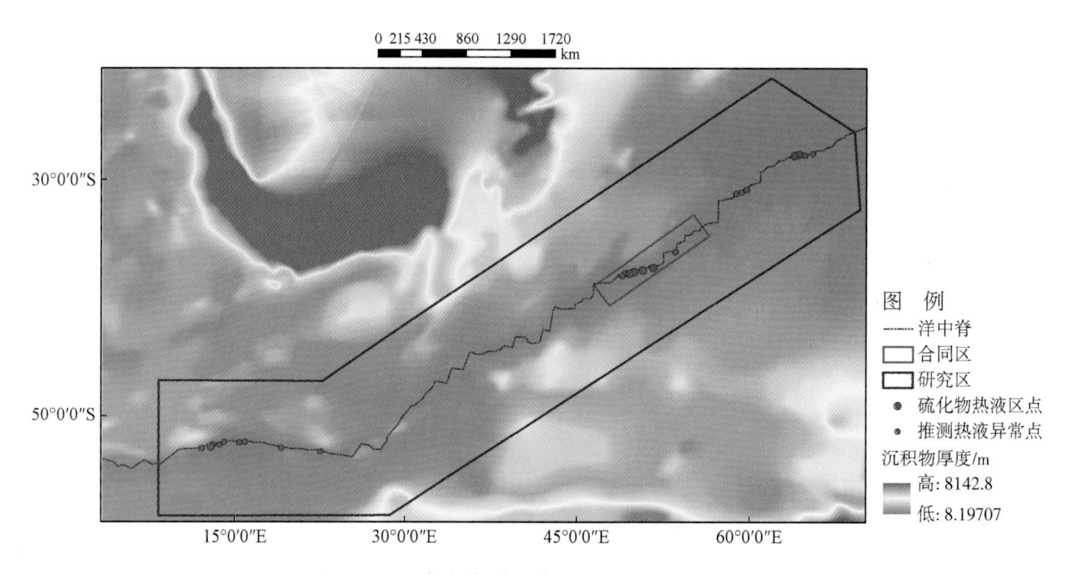

图 8-24　西南印度洋研究区沉积物厚度示意图

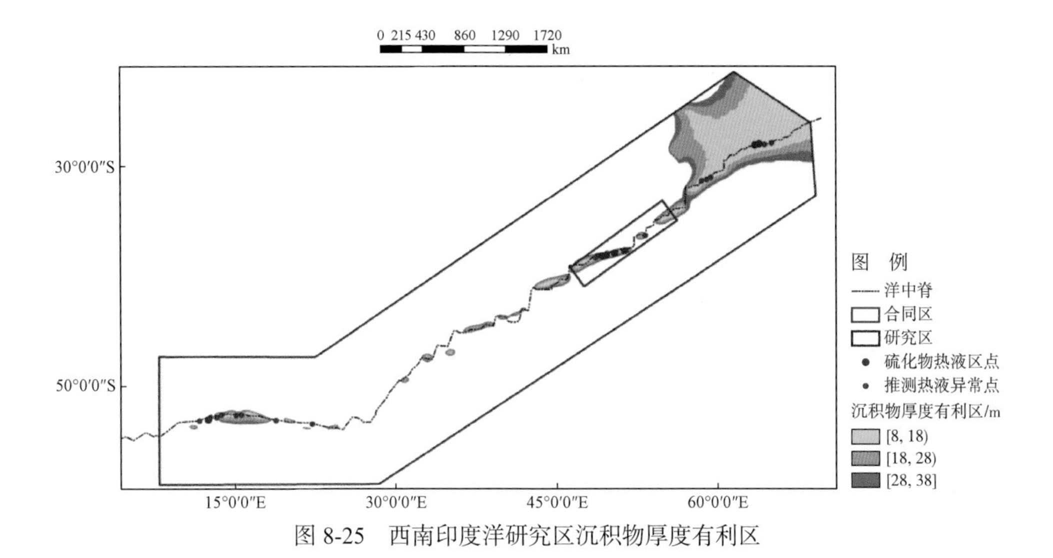

图 8-25　西南印度洋研究区沉积物厚度有利区

8.2.4　其他信息

其他信息主要包括地震点分布特征及扩张速率的大小。

1. 地震点

海底的地震活动与区域的地壳活动息息相关，指示区域上的断裂构造或岩浆活动，间接反映了热液硫化物成矿的可能性。海底地震中心点监测资料数据格式为 .xls，为 1950 ～ 2013 年大于 5 级的地震监测数据。对数据进行筛选处理最后生成研究区 5 级以上地震点分布图（图 8-26）。对地震点数据进行点密度处理，然后叠加热液活动区进行分析（图 8-27），发现点密度区间［2.3，4.3］集中了绝大部分的热液活动区。因此可以将密度区间作为成矿有利预测因子。

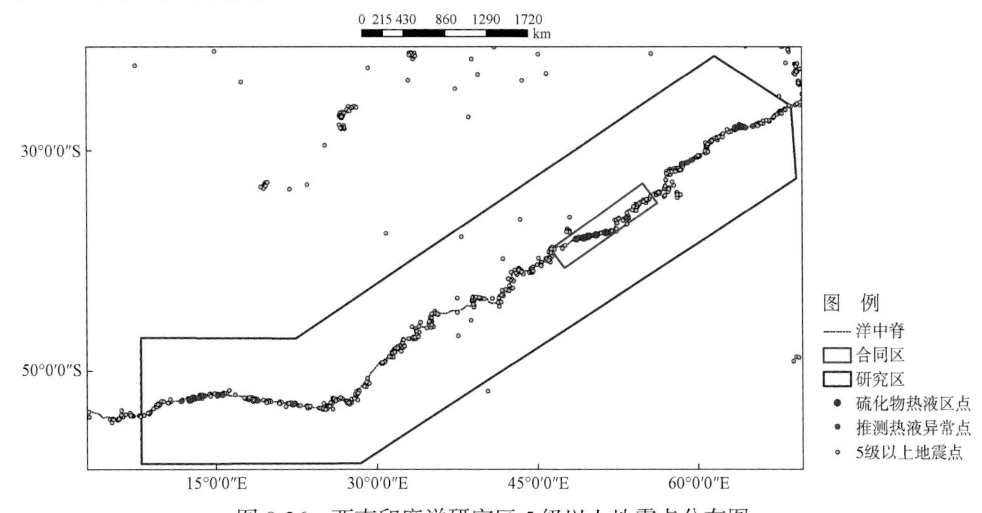

图 8-26　西南印度洋研究区 5 级以上地震点分布图

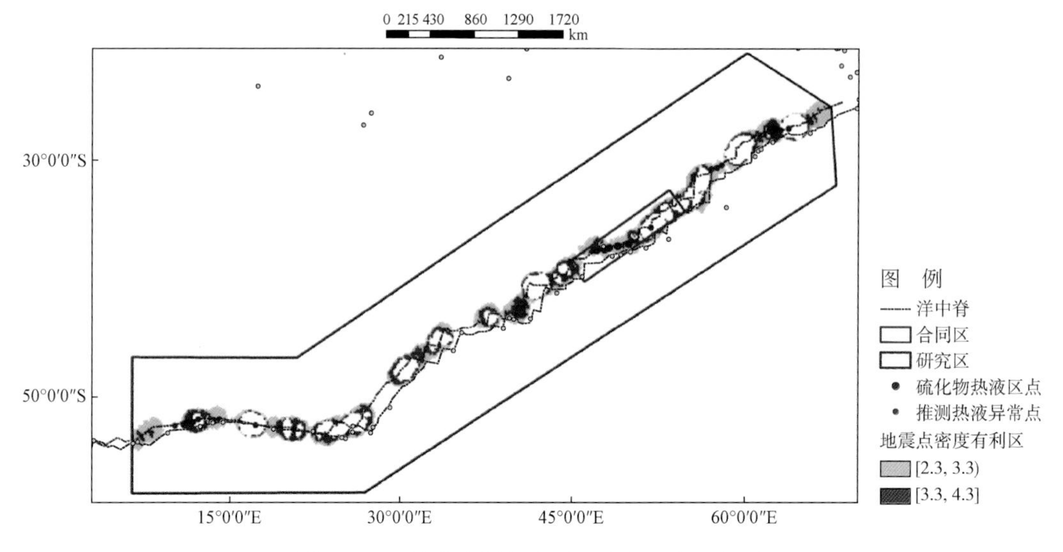

图 8-27　西南印度洋研究区地震点密度有利区

2. 扩张速率

调查研究发现不同扩张速率洋中脊构造环境具有明显不同的深部岩浆活动、断裂构造等特征，热液活动及硫化物物质成分也存在明显的差异。

北大西洋 TAG 热液区的发现表明超慢速扩张洋中脊可以发育大型的热液系统，由于发现的硫化物产物多位于离轴区域，稳定的基底可以使热液流体保持上千年的上升状态，从而形成大型热液硫化物丘。对扩张速率数据进行筛选、网格化形成西南印度洋扩张速率分布图（图 8-28）。将扩张速率数据与已知的热液区点叠加统计分析发现［5，9］mm/a 区间内包含大部分的已知热液点（图 8-29）。

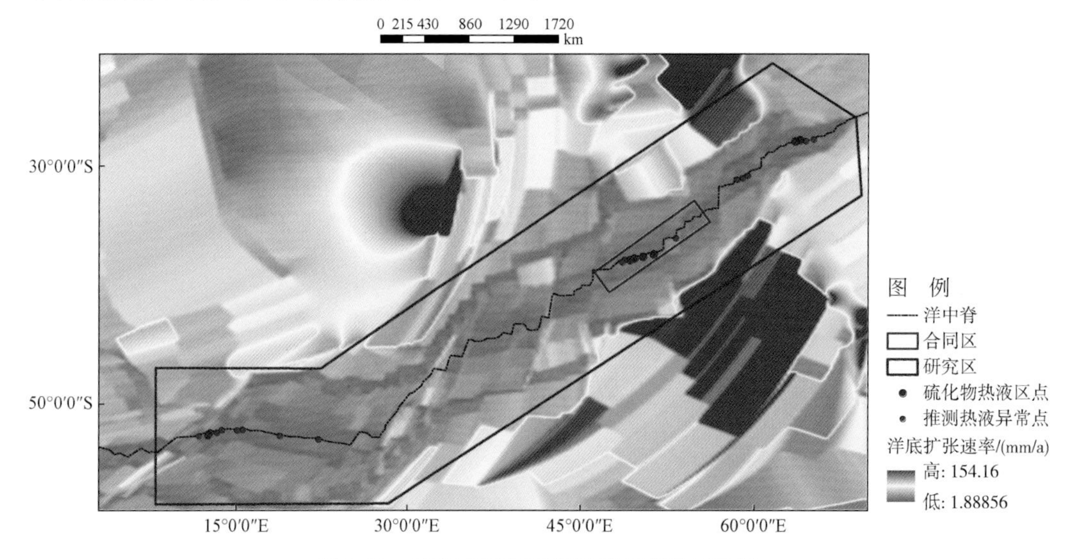

图 8-28　西南印度洋研究区扩张速率示意图

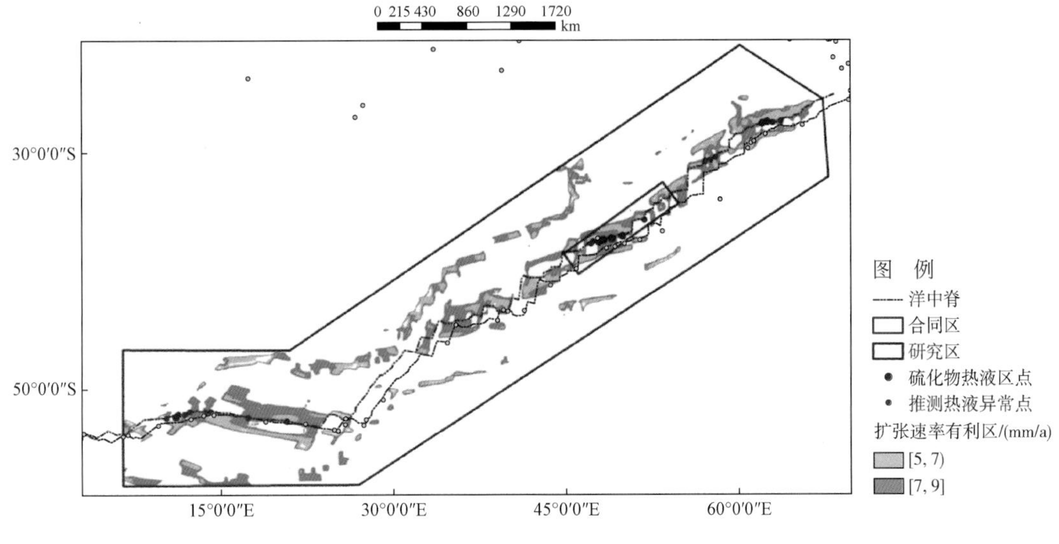

图 8-29　西南印度洋研究区扩张速率有利区

8.3　远景区海底多金属硫化物资源成矿预测

8.3.1　找矿预测模型

根据对研究区数据找矿模型的分析及有利成矿信息的提取，并结合实际情况，建立了表 8-4 的海底多金属硫化物找矿预测模型。

表 8-4　西南印度洋中脊海底多金属硫化物找矿预测模型

控矿因素	成矿预测因子		特征变量	特征值
地形信息	水深条件		水深有利区	[−4000，−2000]m
	坡度条件		坡度有利区	[3°，11°]
地质信息	构造条件	有利构造影响区	构造缓冲区	13km 缓冲区
		主干构造发育	优益度有利区	[1.2，2.4]
		构造发育程度	等密度有利区	[0.45，0.9]
		构造对称特征	中心对称度有利区	大于 0
	洋壳年龄条件		洋壳年龄有利区	[0，5.1]Ma
	沉积物条件		沉积物厚度有利区	[8，38]m
地球物理信息	重磁异常分析		剩余重力异常	[0，6]mGal
			磁异常解析信号	[0.01，0.06]
其他信息	地震活动		地震点密度分析	[2.3，4.3]
	扩张速率		扩张速率有利区	[5，9]mm/a

8.3.2　远景区硫化物资源预测

对西南印度洋热液硫化物的成矿预测采用二维证据权法，计算出各找矿标志的权重值，以此来定量评价各找矿标志对指导找矿的作用，然后计算每个单元中的后验概率值，其大小反映了该单元相对的找矿意义，用以评价找矿远景区进行预测（Ren *et al.*，2016a，2016b）。通过计算得到各个预测单元的后验概率值，按照后验概率相对大小分级赋色，得到研究区海底热液多金属硫化物矿床的后验概率网格图。

层次二预测按照 35km × 35km 对整个研究区进行网格单元划分，然后计算每个预测因子的证据权重值（表 8-5）。

表 8-5　西南印度洋脊研究区海底多金属硫化物预测因子权值表

证据因子类型	证据因子	正权重值（W^+）	负权重值（W^-）	综合权值
地形条件	水深有利区	1.3035	0	1.3035
	坡度有利区	1.021234	0	1.021234
地质条件	断裂 13km 缓冲区	0.878976	0	0.878976
	等密度有利区	1.371617	0	1.371617
	优益度有利区	1.990788	−2.171417	4.162205
	中心对称度有利区	2.147551	−2.191549	4.3391
	洋壳年龄有利区	2.52479	0	2.52479
	沉积物厚度有利区	2.122848	−1.508786	3.631634
地球物理条件	剩余重力异常	0.785888	0	0.785888
	磁异常解析信号	0.973781	−1.509979	2.48376
其他条件	地震点密度有利区	2.044563	−1.780562	3.825125
	扩张速率有利区	1.763393	0	1.763393

从表 8-5 可以看出构造优益度及中心对称度的权值都在 4 以上，与已知热液区点关系密切，证明了断裂系统是热液活动的重要控矿要素之一；磁异常解析信号的权值接近 2.5，表明了地球物理信息能良好地反映海底多金属硫化物，是重要的找矿标志；地震点密度的权值也非常高，大于 3.5，说明了地震发生频率与热液硫化物成矿具有间接相关性。

对 12 个证据层进行条件独立性检验，在显著性水平为 0.05 的情况下，所有因子满足条件独立性。证据权法的预测评价结果是一个成矿后验概率图，其值为 0 ～ 1，后验概率值的大小对应成矿概率的大小。通过后验概率值与热液区点的叠合率大小和所取后验概率下限值以上的范围大小来综合考虑（图 8-30），当后验概率值为 0.8 时，叠合率趋于稳定，因此确定预测阈值为 0.8。

在确定了整个预测评价范围内的临界值之后，图中后验概率大于临界值的地区即为预测的找矿远景区。按照后验概率相对大小分级赋色，得到研究区海底热液多金属硫化物矿床的后验概率图（图 8-31）。

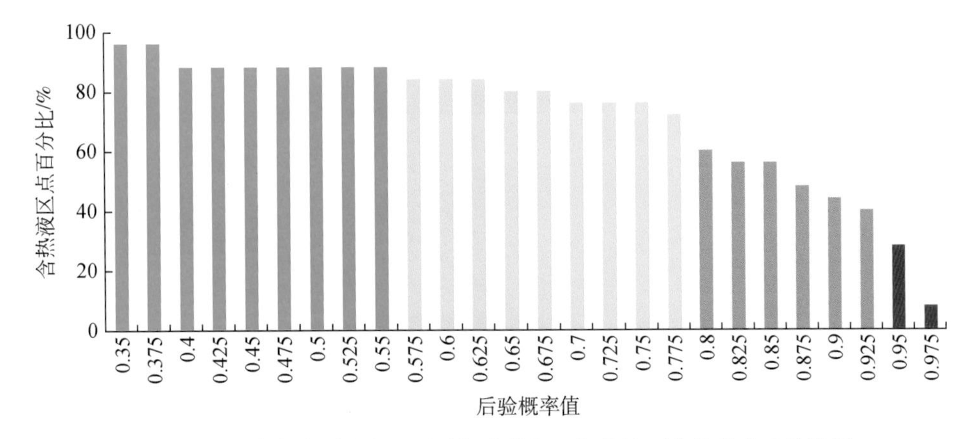

图 8-30　西南印度洋研究区后验概率值与已知热液区点的叠合率统计图

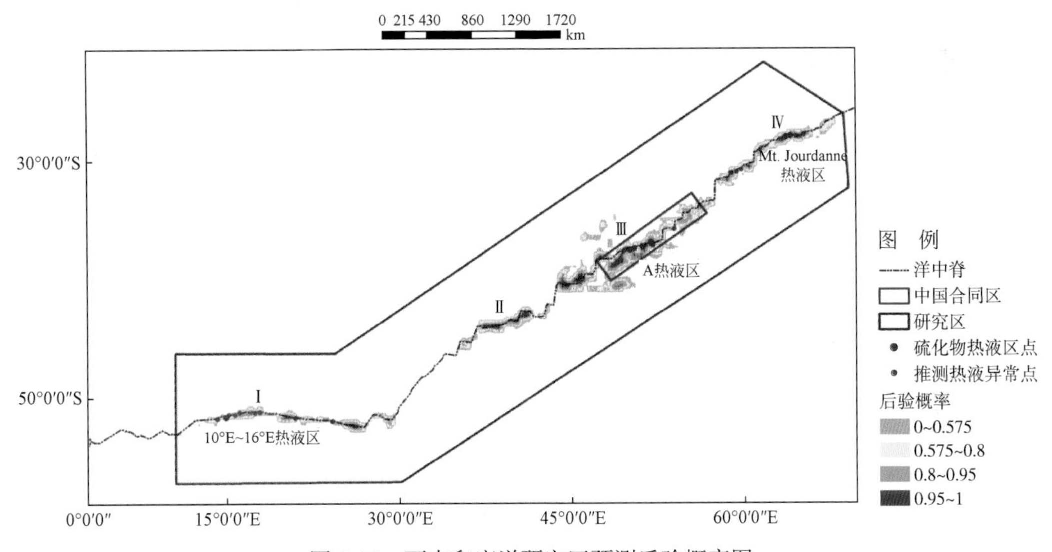

图 8-31　西南印度洋研究区预测后验概率图

8.3.3　靶区预测评价

根据后验概率图在西南印度洋区域确定找矿靶区四处（图 8-31），已知 SWIR 的 Mt.Jourdanne、A 热液区及 10°E ～ 16°E 等热液区都在预测高值区及其附近，预测结果具有较高可信度。其中合同区位于靶区Ⅲ，后验概率较高，成矿远景较好。由图 8-32 可知，中国发现的热液区以及申请的硫化物区块绝大部分位于后验概率高值区。

以后验概率值 0.8 为阈值圈定中国硫化物合同区内靶区区块，并依据后验概率值的大小对圈定的区块进行分级（图 8-33）。共圈定区块 65 块，其中一级靶区 23 块，后验概率值在 0.9 以上，占圈定区块的 35.4%，占总区块的 23%，包含合同区内已知热液区点 4 个，成矿潜力较大，找矿前景较好，建议可以优先进行调查；二级靶区 42 块，后验概率值为 0.8 ～ 0.9，占圈定区块的 64.6%，占总区块的 42%，包含合同区内已知热液区点 3 个，建议可以后续进行调查。

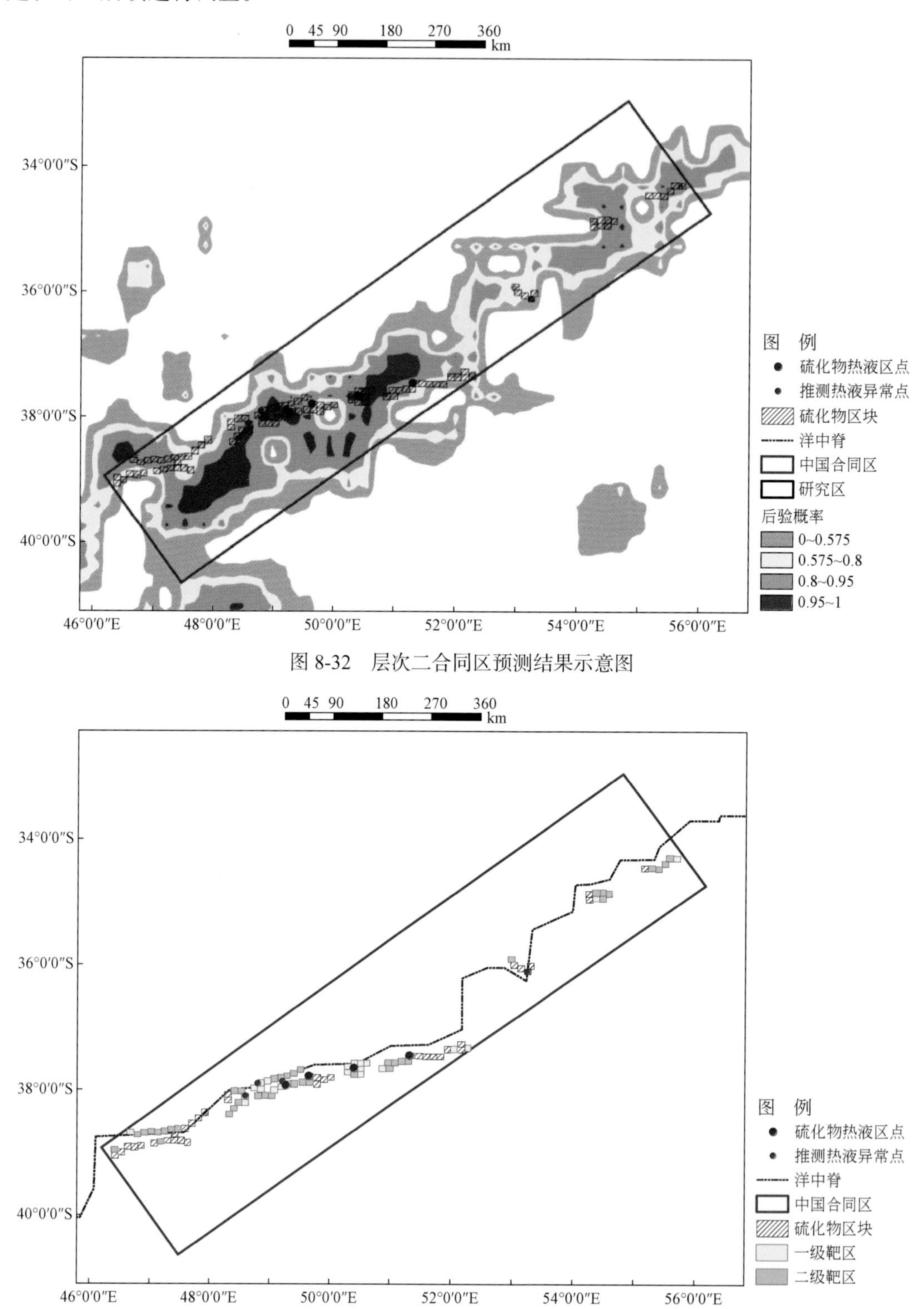

图 8-32　层次二合同区预测结果示意图

图 8-33　层次二合同区预测靶区区块分级图

第9章　目标区海底多金属硫化物找矿靶区优选与评价——中国合同区

2011年，我国获得西南印度洋中脊上硫化物勘探合同区，10年之后仅能保留25%的勘探区面积。本章依据建立的海底多金属硫化物资源预测评价流程体系，在前两个层次成矿预测结果的基础上，实现第三个层次中国合同区硫化物成矿靶区优选评价，并为我国海底多金属硫化物勘探及区块规划工作提供科学依据。

9.1　中国硫化物勘探合同区概况

中国硫化物勘探合同区（简称“合同区”）位于西南印度洋中脊中段（图9-1），是目前西南印度洋中脊热液活动调查程度最高的海区。8～10Ma以来该段洋中脊经历了岩浆供给突然增加的过程，表现在脊轴和离轴区海底水深变浅，洋壳厚度明显比周边洋中脊区域增加（陶

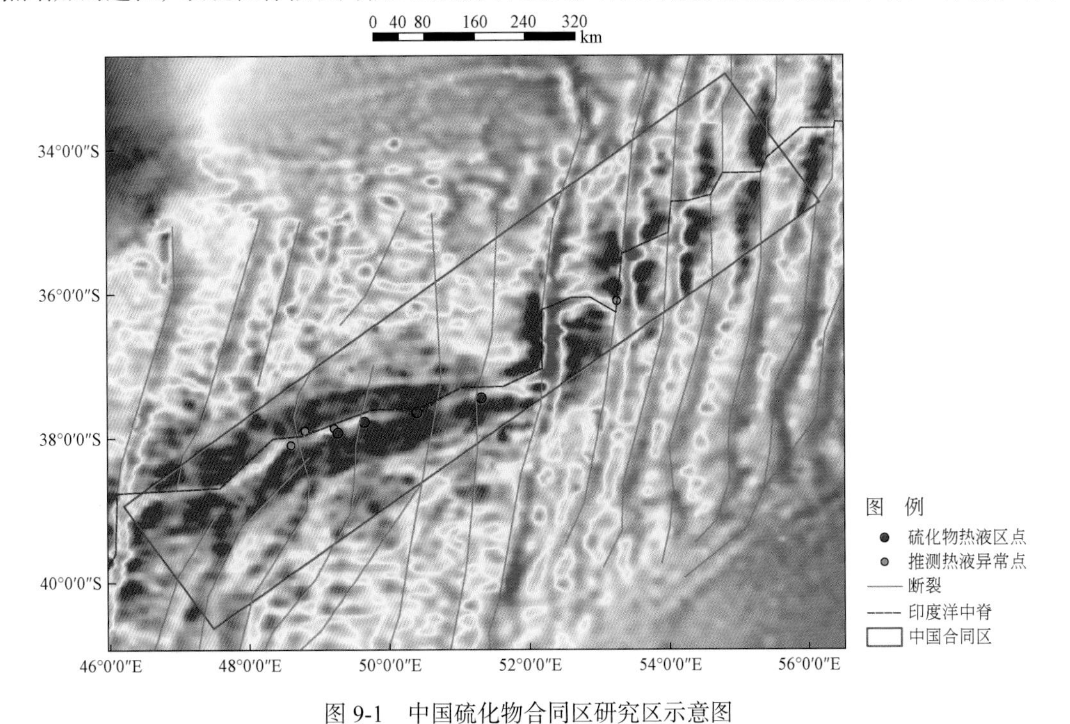

图9-1　中国硫化物合同区研究区示意图

春辉等，2014）。地球物理资料表明该段洋中脊中部是岩浆供给最高的区域，水深最浅为1570m，发育有大量平顶火山，中脊裂谷消失。该区域两侧脊轴水深逐渐加深，并分别延伸到Indomed和Gallieni转换断层。2007～2010年，中国大洋调查航次在合同区区域内发现6处热液区，结合interridge网站最新的热液喷口数据，研究区内热液区点共有8个，总结见表9-1。

表9-1　中国硫化物合同区内已知热液区点

编号	名称	经度	纬度	发现时间
1	53°15′E hydrothermal field	53.25°E	36.1°S	2008年
2	51°19′E hydrothermal field	51.32°E	37.45°S	2008年
3	Landing Stage	50.4°E	37.65°S	2008年
4	Longqi hydrothermal field	49.65°E	37.78°S	2007年
5	Jade Emperor Mountain	49.27°E	37.93°S	2010年
6	near Jade Emperor Mountain, on-axis	49.2166°E	37.8666°S	2010年
7	Bai Causeway	48.8°E	37.9°S	2014年
8	Su Causeway	48.6°E	38.1°S	2014年

9.2　目标区信息综合分析与提取

为了预测分析工作的开展，依据收集的数据建立了合同区热液硫化物数据找矿模型（表9-2）。由于大洋调查程度低，环境恶劣，技术条件有限，找矿模型可突出主要的控矿因素，抓住主要找矿标志组合，提出获得找矿关键信息的有效方法组合，因而简化了找矿的实际过程，是提高预测可信程度的主要依据。

表9-2　中国合同区硫化物数据找矿模型

<table>
<tr><th>矿床类型</th><th>控矿因素</th><th>成矿预测因子</th><th>特征变量</th></tr>
<tr><td rowspan="13">海底多金属硫化物矿床</td><td rowspan="2">地形信息</td><td>水深条件</td><td>水深有利区</td></tr>
<tr><td>坡度条件</td><td>坡度有利区</td></tr>
<tr><td rowspan="2">地球物理信息</td><td rowspan="2">重磁异常分析</td><td>剩余重力异常</td></tr>
<tr><td>磁异常解析信号</td></tr>
<tr><td rowspan="6">地质信息</td><td rowspan="4">构造条件</td><td>有利构造影响区</td></tr>
<tr><td>主干构造发育</td></tr>
<tr><td>构造发育程度</td></tr>
<tr><td>构造对称特征</td></tr>
<tr><td>洋壳年龄条件</td><td>洋壳年龄有利区</td></tr>
<tr><td>沉积物条件</td><td>沉积物厚度有利区</td></tr>
<tr><td rowspan="2">其他信息</td><td>地震活动</td><td>地震点密度分析</td></tr>
<tr><td>扩张速率</td><td>扩张速率有利区</td></tr>
</table>

9.2.1　地形信息

地形信息主要包括水深条件和坡度条件，中国合同区研究区的水深范围为–6170～–90m

（图 9-2），已知热液区点主要分布在［-2900，-1700］m 的水深范围内（图 9-3）。在 ArcGIS 软件中对水深数据进行坡度分析，形成研究区坡度示意图（图 9-4）。叠加统计分析表明已知热液区点主要分布在［3°，11°］的坡度范围内（图 9-5）。

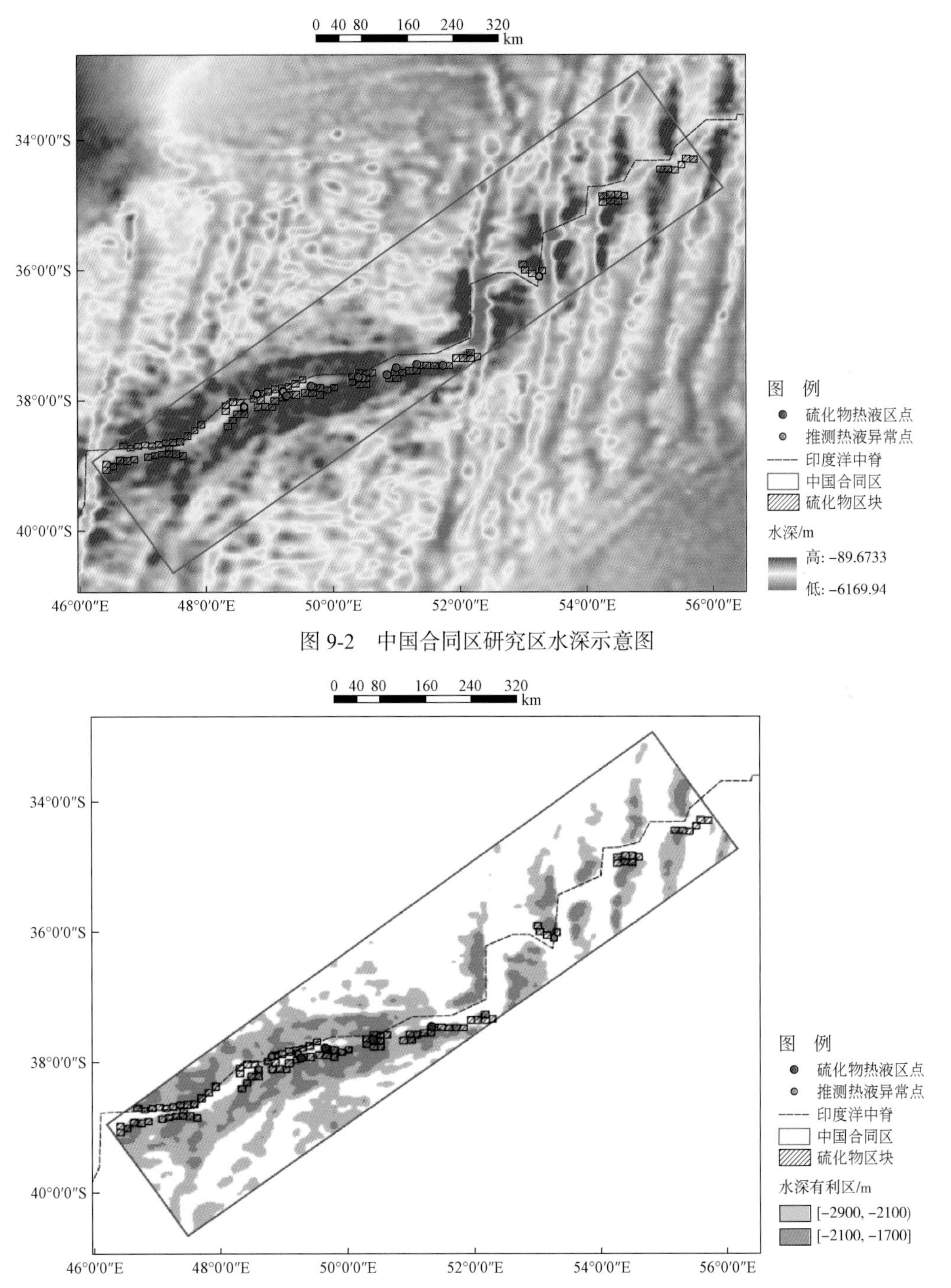

图 9-2　中国合同区研究区水深示意图

图 9-3　中国合同区研究区水深有利区

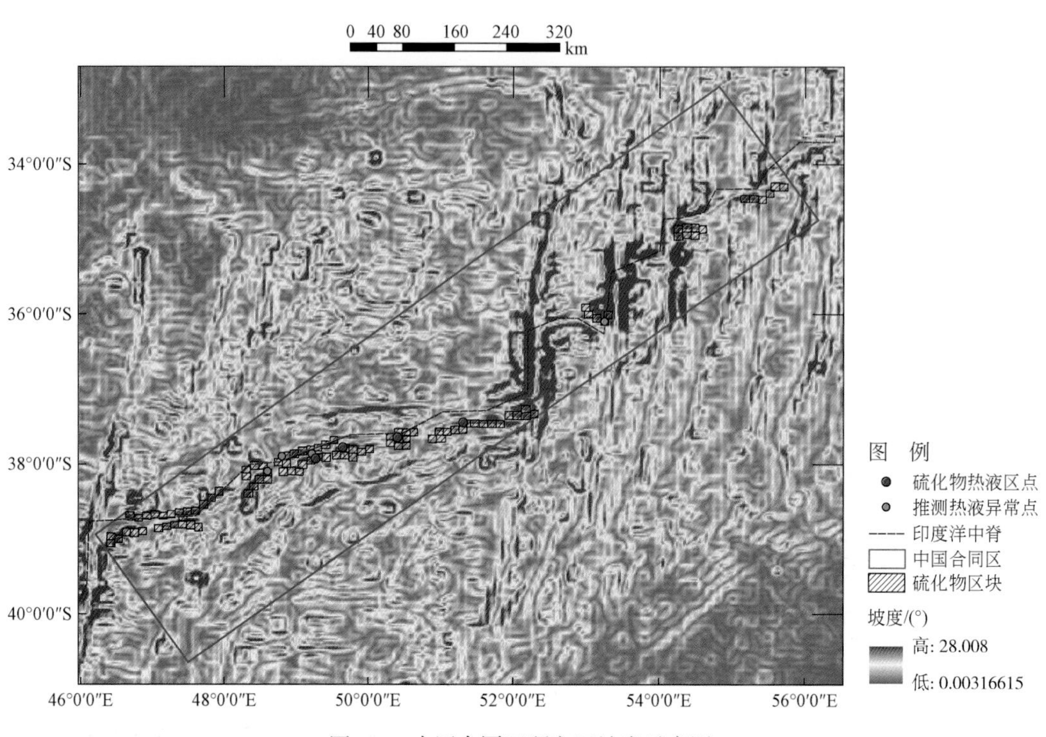

图 9-4 中国合同区研究区坡度示意图

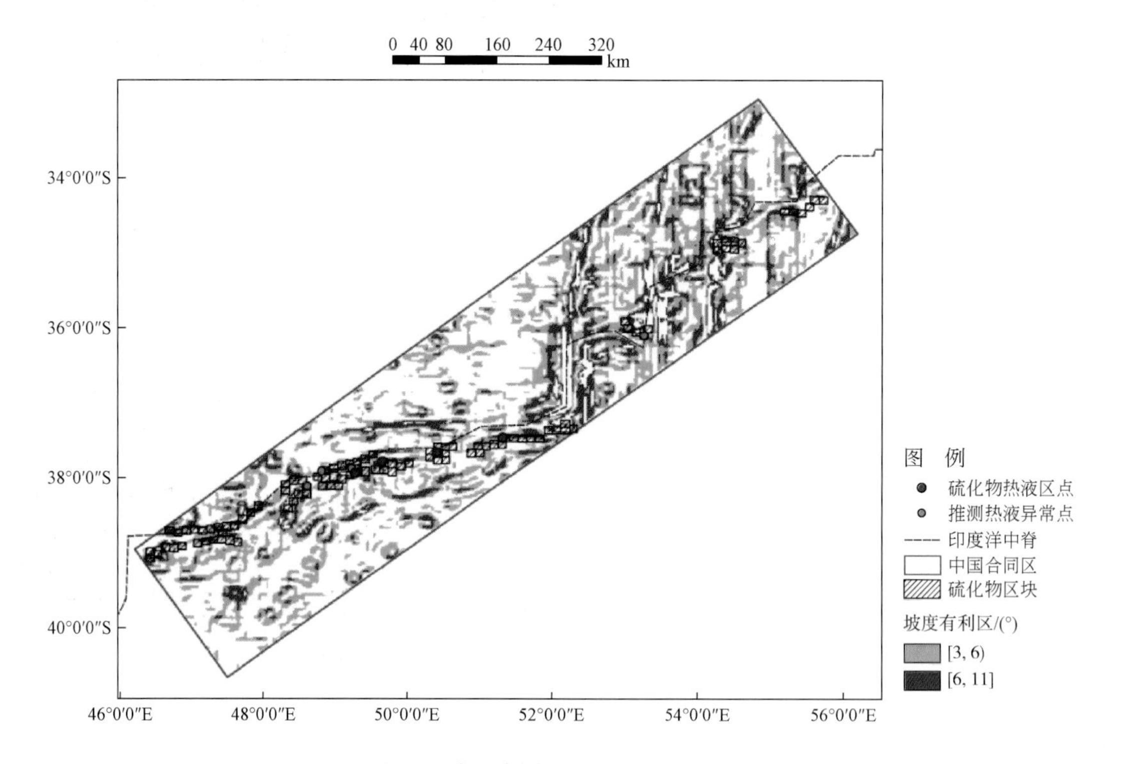

图 9-5 中国合同区研究区坡度有利区

9.2.2　地球物理信息

1. 重力异常分析

中国合同区研究区自由空气重力异常值范围为 –18 ~ 77mGal（图 9-6），布格重力异常值范围为 321 ~ 536mGal（图 9-7），处理后的剩余重力异常值范围为 –8 ~ 7mGal（图 9-8）。将剩余重力异常数据与已知热液区点叠加分析发现，热液区点主要分布在高值区［0，7］mGal 区间内（图 9-9）。

2. 磁力异常分析

中国合同区研究区磁异常范围为 –252 ~ 331nT（图 9-10），对磁异常数据进行处理，形成磁异常解析信号图（图 9-11），叠加分析发现已知热液区点主要分布在磁异常解析信号［0.01，0.06］区间内（图 9-12）。

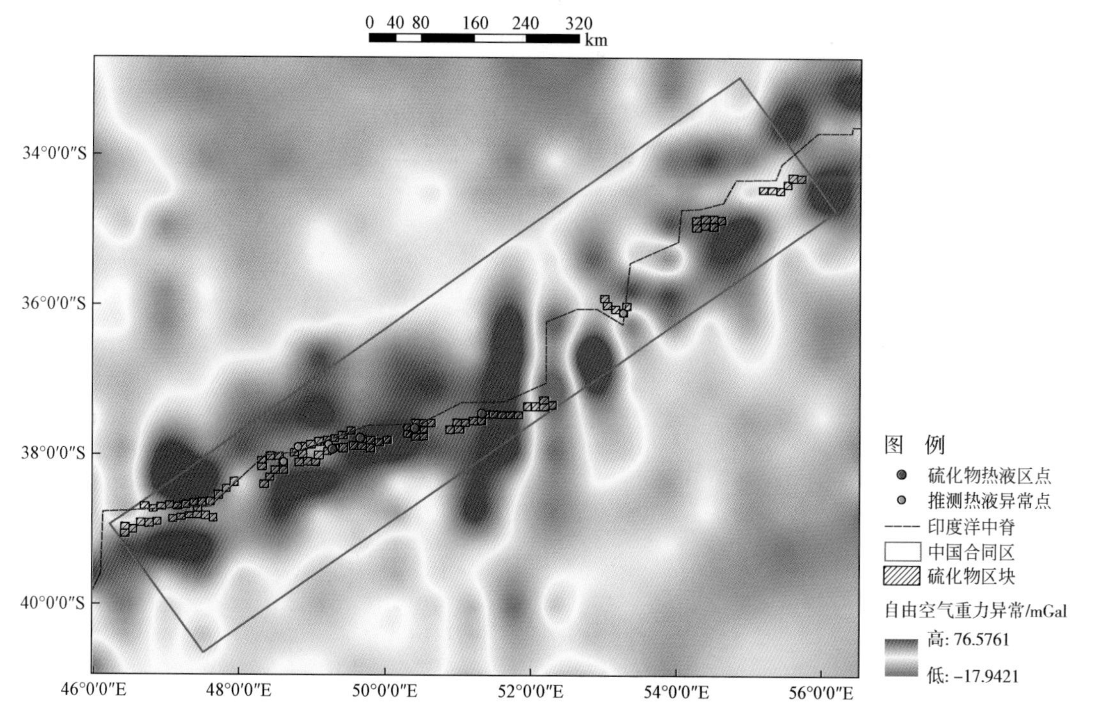

图 9-6　中国合同区研究区自由空气重力异常分布图

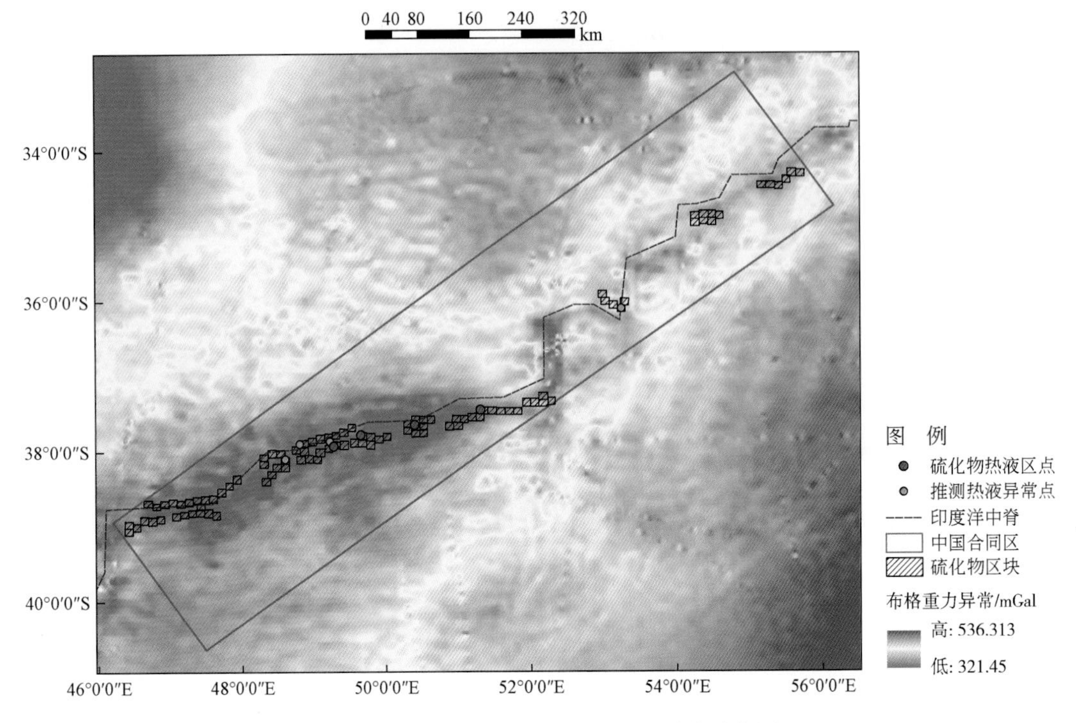

图 9-7　中国合同区研究区布格重力异常分布图

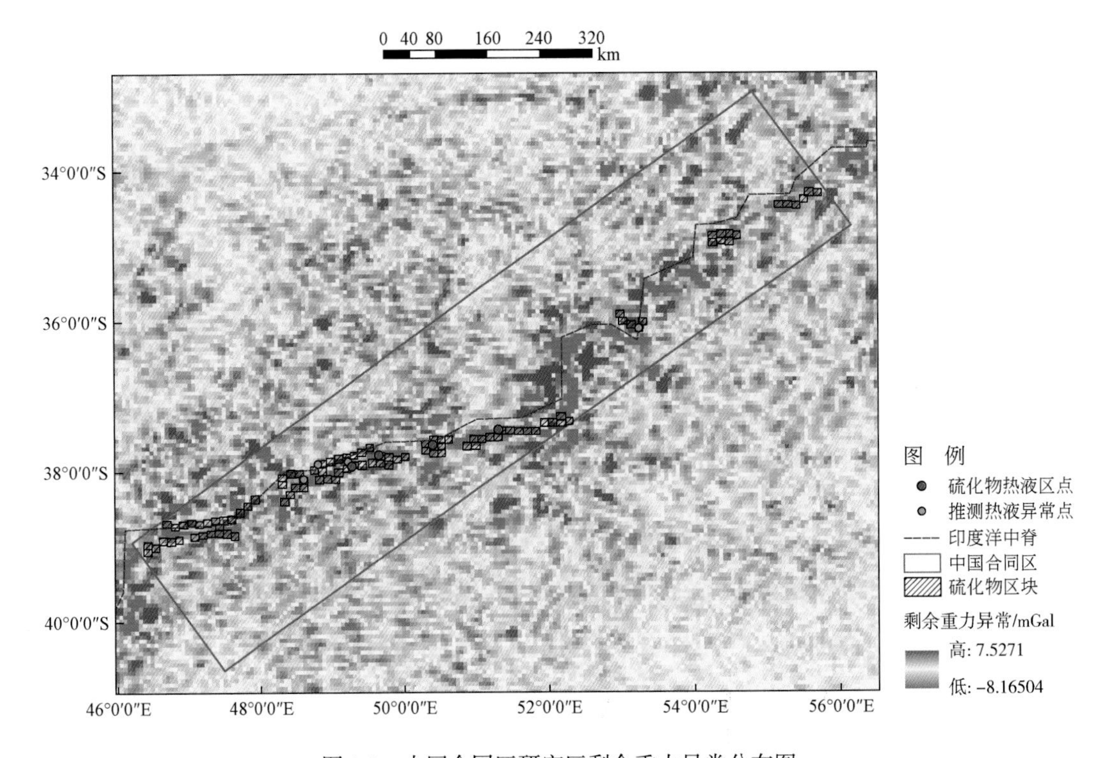

图 9-8　中国合同区研究区剩余重力异常分布图

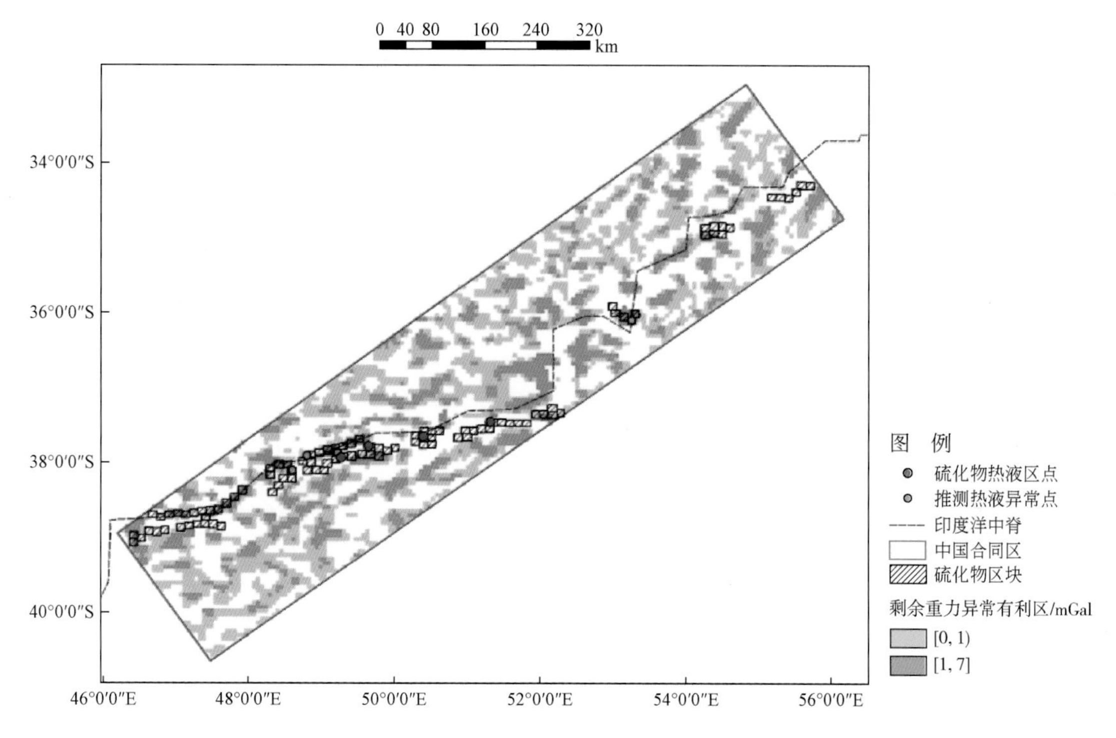

图 9-9 中国合同区研究区剩余重力异常有利区

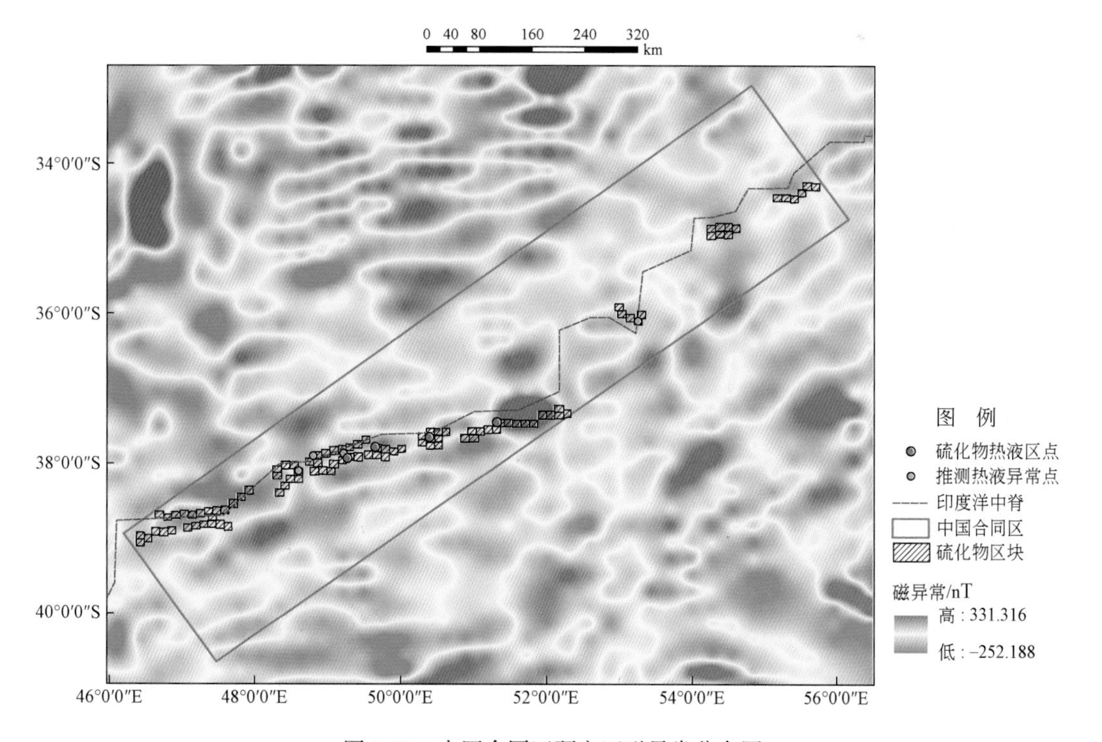

图 9-10 中国合同区研究区磁异常分布图

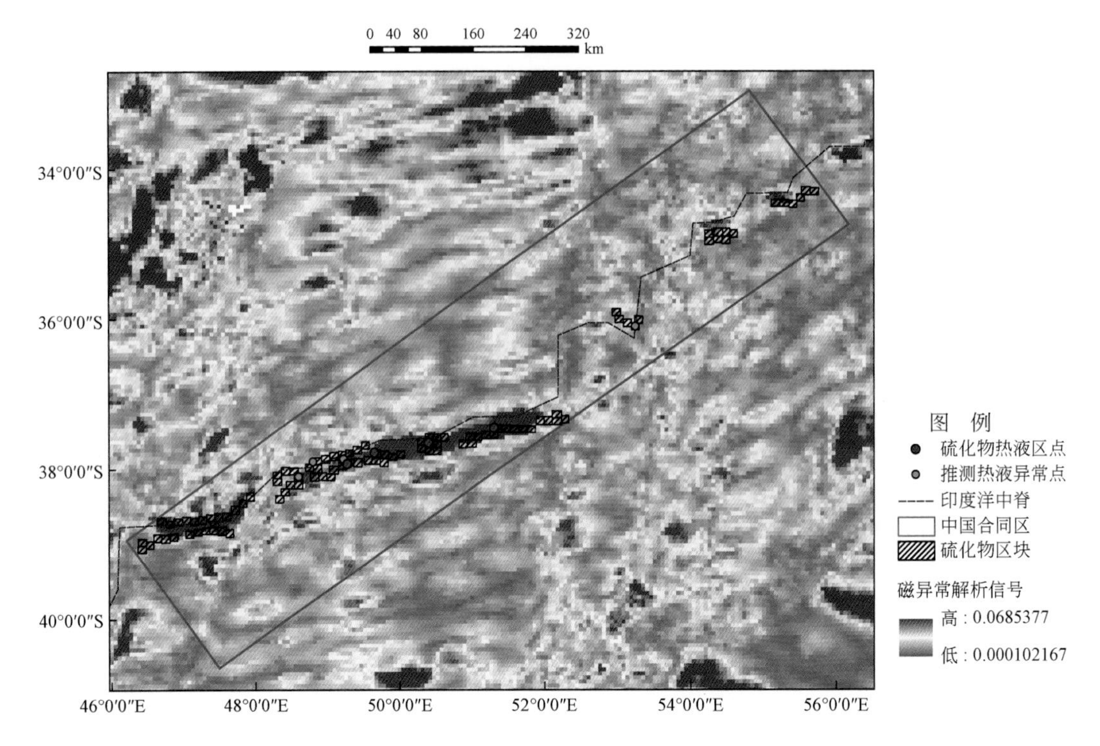

图 9-11　中国合同区研究区磁异常解析信号分布图

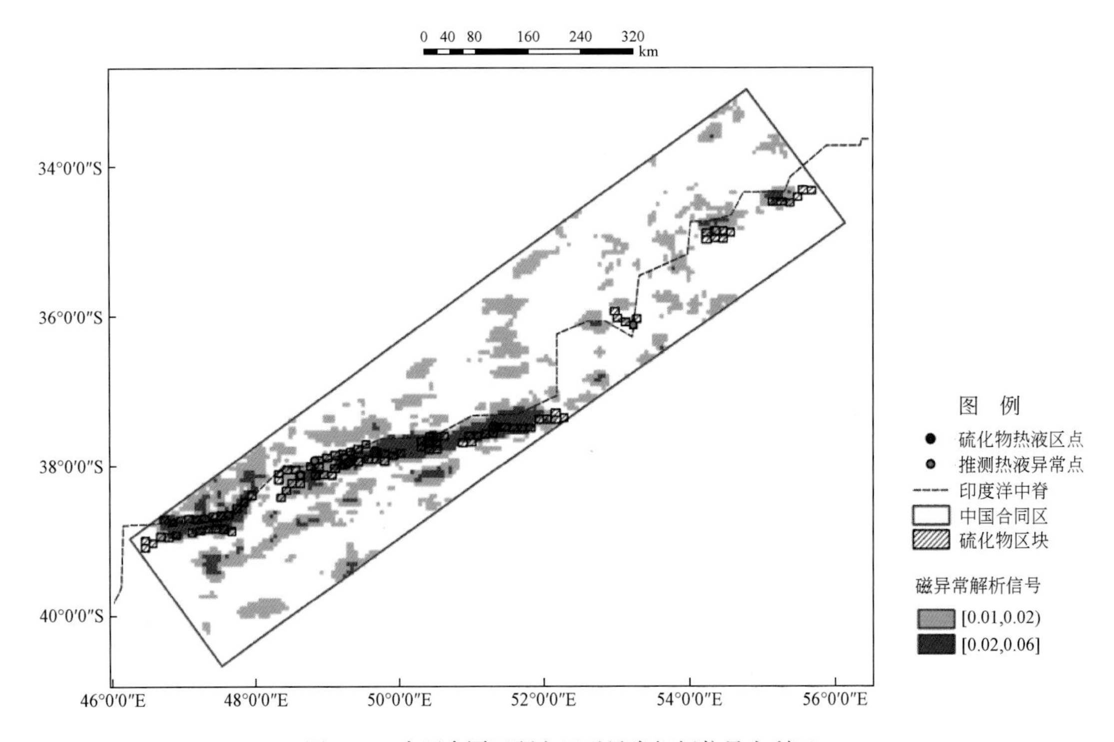

图 9-12　中国合同区研究区磁异常解析信号有利区

9.2.3　地质信息

海底火山块状硫化物矿床与海底火山、火山通道、断裂构造等密切相关，因此，地质信息主要包括构造、洋壳年龄及沉积物。

1. 构造

1）构造解译分析

根据文献书籍中收集到的构造信息，结合研究区重磁数据，进一步解译合同区构造（图 9-13）。

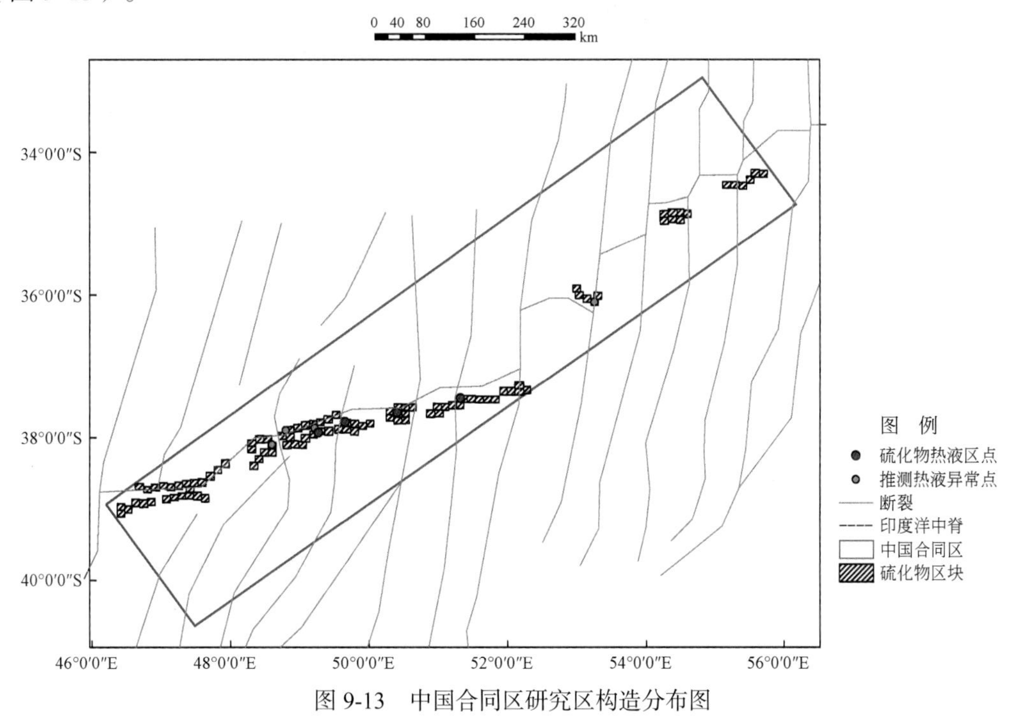

图 9-13　中国合同区研究区构造分布图

2）有利构造影响区（缓冲区分析）

对断裂构造进行缓冲区处理并统计分析（表 9-3），确定 9km 缓冲区（图 9-14），75%的热液区点落在缓冲区内。

表 9-3　中国合同区研究区构造缓冲区统计

缓冲区/km	缓冲区内包含已知热液点百分比/%
7	60
8	62.5
9	75
10	75
11	75
12	75

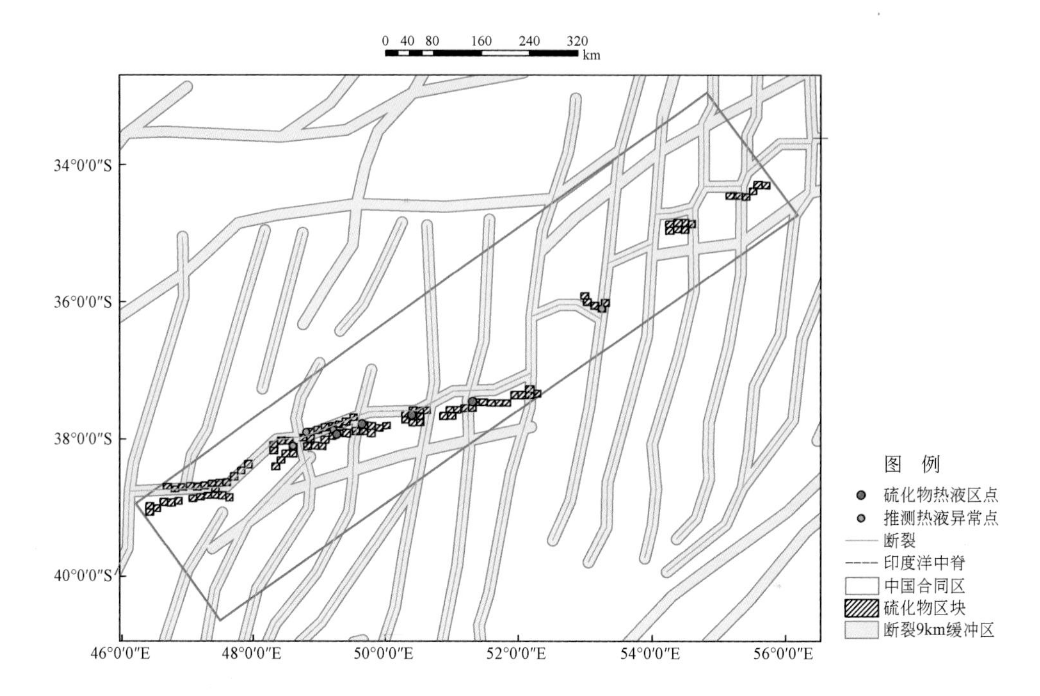

图 9-14　中国合同区研究区断裂 9km 缓冲区

3）构造发育程度（断裂等密度）

断裂等密度反映了线性构造的复杂程度和发育程度。叠加分析发现［0.07，0.2］为研究区区域断裂等密度的有利区间（图 9-15）。

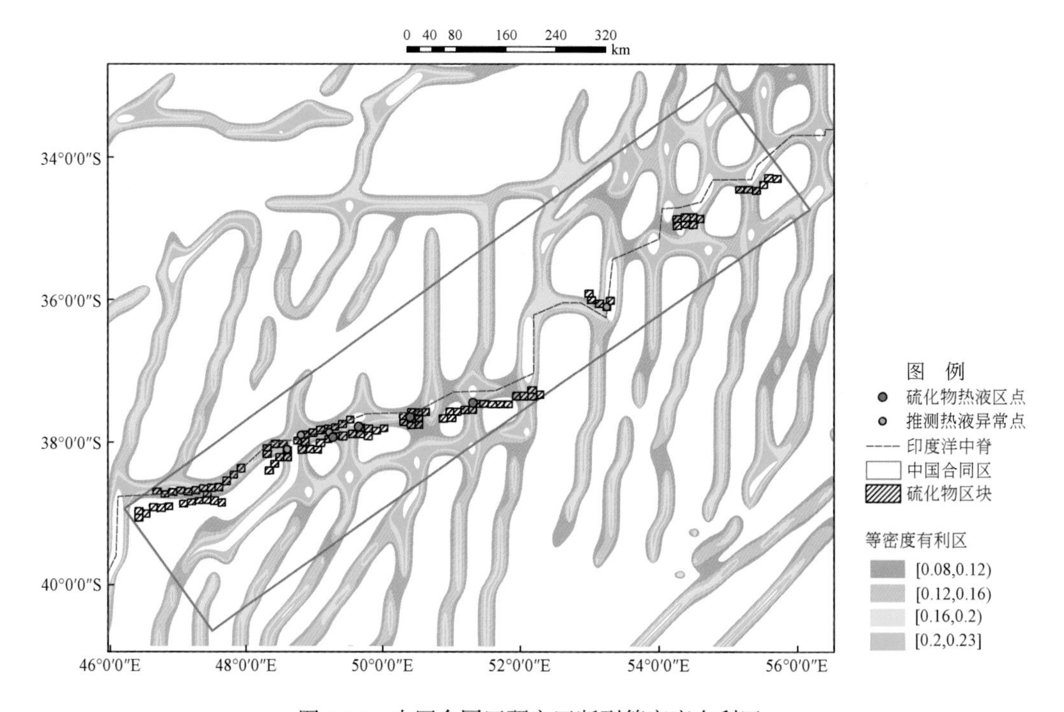

图 9-15　中国合同区研究区断裂等密度有利区

4）主干构造发育（构造优益度）

构造优益度代表了主干构造方向成矿的优越性。叠加分析表明，大部分已知热液区点均位于［0.3，2.5］区间，形成构造优益度有利区间分布图（图 9-16）。

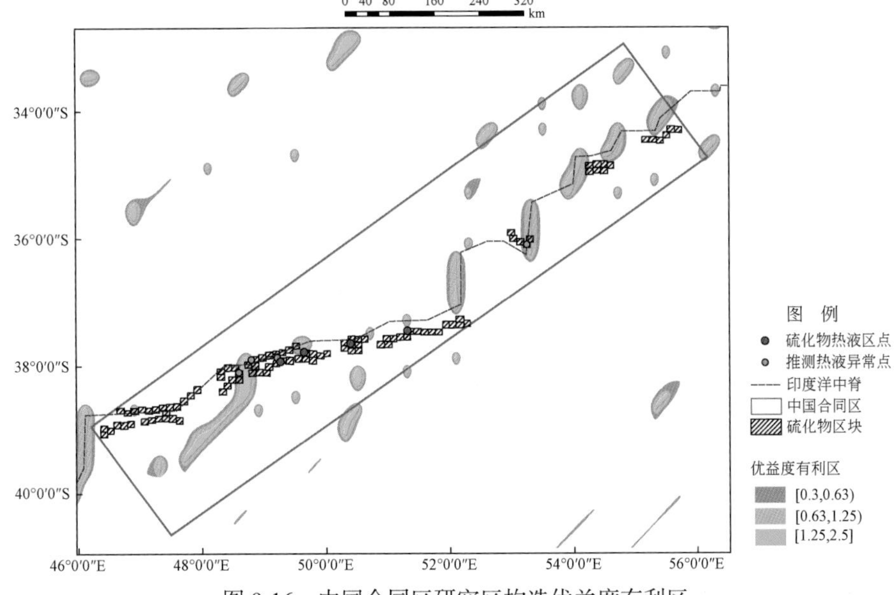

图 9-16　中国合同区研究区构造优益度有利区

5）构造对称特征（构造中心对称度）

构造中心对称度代表了构造对称的特征，可以用来描述热液流体沿断裂上涌从热液喷口喷出所造成的对称特征等，中心对称度范围较小，因此选取大于 0 的区间作为异常区间（图 9-17）。

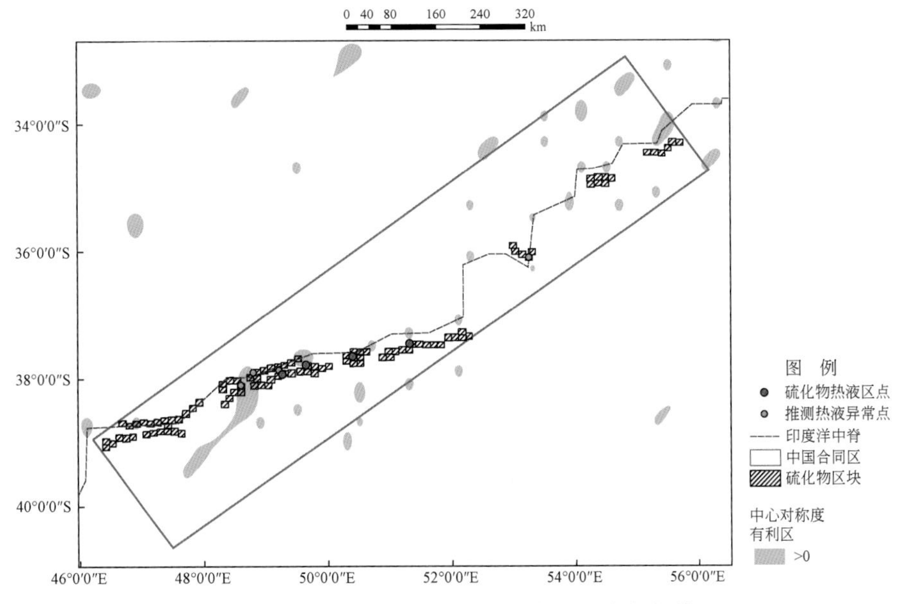

图 9-17　中国合同区研究区构造中心对称度有利区

2. 洋壳年龄

中国合同区研究区洋壳年龄（图 9-18）与区内已知热液区点叠加分析，结果表明热液区点均集中分布在［0，5.1］Ma 的范围内（图 9-19），这与印度洋热液活动频繁的时间段相同。

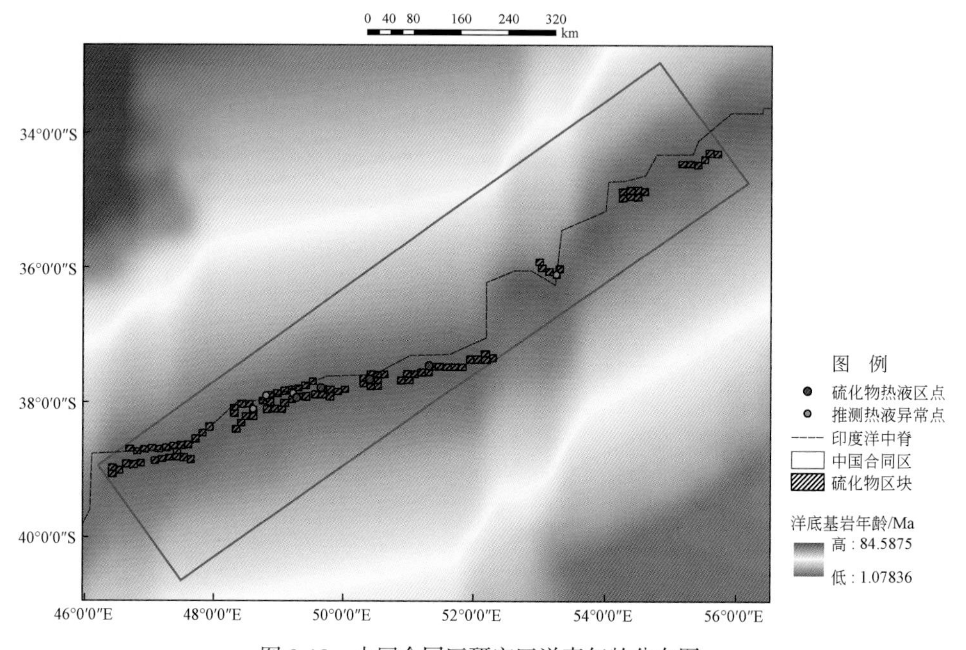

图 9-18　中国合同区研究区洋壳年龄分布图

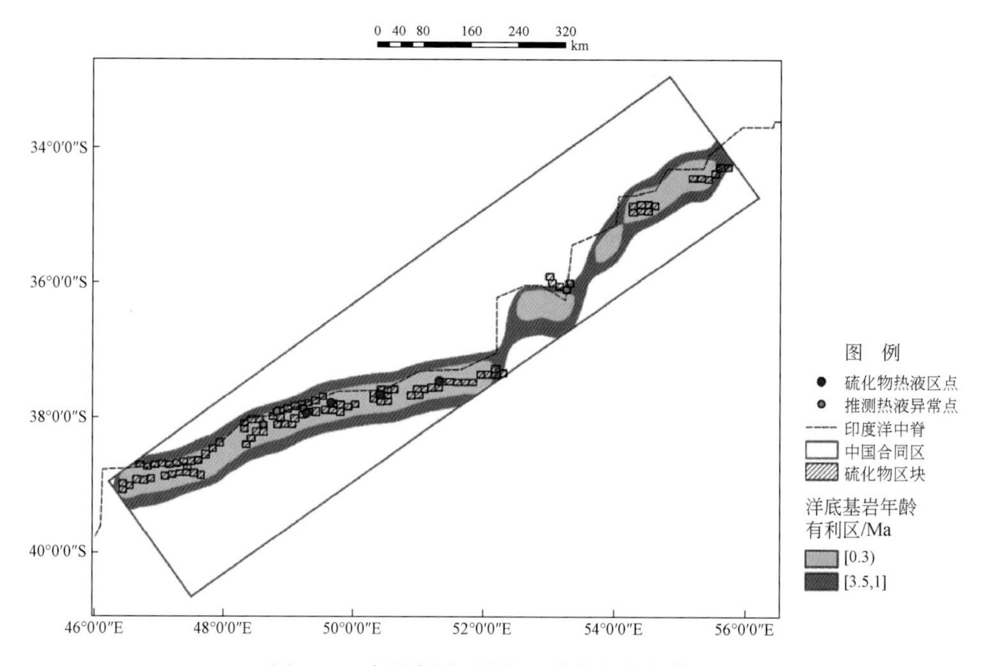

图 9-19　中国合同区研究区洋壳年龄有利区

3. 沉积物

中国合同区研究区沉积物厚度（图9-20）与区内已知热液区点叠加分析，结果表明热液区点均集中分布在［12，30］m的范围内（图9-21），这也是研究区内沉积物最薄的区域。

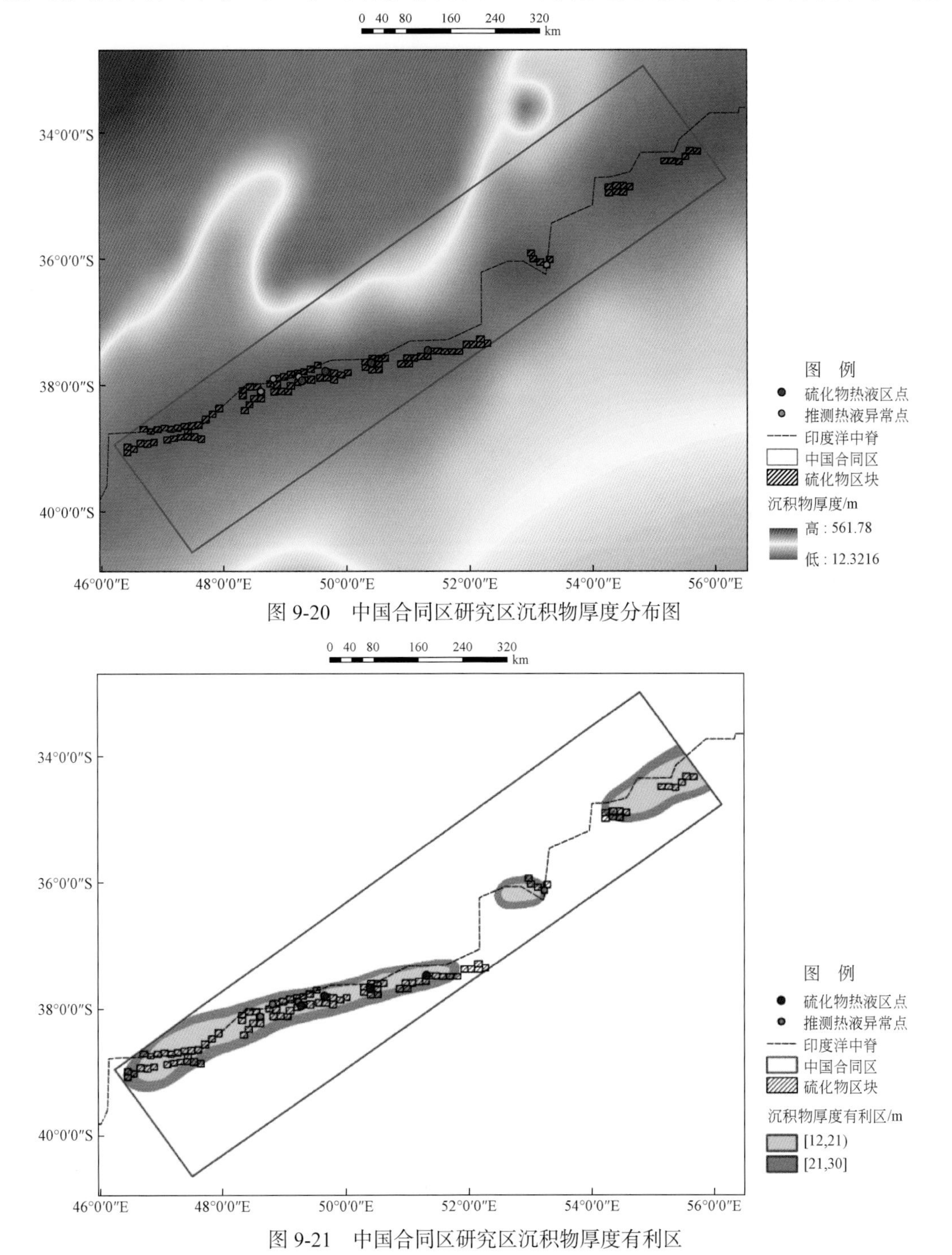

图9-20　中国合同区研究区沉积物厚度分布图

图9-21　中国合同区研究区沉积物厚度有利区

9.2.4　其他信息

其他信息主要包括地震点分布特征及扩张速率的大小。

1. 地震点

对中国合同区研究区内的地震点数据（图 9-22）进行点密度处理，然后叠加已知热液区点进行统计分析，发现研究区点密度区间［5，12］集中了所有的热液区点（图 9-23）。

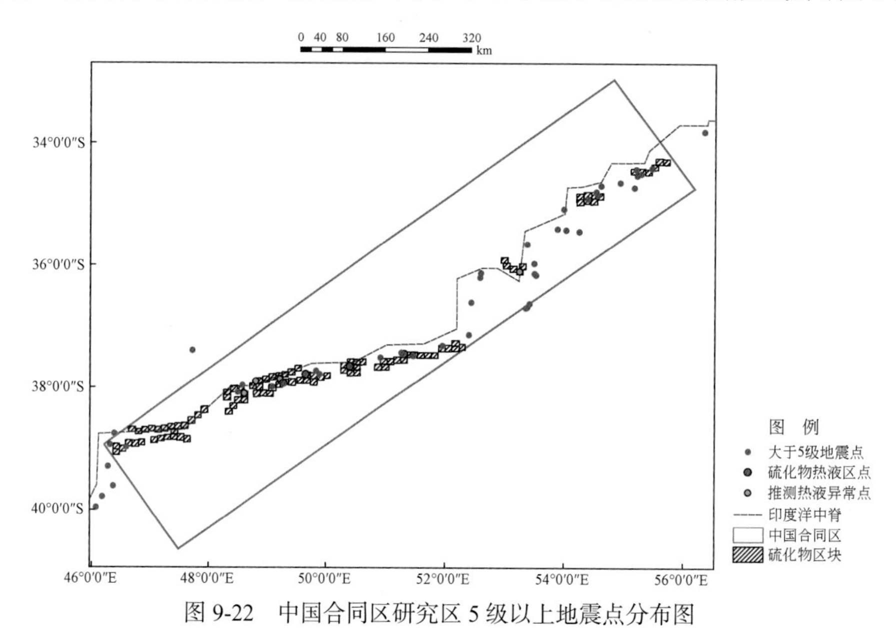

图 9-22　中国合同区研究区 5 级以上地震点分布图

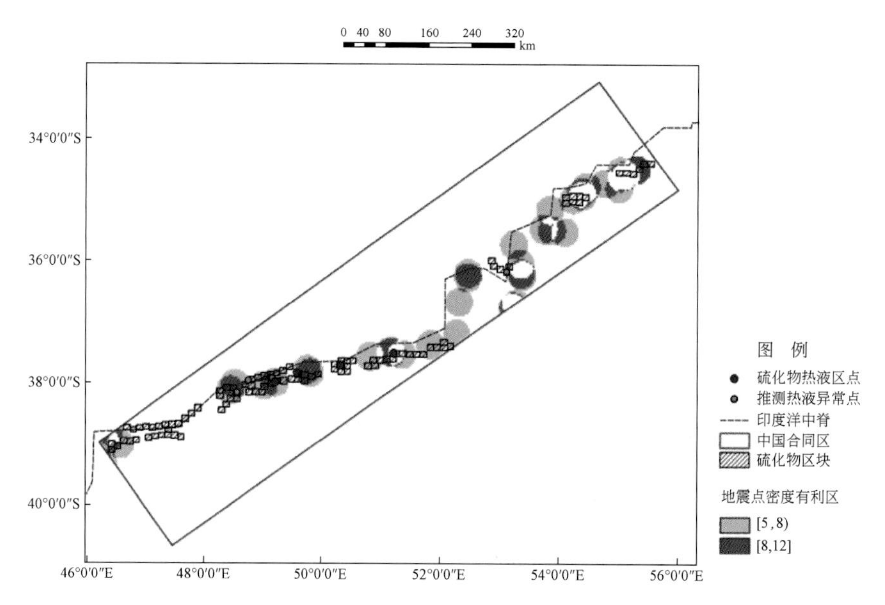

图 9-23　中国合同区研究区地震点密度有利区

2. 扩张速率

将中国合同区研究区的扩张速率数据（图 9-24）与已知的热液区点叠加统计分析发现［6.5，9］mm/a 区间内包含了所有的已知热液点（图 9-25）。

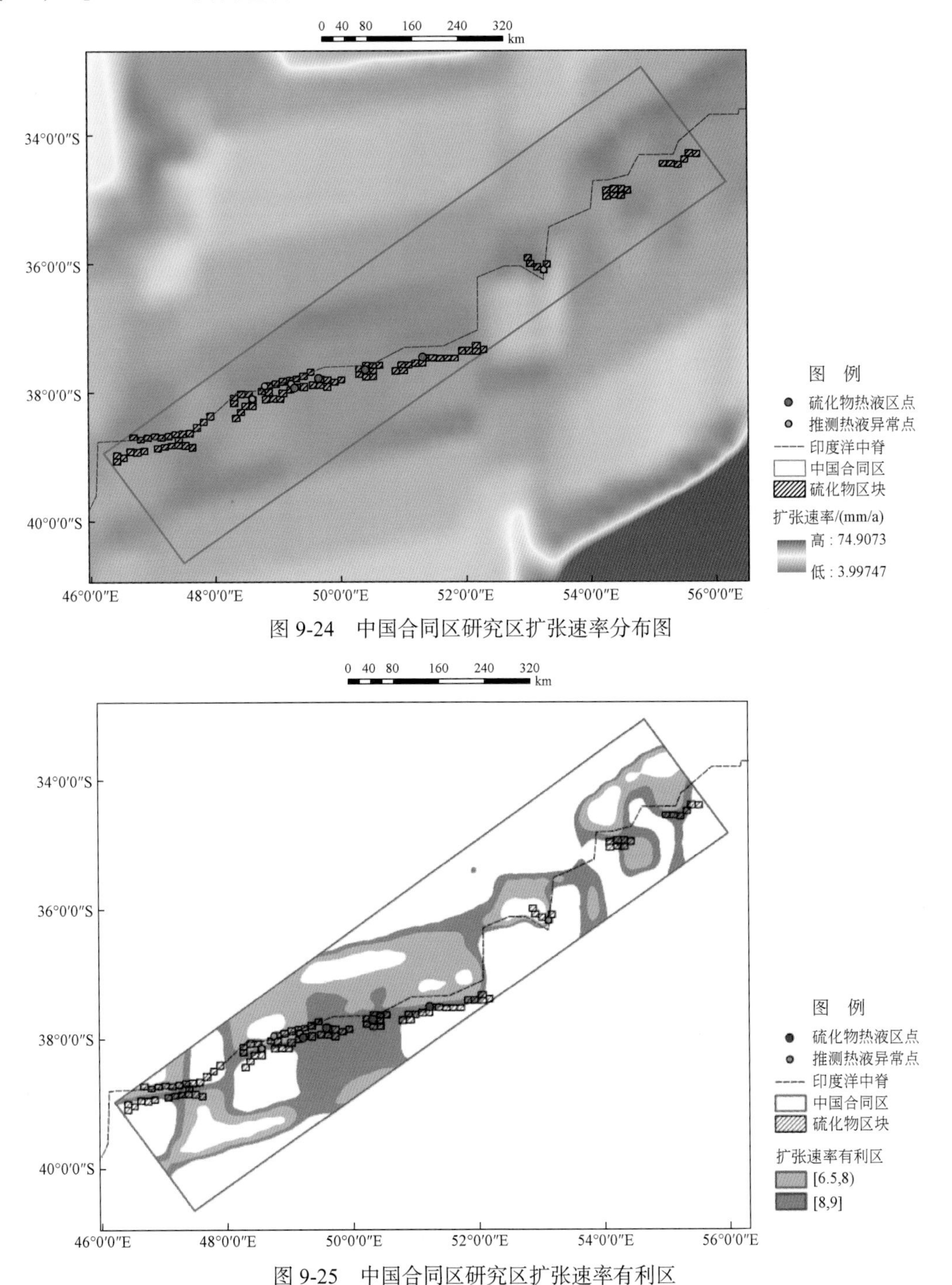

图 9-24　中国合同区研究区扩张速率分布图

图 9-25　中国合同区研究区扩张速率有利区

9.3　目标区海底多金属硫化物资源成矿预测

9.3.1　找矿预测模型

通过对中国合同区研究区多元信息的提取以及数据找矿模型的分析，建立了中国合同区研究区海底多金属硫化物找矿预测模型（表 9-4）。

表 9-4　中国合同区研究区海底多金属硫化物找矿预测模型

控矿因素	成矿预测因子		特征变量	特征值
地形信息	水深条件		水深有利区	[−2900，−1700]m
	坡度条件		坡度有利区	[3°，11°]
地质信息	构造条件	有利构造影响区	构造缓冲区	9km 缓冲区
		主干构造发育	优益度有利区	[0.3，2.5]
		构造发育程度	等密度有利区	[0.07，0.2]
		构造对称特征	中心对称度有利区	大于 0
	洋壳年龄条件		洋壳年龄有利区	[0，5.1]Ma
	沉积物条件		沉积物厚度有利区	[12，30]m
地球物理信息	重磁异常分析		剩余重力异常	[0，7]mGal
			磁异常解析信号	[0.01，0.06]
其他信息	地震活动		地震点密度分析	[5，12]
	扩张速率		扩张速率有利区	[6.5，9]mm/a

9.3.2　目标区硫化物资源预测

对中国硫化物合同区的成矿预测采用二维证据权法，计算出各找矿标志的权重值，然后计算每个单元中的后验概率值，用以评价找矿远景区进行预测。按照 15km × 15km 对整个研究区进行网格单元划分，计算每个预测因子的证据权重值（表 9-5）。

表 9-5　中国合同区研究区海底多金属硫化物预测因子权值表

证据因子类型	证据因子	正权重值（W^+）	负权重值（W^-）	综合权值
地形条件	水深有利区	1.180442	0	1.180442
	坡度有利区	1.184679	0	1.184679
地质条件	断裂 9km 缓冲区	0.233341	0	0.233341
	等密度有利区	0.457613	0	0.457613
	优益度有利区	1.818476	−1.12957	2.948043
	中心对称度有利区	2.189865	−0.7812	2.971064
	洋壳年龄有利区	2.084649	0	2.084649
	沉积物厚度有利区	2.38371	0	2.38371
地球物理条件	剩余重力异常	0.979819	−1.55767	2.537485
	磁异常解析信号	1.481604	0	1.481604
其他条件	地震点密度有利区	2.247322	−1.85096	4.098279
	扩张速率有利区	0.878851	0	0.878851

从表 9-5 可以看出，中心对称度及优益度的权值都接近 3，与已知热液区点关系密切，证明断裂系统是热液活动的关键控矿要素；剩余重力异常的权值大于 2.5，表明地球物理信息能较好地反映海底多金属硫化物，是重要的找矿标志之一；地震点密度的权值也非常高，大于 4，说明地震发生频率与热液硫化物成矿具有间接相关性。

对 12 个证据层进行条件独立性检验，在显著性水平为 0.05 的情况下，所有因子满足条件独立性。通过计算得到各个预测单元的后验概率值，根据后验概率值与热液区点的叠合率统计图（图 9-26），研究区后验概率值在 0.45 时，热液区点百分比数趋于稳定，因此将 0.45 作为后验概率的阈值圈定优选硫化物靶区。按照后验概率相对大小分级赋色，得到研究区海底热液多金属硫化物矿床的后验概率图（图 9-27）。

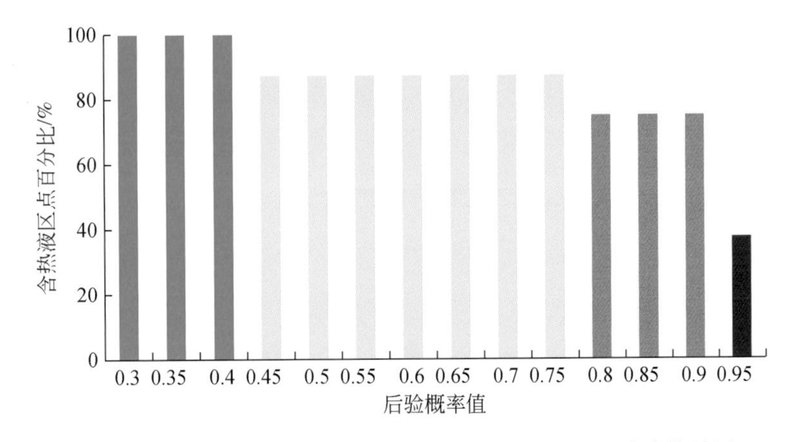

图 9-26　中国合同区后验概率值与已知热液区点的叠合率统计图

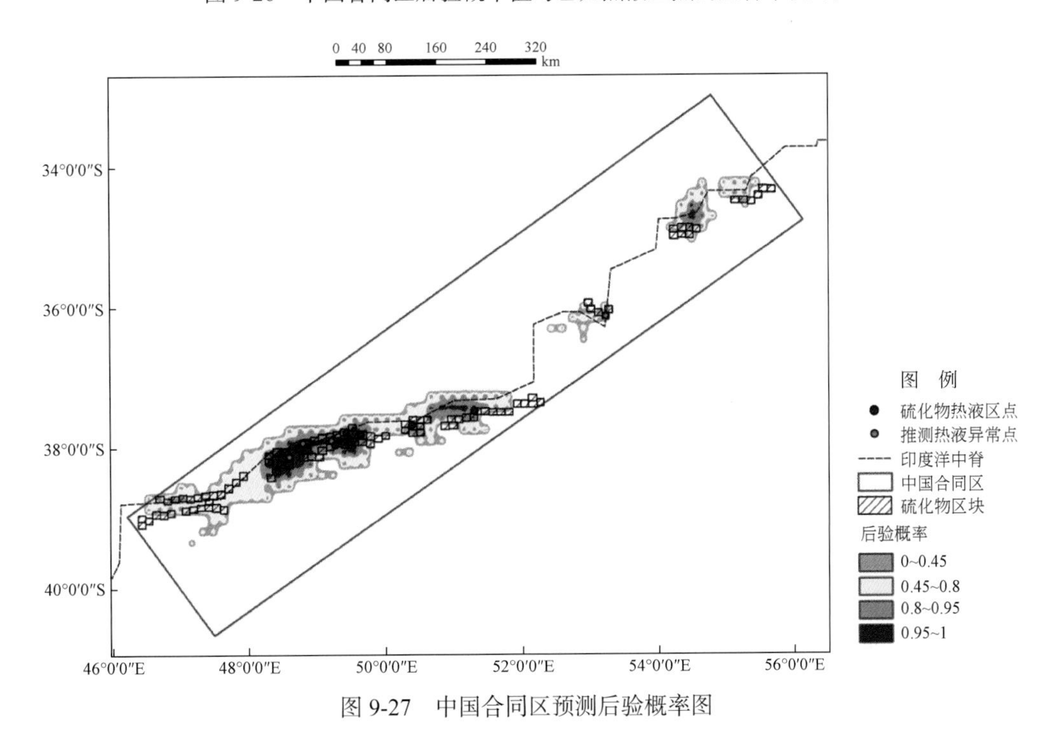

图 9-27　中国合同区预测后验概率图

9.3.3　靶区优选与评价

根据后验概率图可以看出预测高值区主要沿西南印度洋中脊展布，后验概率高值区主要分布在 48°E ～ 50°E，且已知热液区点均位于后验概率较高值区域内，这也表明预测结果具有较高可信度。

以后验概率值 0.45 为阈值圈定中国硫化物合同区内靶区区块，依据后验概率值的大小对圈定的区块进行分级（图 9-28）。共圈定区块 65 块，其中一级靶区 16 块，后验概率值在 0.9 以上，占圈定区块的 24.6%，占总区块的 16%，包含合同区内已知热液区点 4 个，成矿潜力较大，找矿前景较好，建议可以优先进行调查；二级靶区 17 块，后验概率值为 0.8 ～ 0.9，占圈定区块的 26.2%，占总区块的 17%，包含合同区内已知热液区点 2 个；三级靶区 32 块，后验概率值为 0.45 ～ 0.8，占圈定区块的 49.2%，占总区块的 32%，包含合同区内已知热液区点 2 个，二级和三级靶区建议可后续进行调查。

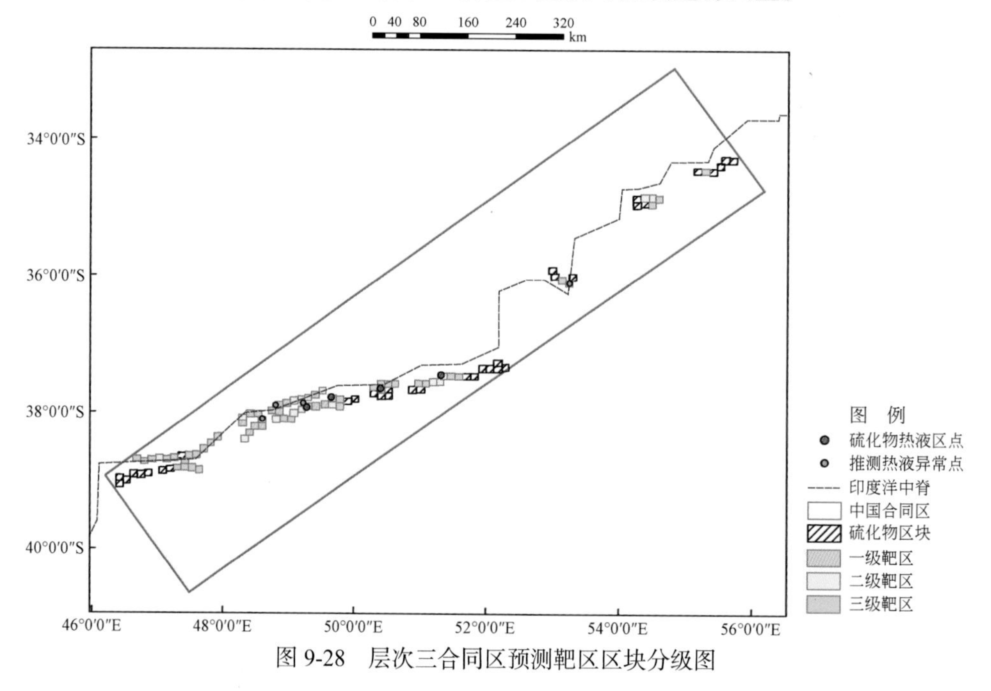

图 9-28　层次三合同区预测靶区区块分级图

9.3.4　中国硫化物合同区区块规划方案

中国硫化物勘探合同区位于西南印度洋中脊中段，包含 12 个区块组，共 100 个区块（图 9-29）。根据《多金属硫化物探矿和勘探规章》要求，在勘探合同签署 8 年和 10 年内，我国需分别放弃 50% 和 75% 的勘探区面积。2007 ～ 2010 年，中国大洋矿产资源研究开发协会（COMRA）在西南印度洋中脊组织了 4 个航次共 11 个航段的海底热液活动调查，发现了 8 处热液区点，其中 6 处位于合同区内。

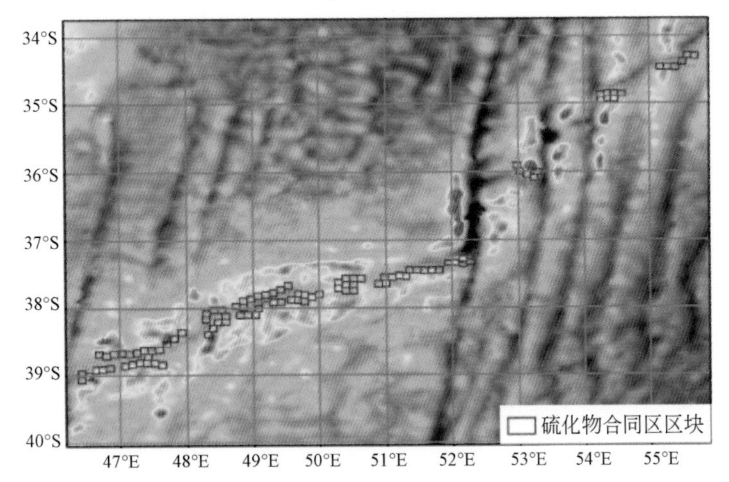

图 9-29　西南印度洋中国合同区位置和区块分布图（据陶春辉等，2014）

在充分了解西南印度洋典型热液硫化物矿床的成矿地质背景、特征，以及成矿机制及其成矿环境的基础上，总结热液硫化物矿床的控矿因素，构建热液区的基础数据库，包括水深、重力、磁力、构造、洋壳年龄、沉积物厚度、扩张速率、火山地震活动点等，并对数据库进行了初步的集成分析，提取有利信息，分别建立了西南印度洋热液硫化物矿床找矿预测模型及中国硫化物合同区热液硫化物矿床找矿预测模型，基于不同的预测精度开展了西南印度洋研究区及中国硫化物合同区研究区的硫化物资源预测评价工作。

根据《多金属硫化物探矿和勘探规章》要求，我国在 2019 年应放弃 50%的勘探区面积。依据层次二和层次三的预测结果圈定工作靶区 50 块（图 9-30），将靶区分为三级，具体分级方法见表 9-6。

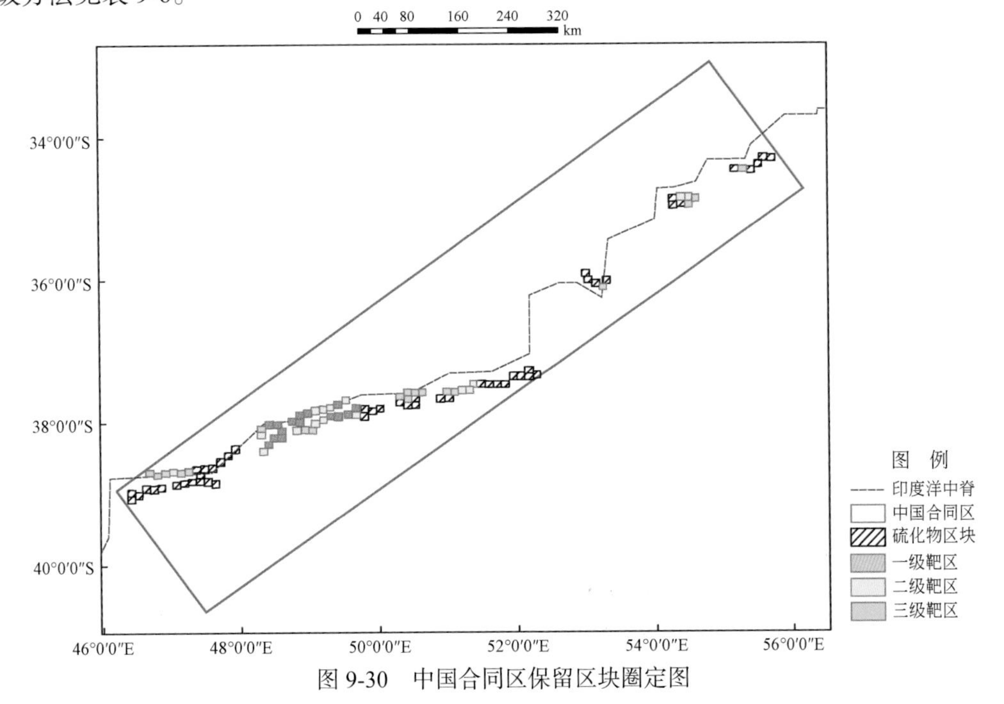

图 9-30　中国合同区保留区块圈定图

表 9-6　中国硫化物合同区区块保留分级方法

级别	层次三预测结果	层次二预测结果
一	一级	一级
	一级	二级
二	一级	无
	二级	一级
	二级	二级
三	二级	无
	三级	一级
	三级	二级

结合中国硫化物合同区区块信息最终形成合同区减持方案，详细信息见表 9-7，部署图如图 9-31 所示。

表 9-7　多金属硫化物合同区保留区块信息表

靶区分级	包含区块个数	包含区块编号	占总区块百分比 /%	占保留区块百分比 /%	说明
一类工作靶区	15	27，28，29，30，31，32，42，43，44，45，40，41，49，51，53	15	30	优先开展工作
二类工作靶区	16	17，26，34，35，38，39，46，47，48，50，52，71，72，73，90，93	16	32	建议开展工作
三类工作靶区	19	14，15，16，18，19，33，36，37，59，60，61，65，66，69，70，86，92，94，96	19	38	后续开展工作
放弃区块	50	1~13，20~25，54~58，62~64，67，68，74~85，87~91，95，97~100	50	—	减持 50%

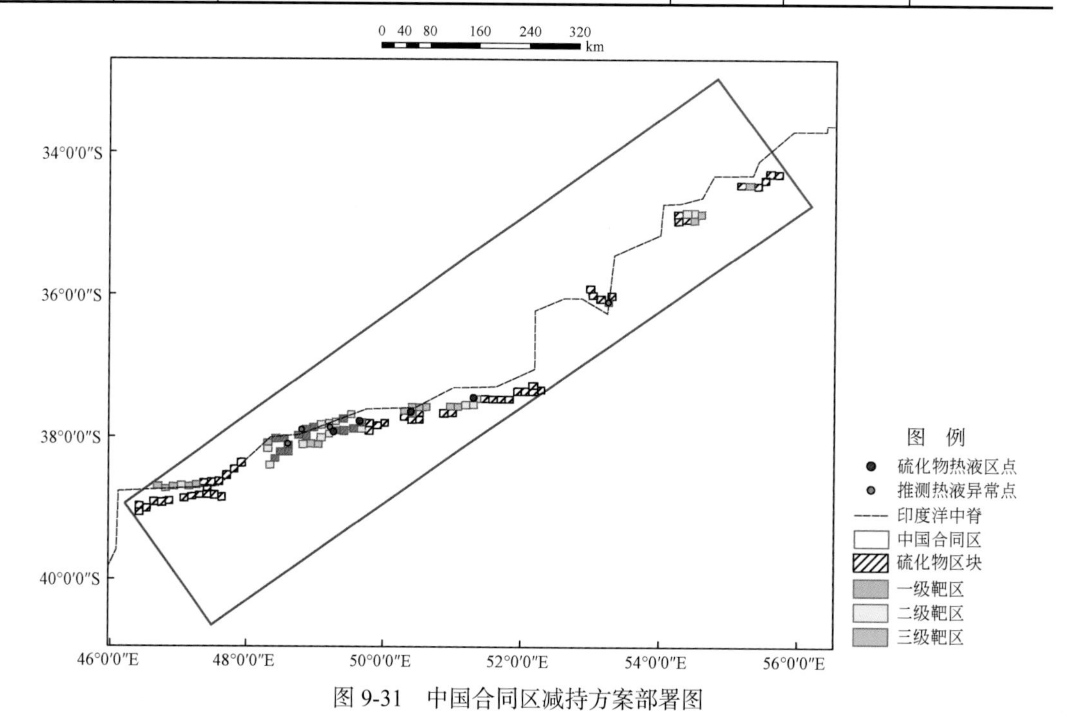

图 9-31　中国合同区减持方案部署图

规划保留中国合同区区块50块，其中一类工作靶区15块，占总区块数的15%，占圈定区块的30%，包含玉皇热液区和龙旂热液区，可优先开展勘探工作；二类工作靶区16块，占总区块数的16%，占圈定区块的32%，包含51°19′E热液区，建议开展勘探工作；三类工作靶区19块，占总区块数的19%，占圈定区块的38%，包含断桥热液区和53°15′E热液区，可后续开展勘探工作。

第 10 章　典型靶区海底多金属硫化物矿床定位预测——龙旂靶区

在第三层次目标区海底多金属硫化物找矿靶区优选与评价中，为了进一步优选找矿靶区，缩小找矿范围，选择数据资料相对丰富的龙旂热液区为典型研究区，建立研究区三维地质体模型，将传统地质分析的二维角度转变为三维立体空间研究。开展龙旂热液区硫化物矿床双向预测方法研究，从定量综合预测评价和成矿过程数值模拟两个方面，将矿床模型、找矿模型与地球物理模型及其他相关的数据模型结合，进一步筛选成矿靶区，提高靶区圈定的准确性，为我国海底多金属硫化物资源勘探开采工作提供资料依据。

10.1　龙旂热液区地质背景

10.1.1　洋壳圈层结构

洋中脊由扩张中心喷出的玄武岩质火山岩套组成（图 10-1），是洋壳层二的组成部分。在 100 ～ 200m 深的洋壳上部，夹有深海沉积物的枕状熔岩、枕状角砾岩和玻璃质碎屑岩。

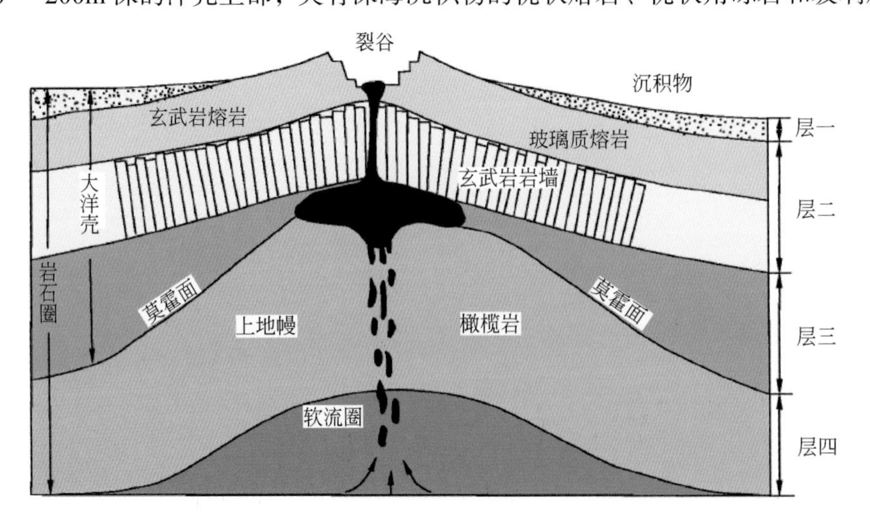

图 10-1　洋中脊洋壳构成示意图（据任建业，2008）

再往下进入深达 2km 左右的层二时，开始出现大量玄武岩、辉绿岩床和岩墙，至底部可变成席状岩墙（任建业，2008）。层三 A 可能是由标准辉长岩类构成，而大部分标准辉长岩又是由富钛的铁辉长岩组成。层三 B 似乎是由镁铁质堆积岩组成，代表大洋中脊玄武岩分离作用过程的残留部分。

Zhao 等（2013）根据实测的南北向 OBS 测线 Y3Y4，反演了 28 洋段的岩石圈结构，龙旂热液区位于 28 洋段中部。所有的切面均显示明显的地壳速度结构的不对称性，在深度小于海底之下 2km 范围内南翼都具有较高的速度（大于 6.4km/s），地壳厚度由洋段中心向末端减薄，28 洋段层二（6.4km/s 速度）的厚度由中部的 4.2km 到西侧仅为 2.5km，层三（7km/s 速度）的厚度由中部的 2.8km 到西侧仅为 0.7km。洋段中心地壳总厚度达 8km。

10.1.2　断裂构造

28 洋段南、北两翼地形地貌表现出截然不同的特征。总体而言，南翼地形更高，断裂活动更强烈，无火山活动，北翼则火山活动痕迹更明显。28 洋段以南地形地貌上观察到形态明显的大洋核杂岩。梁裕扬（2014）利用 21 航次第 6 航段采集的全覆盖高精度多波束地形资料对研究区内构造分布进行了解译。

1. 北翼

28 洋段北翼发育了 3 ～ 4 组，长达 20 ～ 40km 的长断裂，每组长断裂由近东西向和北东东向的断裂首尾相接而成，呈折线形态，可能代表了早期的裂谷边界。单个断面在海底沿走向可延伸 10km 左右，垂向断距为 300 ～ 500m ，坡度一般为 30°～ 40°，沿倾向断面出露的宽度很窄。

北翼海底根据地形地貌可分为两类。一类水深稍浅，近东西向线性构造发育，可能是次级断裂，分布有成簇而生的特点，使地形表现崎岖，被上述长断裂分割，而表现出南北分期的特点。另外一类海底除了被长断裂南北向分割外，基本不发育其他断裂或者线性构造，因此地形平坦，也不见火山锥，这类地形可能仅代表了岩浆作用贫弱的海底增生（梁裕扬，2014）。

2. 南翼

南翼最大的特点是发育了大量的大型断块，应显示了强烈的构造拉张作用（梁裕扬，2014）。这些断块背轴侧坡度较平缓，向轴侧坡度略大，为倾向轴部的断层断面，断层倾角要比北翼缓得多，大多为 10° ～ 25°，垂向断距可达 500m 以上，沿倾向断面的宽度也比北翼宽得多，断面平面形态不规则，有时以宽“V”形指向轴部而使断块略呈扇形，断面宽度 10 ～ 20km 不等。南翼也发育一些小断裂，通常是发育在上述大断块之上的次级断裂，但明显不如北翼的次级断裂分布密集，没有如北翼成簇的特点。

10.1.3　海洋核杂岩

海洋核杂岩及其拆离断层系统发育于持续拉伸的洋脊扩张构造背景下，其构造要素以伸展构造为主（图 10-2）。拆离断层是海洋核杂岩系统中主导的构造样式，也是发育海洋核杂岩的必要条件。研究发现慢速 – 超慢速扩张背景下的热液硫化物矿床成矿物质主要来源于镁铁 – 超镁铁质岩石（Escartin *et al.*，2003；Ildefonse *et al.*，2007）。而海洋核杂岩的岩石组合以镁铁 – 超镁铁质岩石为主，可以为热液活动提供物质来源。另外，海洋核杂岩其主要构造要素为后期正断层及拆离断层，为海水进入洋壳岩石而形成热液活动提供了有利通道。拆离断层的发育可延伸至深部岩浆活动区，这也为热液活动的发育提供了重要的热源（李洪林等，2014）。

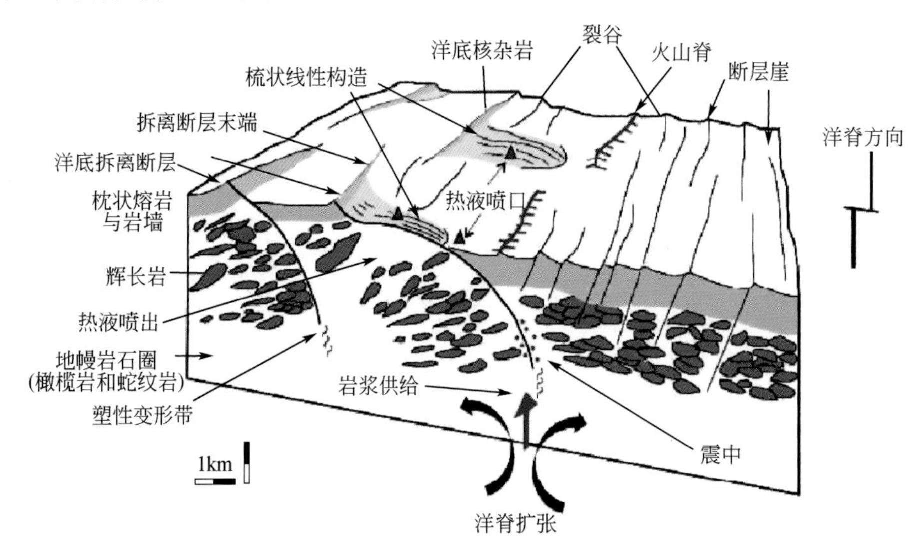

图 10-2　海洋核杂岩及拆离断层系统简图（据李洪林等，2014）

在 28 段轴部以南，有一处光滑微隆的穹状地形，与其周边地形形成明显的区分，结合该区地震资料分析，判断这是一处出露海底的基底拆离面（图 10-3），即海洋核杂岩。该海洋核杂岩分布区外形较为完整，顶部高出其基部约 200m，相比较周边地形，顶面光滑，略呈弧形，以极低的角度倾向北，可观察到南北向擦痕，具备海洋核杂岩一般地貌特征。

10.1.4　已知热液区

龙旂热液区位于洋中脊小型非转换断层错断与中脊裂谷正断裂交汇点，中轴裂谷东南斜坡的丘状突起正地形上，水深为 2755m（图 10-4）。该区周围地形高低起伏不平，玄武岩普遍出露，缺乏深海沉积物。龙旂热液区周边洋壳明显减薄，可能处于拆离断层的发育早期，这为该区的热液循环提供了重要通道（张涛等，2013）。

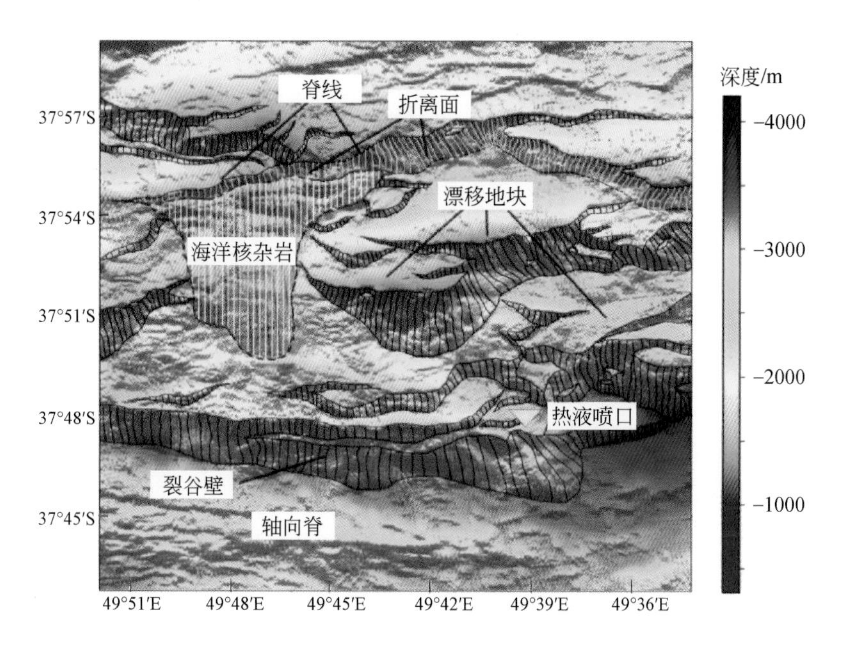

图 10-3　龙旂热液区附近基底拆离区（据梁裕扬，2014）

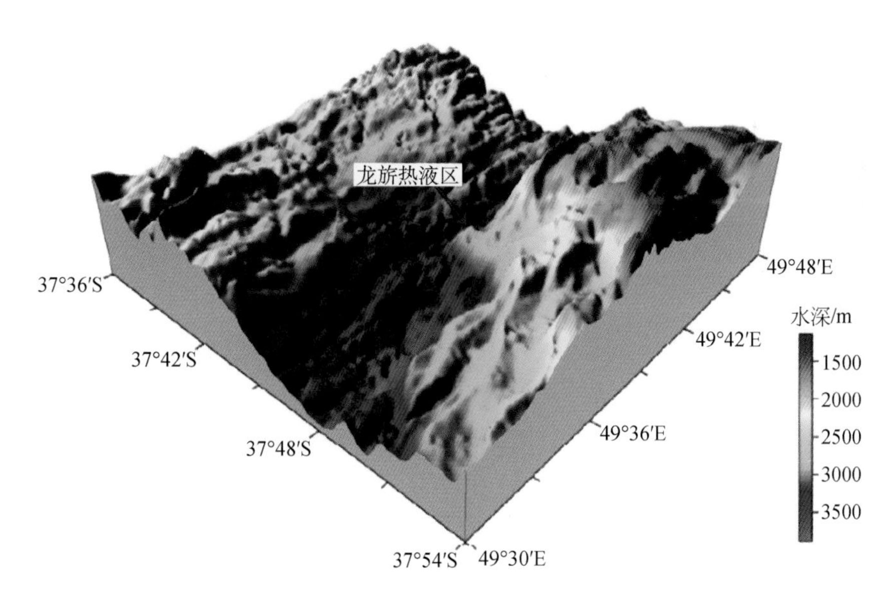

图 10-4　龙旂热液区示意图（据陶春辉等，2014）

目前已经在龙旂热液区发现了三处喷口区，分别是 S 区、M 区和 N 区（Tao *et al.*, 2011）。该区热液活动影响范围大，其低磁带面积达到 $6.7\times10^4m^2$，超过胡安德富卡（Juan de Fuca）海脊的 Relict 热液区和大西洋中脊 TAG 热液区（Zhu *et al.*，2010）。

利用电视抓斗在龙旂热液区获得的硫化物样品以硫化物烟囱体和块状硫化物为主。

矿物学研究表明该区硫化物包括富锌型和富铁型两种类型，并可划分为两个沉积阶段（叶俊等，2011）。选取典型硫化物样品进行了主、微量元素分析，样品的 Fe、Cu、Zn 金属含量较高，其中 Fe 含量为 52.50% ~ 35.14%，平均为 42.62%。Cu 和 Zn 含量变化较大，Cu 含量为 0.02% ~ 7.44%，平均为 2.47%。Zn 含量为 0.02% ~ 6.11%。Au 含量为 0.03 ~ 2.54mg/kg，平均为 1.07mg/kg。Ag 含量为 1.7 ~ 106.5mg/kg，平均为 36.4mg/kg。

10.2 资料的收集与整理

10.2.1 剖面图

本章收集了赵明辉等根据该航次实测的南北向经过 28 洋段中部的 OBS 测线 Y3Y4 反演的四条剖面 V1、V2、V3 和 V5（图 10-5、图 10-6），综合反映了龙旂热液区深部的岩石圈结构。

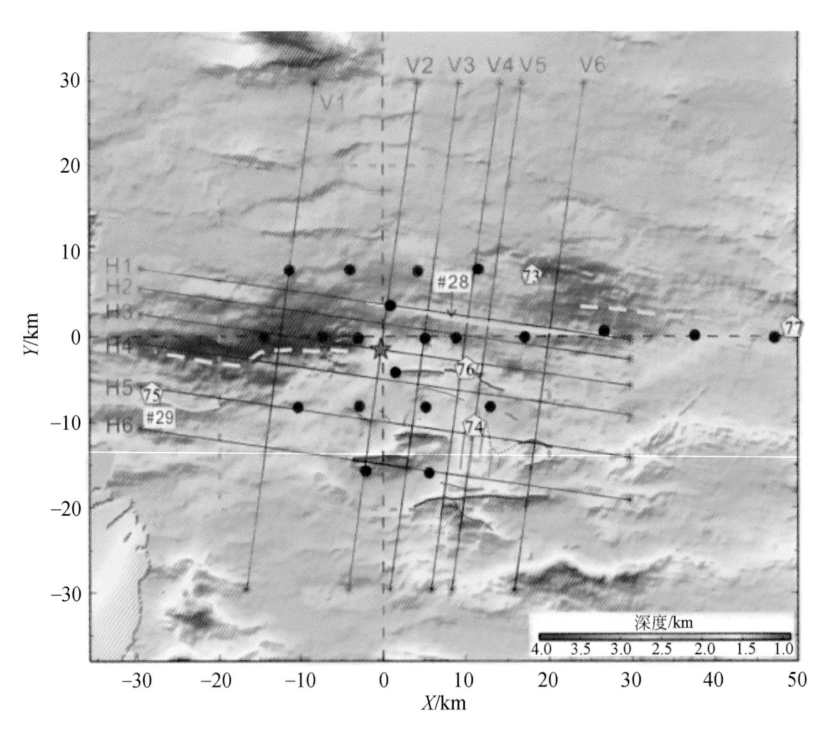

图 10-5　剖面分布图（据 Zhao *et al.*，2013）

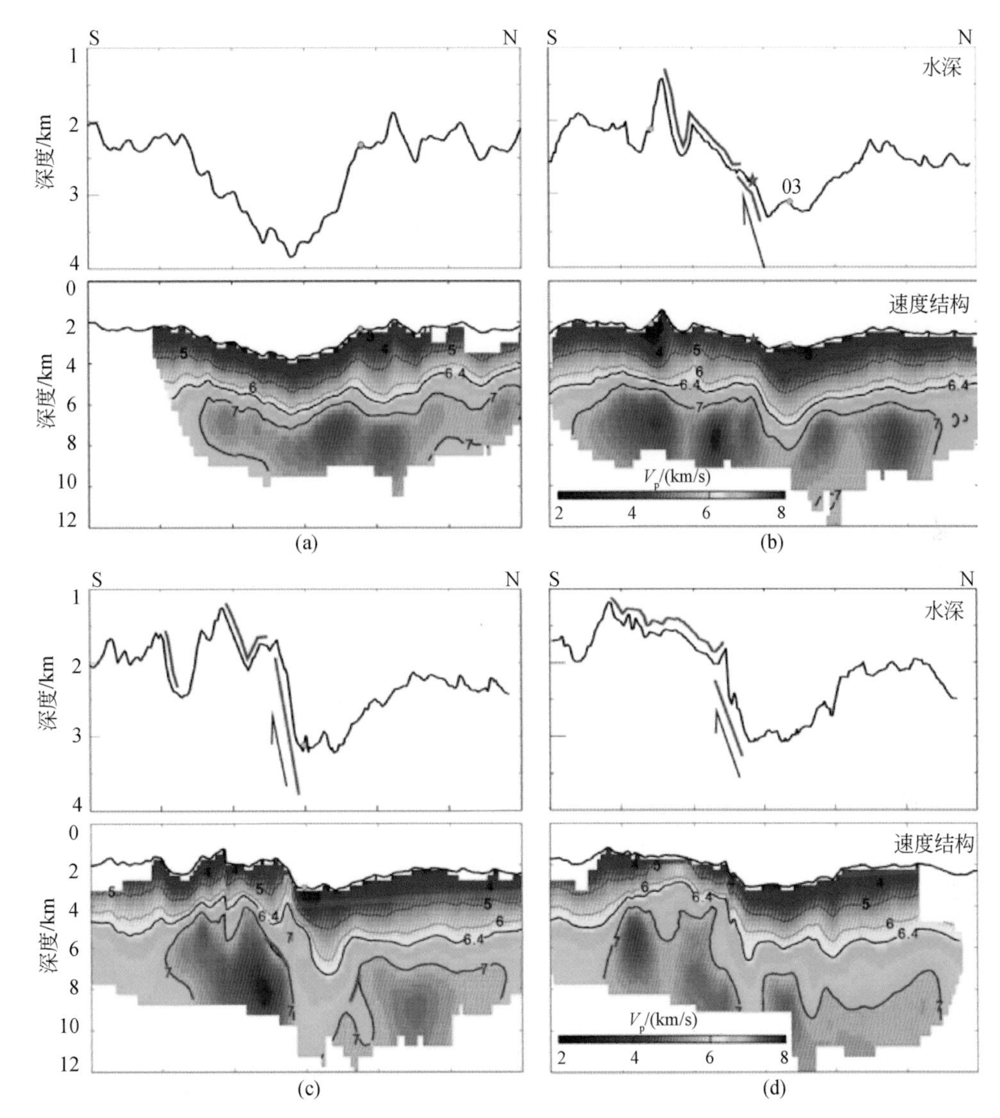

图 10-6　四条剖面线示意图（据 Zhao *et al.*，2013）

（a）V1；（b）V2；（c）V3；（d）V5

以 6.4km/s 为界限区分洋壳层二和层三，以 7.0km/s 作为层三的底部边界（Zhao *et al.*，2013）。在 MapGIS 软件中矢量化剖面图并拉伸为真实大小，保存为 .dxf 格式，导入 AutoCAD 软件中。

三维建模前提条件是要求 AutoCAD 格式的剖面图，实现空间上的立剖面，使得剖面的水平投影与剖面分布图一致，水平的高度与三维立体空间中各地质体实际高度一致，实现剖面图的三维空间校正工作后，运用三维建模软件 Surpac，将 AutoCAD 格式的剖面图件转换为本软件支持的线串格式的剖面图件，并且根据不同地质体建立不同的线串文件，利用 Surpac 软件的实体建模工具对各个地质体进行三维地质建模。

10.2.2 构造分布图

本章收集到28段洋脊南北两翼构造分布图及剖面线（图10-7～图10-9），其中一条剖面经过龙旂热液区已知喷口。根据剖面线展示的深部断裂分布形态结合文献资料中对断裂展布的描述，在Surpac中建立断裂三维模型。

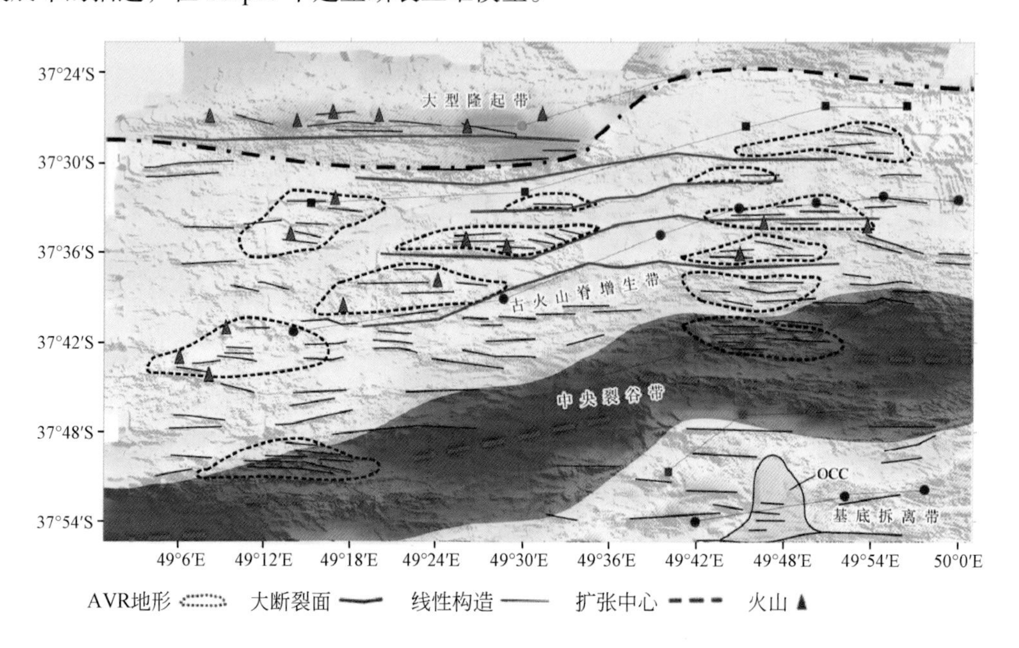

图10-7　SWIR 28洋段北翼构造分布（据梁裕扬，2014）

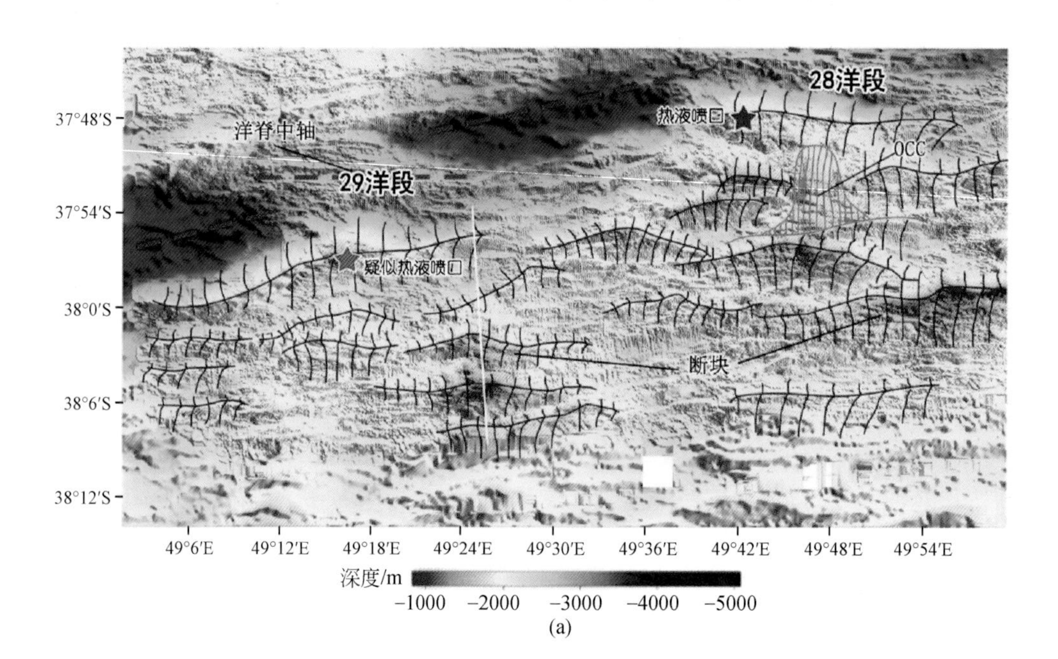

(a)

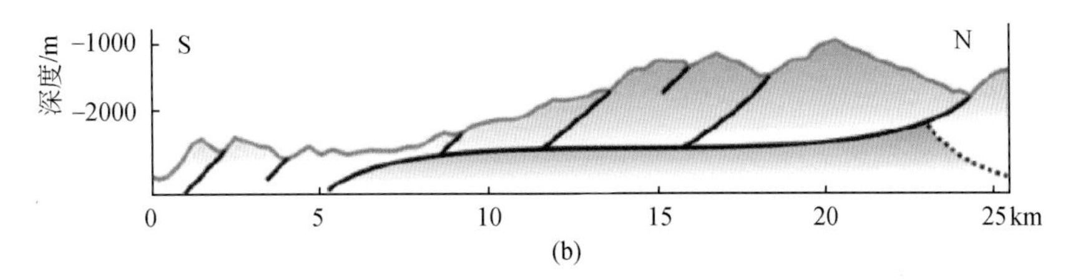

图 10-8　SWIR 28 洋段南翼构造分布图［图（b）剖面位置见图（a）白线］（据梁裕扬，2014）

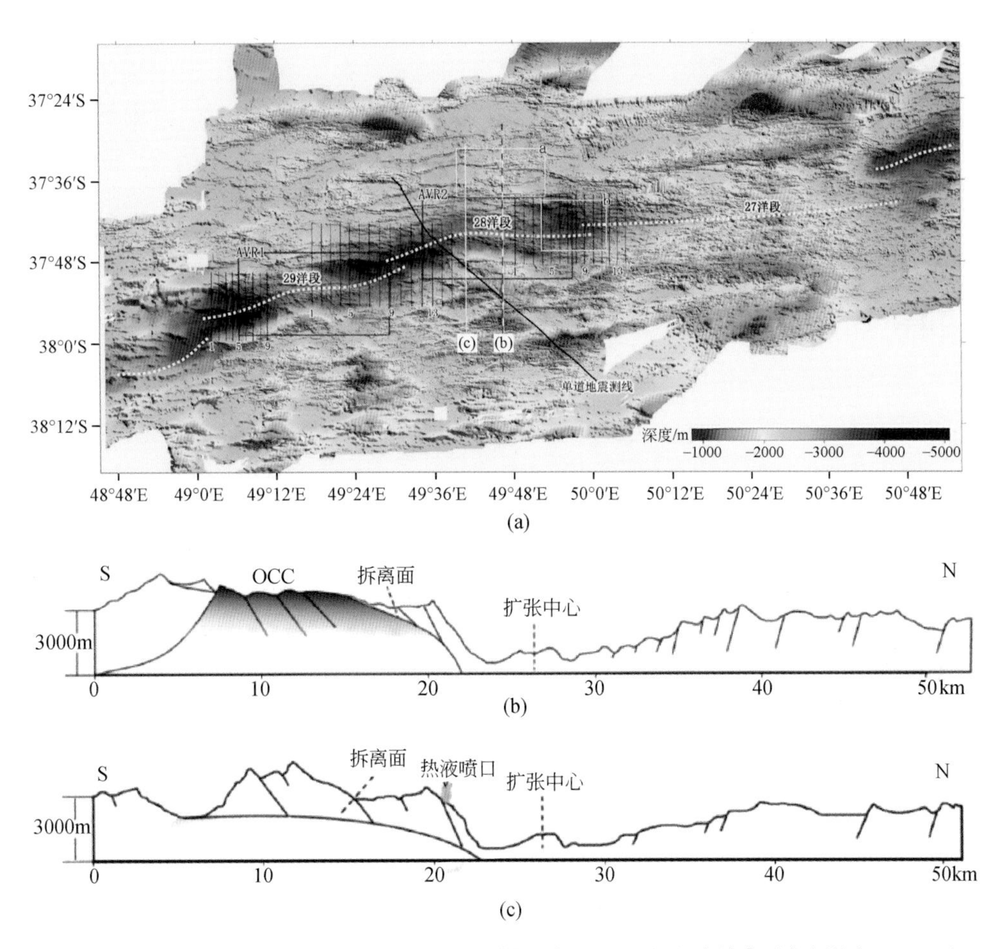

图 10-9　龙旂热液区剖面线［图（b）和（c）剖面位置见图（a）白线］（据梁裕扬，2014）

10.2.3　找矿模型的建立

找矿模型可突出主要的控矿因素，抓住找矿的关键信息，提出获得关键信息的有效方法组合，总结主要找矿标志组合，因而简化了找矿的实际过程，是提高预测可信程度的主要依据。

海底热液活动的产生必须满足三个基本条件：热源、热液循环或运移的通道、热液循环水体，可以产生热液活动的区域地质环境必然满足上述条件。岩浆作用为海底热液活动提供了最重要的热源，它与热液活动通常是同时存在的，在时间和空间上紧密联系。此外，岩浆作用不仅为热液活动提供热源，而且可能同时提供了部分物源。热液通道是热液流体发生对流循环的场所，岩石中的孔隙、裂隙和断层是热液对流的主要通道，构造活动是产生这种通道的主要控制因素。对现代和古代硫化物矿床的综合研究表明，硫化物成矿作用必须满足五个基本要素：①成矿的热液流体，主要来源于海水，但不排除有岩浆水的贡献；②岩浆热源（岩浆房或高位侵入体或脉岩系），加热流体并使之在壳层物质（火山－沉积岩系）中产生对流循环；③断裂裂隙系统，致使被热水循环的物质具有高渗透性，从而促使大规模水－岩反应的发生；④高效的沉淀机制，促进硫化物堆积沉淀；⑤快速及时的埋藏条件，保证硫化物免遭氧化和破坏（侯增谦，2003）。综上所述，深部岩浆活动、断裂构造、沉积物盖层、扩张速率、基底岩石性质等多种因素对海底热液多金属硫化物的成矿起着控制作用。

根据研究区地质背景和矿床成矿模式的分析结果，结合研究区实际数据资料情况，建立了研究区的找矿模型（表 10-1）。控矿要素主要分为三类，即构造、洋壳圈层和深部岩浆：①构造因素，由于断裂是岩浆热液上移的通道，通过在断裂两侧建立缓冲区，可以分析构造带特征；主干构造及局部构造的分析可以得出构造的空间展布特征；地震点缓冲区分析构造活动的强度。②洋壳圈层，主要考虑到含矿的有利洋壳部位，通过有利水深范围和有利洋壳年龄范围限定有利的洋壳范围。③深部岩浆，是成矿的热源，研究地幔上部的形态和影响范围。

表 10-1　龙旂热液区找矿地质模型

控矿要素	特征描述	变量类型	定量描述
构造条件	构造展布特征	区域构造分析	密度 / 频数
		局部构造分析	频数 / 密度
			方位异常度
	构造带特征	构造影响区域	断裂缓冲区
	构造活动强度	地震点影响范围	地震点缓冲区
洋壳圈层条件	成矿有利洋壳圈层	有利水深范围	含矿性较好的洋壳圈层
		有利洋壳年龄范围	
深部岩浆条件	成矿热源	洋壳深部形态	地幔上部分布形态

10.3　致矿地质异常数值模拟预测分析

致矿地质异常是指形成矿化所具有的成矿地质背景和有利异常组合，是成矿过程发生所必备的基本条件。模拟这种初始条件组合下特定成矿过程的发生与发展，可以有效圈定成矿的可能部位。本节主要是在对龙旂热液区硫化物矿床进行系统研究的基础上，应用目前主流地质三维建模软件 Surpac，建立龙旂热液区三维地质体模型，通过数值分析模拟软件 FLAC3D，进行海底多金属硫化物矿床成矿过程模拟。

10.3.1　三维数字热液区

龙旂热液区位于 SWIR 中段（49°39′E，37°47′S），Indomed-Gallieni 断裂带之间，是目前西南印度洋中脊热液活动调查程度最高的海区。目前已经在龙旂热液区发现了三处喷口区，分别是 S 区、M 区和 N 区。通过对海底多金属硫化物矿床进行系统研究，应用三维建模软件 Surpac，建立研究区的地表模型、断裂模型、洋壳圈层模型及其他相关模型。建模流程如图 10-10 所示，本次研究区域如图 10-11、图 10-12 所示。

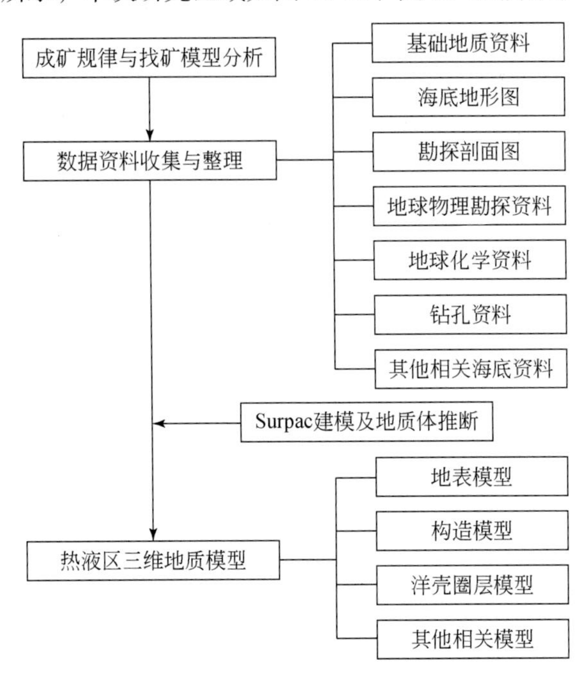

图 10-10　三维建模技术流程

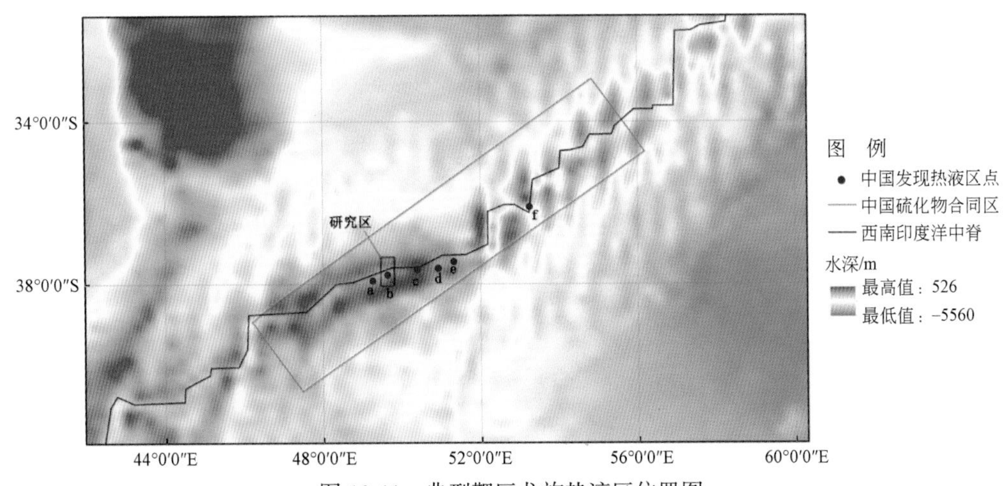

图 10-11　典型靶区龙旂热液区位置图

a. 玉皇热液区；b. 龙旂热液区；c. 断桥热液区；d. 长白山碳酸盐区；e. 51°19′热液区；f. 53°15′热液区

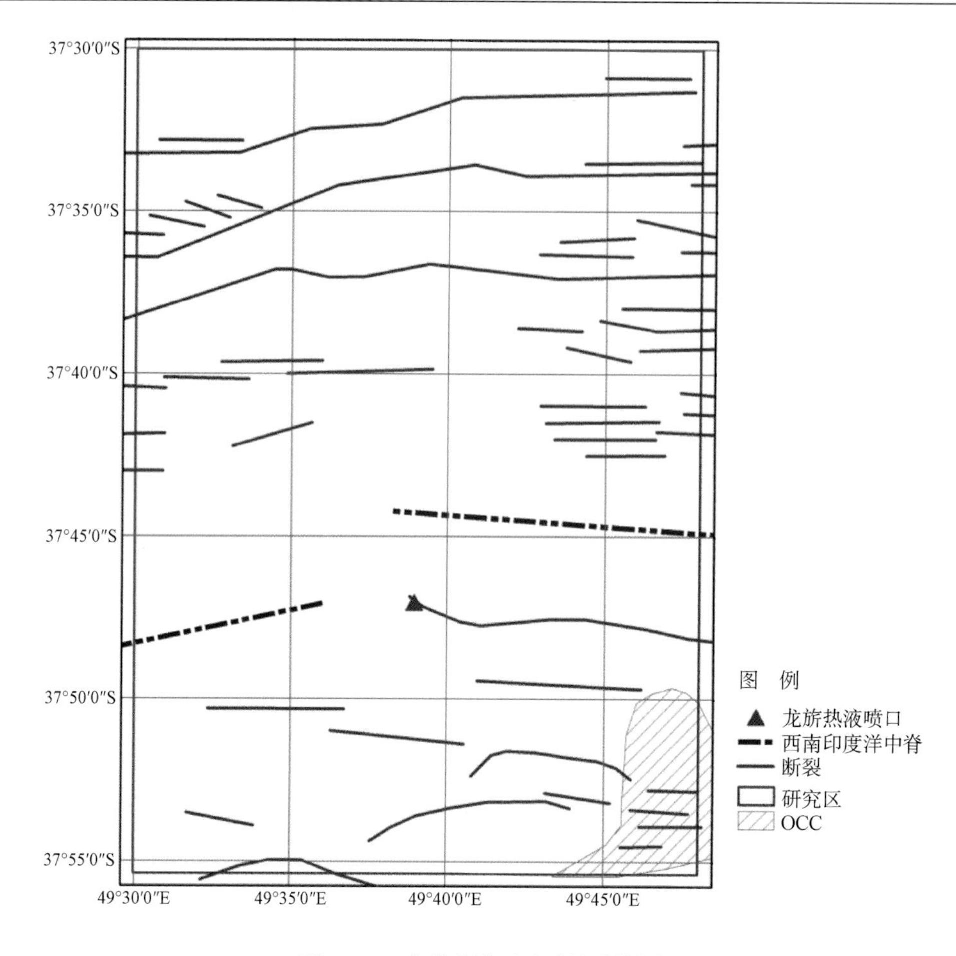

图 10-12　龙旂热液区地质构造简图

1. 地表范围模型

龙旂热液区的地表模型是用来规范研究区的表面形态。由于缺少高精度地形数据，本节研究中龙旂热液区地表形态主要是利用剖面线地形形态在 Surpac 软件中生成 DTM 模型表示（图 10-13）。

龙旂研究区模型形态坐标范围为南北 –4193480 ～ –4164980m、东西 391570 ～ 373070m，高程 –9875 ～ –1625m（图 10-14）。在地表范围模型建立过程中，利用剖面文件生成的地表面文件与范围的实体相切，得到研究区地表范围模型（图 10-15）。

2. 地质体三维模型

1）洋壳圈层三维模型

龙旂热液区洋壳主要分为三层。圈层实体的建立主要借助剖面数据。建模过程中，共用到了四条剖面，剖面资料为洋壳圈层三维建模提供了基础，完成了整个典型热液区的实体建模（图 10-16）。

图 10-13　龙旂热液区地表形态图

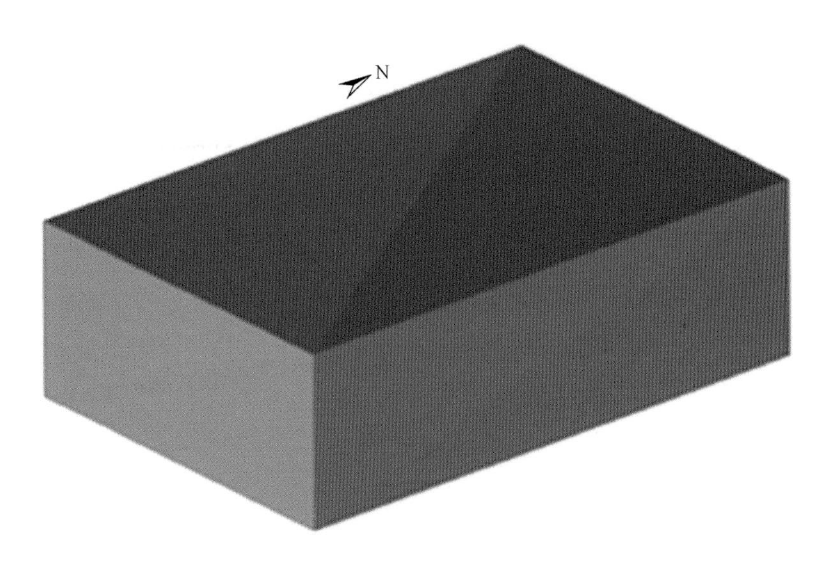

图 10-14　龙旂热液区范围模型

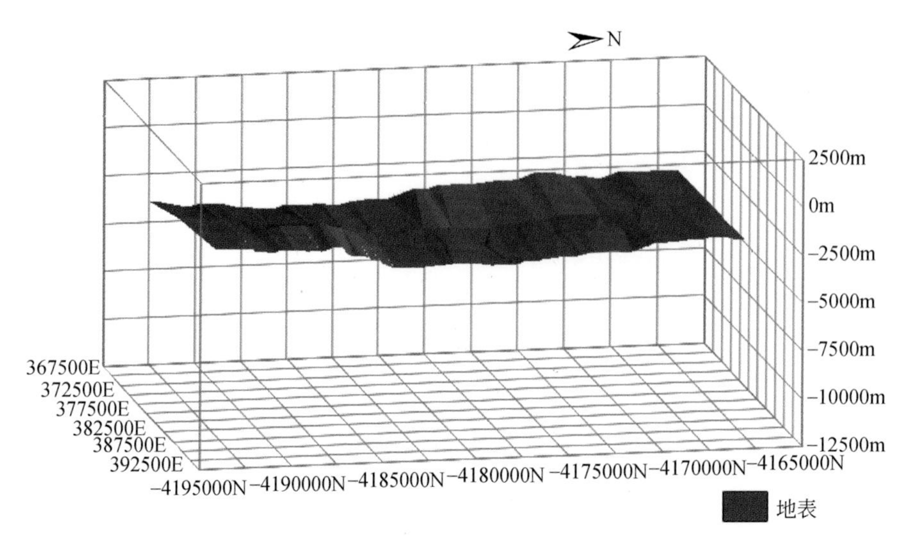

图 10-15　龙旂热液区地表范围三维模型

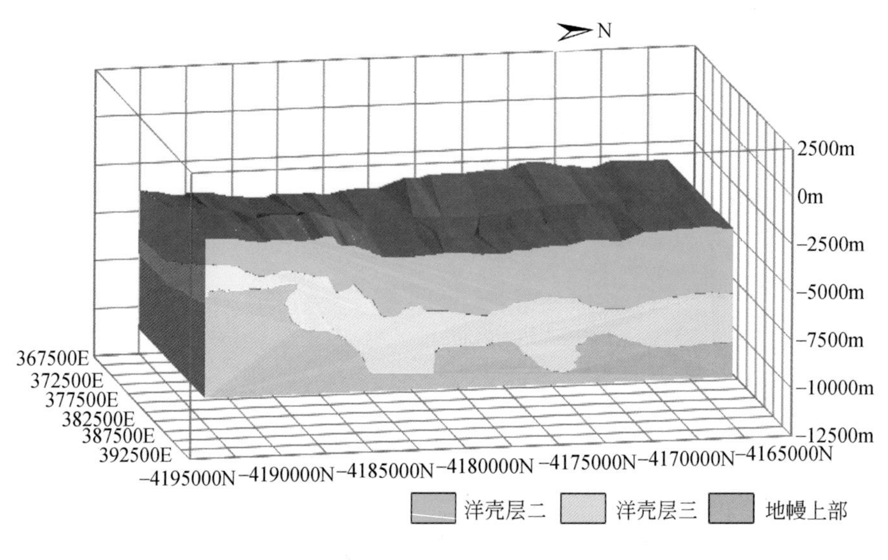

图 10-16　龙旂热液区洋壳圈层三维模型

2）构造三维模型

研究区构造三维模型的建立，主要是根据平面构造分布图，结合文献资料中对断裂构造的形态描述以及已有剖面图的参考，推断建立深部断裂构造三维模型。图 10-17 为龙旂热液区构造三维模型。

3）热液喷口三维模型

龙旂热液区位于 49°39′E，37°47′S，断裂是影响热液喷口及其硫化物矿床生成的主要控制因素，因此，将喷口区位置沿断裂下延作为已知热液喷口的三维模型（图 10-18）。

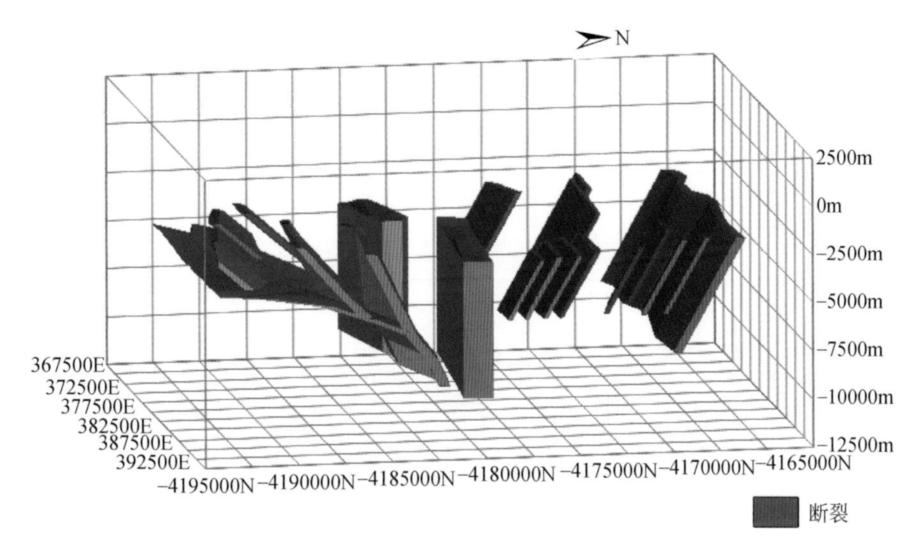

图 10-17　龙旂热液区构造三维模型

图 10-18　龙旂热液区喷口三维模型

3. 地震点三维模型

龙旂热液区附近 1950 ～ 2013 年大于 5 级的地震点 9 个（表 10-2），以地震点为中心，对 20km 缓冲区建立地震点模型（图 10-19），对热液区影响较大的地震点有三个，如图 10-20 所示。

表 10-2　龙旂热液区附近地震点

编号	发生日期	经度	纬度	深度 /m	震级
1	1977/7/10	49.684° E	37.93° S	33	5.4
2	1979/10/18	49.837° E	37.677° S	10	5.4
3	1995/10/27	49.827° E	37.725° S	10	5.3
4	1995/10/27	49.884° E	37.784° S	10	5.2

续表

编号	发生日期	经度	纬度	深度 /m	震级
5	1989/4/8	50.071° E	37.731° S	10	5
6	1971/7/24	49.367° E	37.865° S	33	5
7	2006/3/9	49.275° E	37.943° S	10	5.2
8	1978/6/7	49.24° E	37.986° S	33	5.1
9	2009/4/10	49.073° E	37.992° S	14.2	5.2

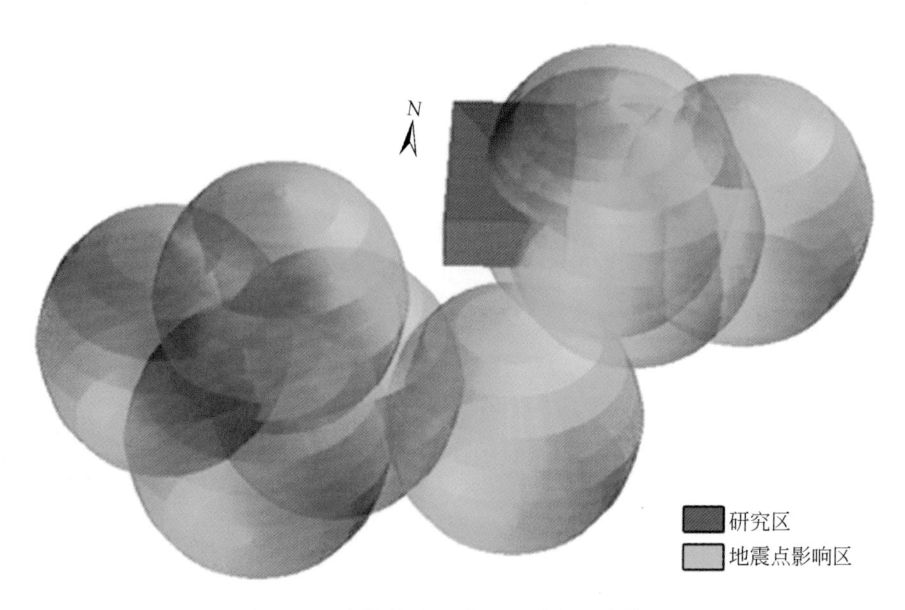

图 10-19　龙旂热液区附近地震点三维模型

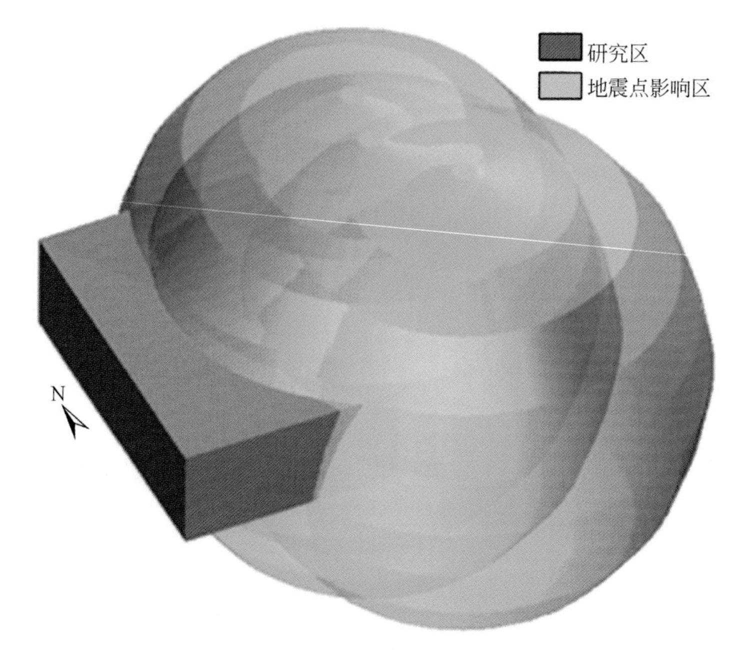

图 10-20　对龙旂热液区有影响地震点

10.3.2　FLAC3D 文件转换

运用 FLAC3D 难以实现复杂模型的建立，而 Surpac 建模具有简单、接近真实的特点，因此，可先通过 Surpac 生成地质体模型再通过插件程序转换为 FLAC3D 所支持的格式。由于两种软件相应的数据均为六面体单元划分，因此转换是可以实现的。在 Surpac 中建立三维模型，将不同属性赋值到块体模型中，块体行 × 列 × 高为 950m × 250m × 250m，模型包括块总共有 78200 个。

通过 Surpac 块体模型导出 .csv 文件，该文件记录了块体网格的中心点坐标及属性值（图 10-21）。FLAC3D 软件记录的是六面体节点的坐标，编制程序实现坐标转换及不同属性的分组，实现模型单元数据的转换，转换后的 FLAC3D 模型分组情况如图 10-22 所示。洋壳圈层分为洋壳层二的玄武岩、洋壳层三的辉长岩和最底层地幔上部的橄榄岩，断裂为主要的控矿因素，因此，模拟时主要考虑玄武岩、辉长岩、橄榄岩、断裂、洋中脊。采用 FLAC3D 软件为平台，对热液的运移及矿体的富集过程进行模拟，分析断裂构造、洋壳圈层因素对矿体生成的影响，可以实现过程再现。

A	B	C	D	E	F	G	H
X	Y	Z	洋壳层二	洋壳层三	地幔上部	断裂	洋中脊

图 10-21　Surpac 导出的数据格式

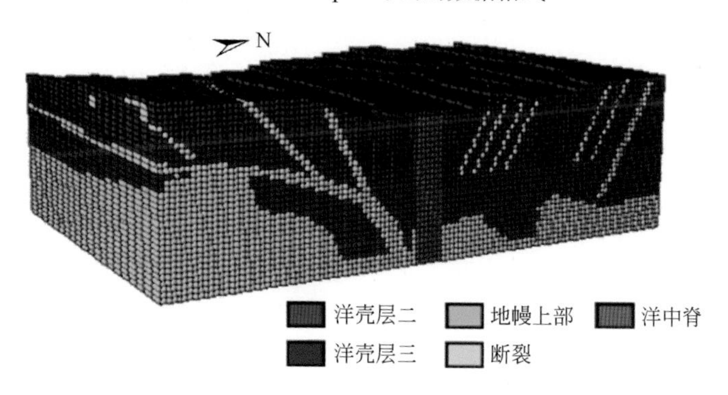

图 10-22　FLAC3D 龙旂热液区网格模型

10.3.3　数值模拟的原理与方法

选择合适的本构模型是数值模拟分析的基础，本章选取了经典的莫尔 - 库仑的本构模型来表达流变性特征。在应力作用的情况下，莫尔 - 库仑材料会表现为弹性变形，当压力达到屈服应力临界点后，开始表现为塑性变形，是一种不可逆的大应变（McLellan *et al.*, 2004）。它的屈服特点可以用屈服函数来表达：

$$f=\tau_m+\sigma_m\sin\varphi-C\cdot\cos\varphi \qquad (10\text{-}1)$$

式中，τ_m 为最大剪应力；σ_m 为平均应力；φ 为内摩擦角；C 为黏聚力。当压力没有达到屈服面时（$f<0$），材料处于弹性状态；当压力达到屈服面时（$f=0$），材料处于塑性状态。

塑性势函数 g：

$$g=\tau_m+\sigma_m\sin\Psi-C\cos\Psi \tag{10-2}$$

式中，Ψ 为膨胀角。现代模型采用 $\varphi\neq\Psi$，形成非关联流动法则。当莫尔－库仑弹塑性材料塑性变形时，表现为体积变形。膨胀量（塑性体积变化量）由膨胀角决定。莫尔－库仑各向同性弹塑性模型，是 FLAC3D 软件中常用的一个本构材料模型，涉及的机械参数包括剪切模量（G）、体积模量（K）、黏聚力（C）、抗张强度（T）、内摩擦角（φ）和膨胀角（Ψ）。

莫尔－库仑模型的破坏包络线由莫尔－库仑准则确定。通过假设岩石的应变增量分解为弹性应变增量 e_i^e 和塑性应变增量 e_i^p，即

$$\Delta e_i=\Delta e_i^e+\Delta e_i^p \tag{10-3}$$

（1）由胡克定律，弹性应变增量表达式为

$$\Delta\sigma_1=\alpha_1\Delta e_e^1+\alpha_2(\Delta e_e^2+\Delta e_e^3) \tag{10-4}$$

$$\Delta\sigma_2=\alpha_1\Delta e_e^2+\alpha_2(\Delta e_e^1+\Delta e_e^3) \tag{10-5}$$

$$\Delta\sigma_3=\alpha_1\Delta e_e^3+\alpha_2(\Delta e_e^1+\Delta e_e^2) \tag{10-6}$$

式中，$\alpha_1=K+4/3G$，$\alpha_2=K-2/3G$。

（2）塑性应变增量。莫尔－库仑条件为

$$\tau=C+\Delta\sigma_n\tan\varphi \tag{10-7}$$

$$(\sigma_1-\sigma_3)/2=C+\cos\varphi+(\sigma_1-\sigma_3)/2\sin\varphi \tag{10-8}$$

式中，C 为黏聚力；φ 为内摩擦角；$\Delta\sigma_n$ 为剪切面上的法向应力。

在（$\sigma_1-\sigma_3$）平面上，AB 为破坏包络线，莫尔－库仑屈服方程为

$$f=\sigma_1-\sigma_3N_\Psi+2c\sqrt{N_\Psi} \tag{10-9}$$

式中，$N_\Psi=(1+\sin\Psi)/(1-\sin\Psi)$。

由非关联流动法则：

$$g=\sigma_1-\sigma_3\frac{1+\sin\Psi}{1-\sin\Psi} \tag{10-10}$$

式中，g 为塑性势面；Ψ 为膨胀角。

塑性应变增量：

$$\Delta e_i^p=\lambda^s\frac{\partial_g}{\partial\sigma_i}(i=1,2,3,\cdots) \tag{10-11}$$

式中，λ^s 为确定塑性应变大小的函数，为非负的塑性因子。而 $\Delta\sigma_i=\Delta\sigma_i^N-\Delta\sigma_i^o$，其中，N，o 分布表示新的和原来的应力状态。令

$$\sigma_1'=\sigma_1^o+E\Delta e_1+\gamma(\Delta e_2+\Delta e_3) \tag{10-12}$$

$$\sigma_2'=\sigma_2^o+E\Delta e_2+\gamma(\Delta e_1+\Delta e_3) \tag{10-13}$$

$$\sigma_3'=\sigma_3^o+E\Delta e_3+\gamma(\Delta e_1+\Delta e_2) \tag{10-14}$$

则

$$\lambda^s=\frac{f(\sigma_1',\Delta\sigma_3')}{(E-\gamma N_\Psi)-(\gamma-EN_\Psi)N_\Psi} \tag{10-15}$$

式中，$N_\Psi=(1+\sin\Psi)/(1-\sin\Psi)$；$\Psi$ 为膨胀角（龚纪文等，2002）。

数值分析模拟时，首先定义莫尔－库仑本构模型中地质体对应的物理性质参数，定义模拟的初始条件及边界条件，综合分析热液流体运移路径及成矿影响因素，确定有利成矿部位。

10.3.4　地质体参数设置

参考已知的研究区的地质资料和物理实验的数据，设置了研究区的初始条件和边界条件，总结了模型模拟时应考虑的地质体的物理参数，并且进行了定量化的表达，形成了研究区数值分析模拟的模型。表 10-3 为地质模型转换模拟模型简表。利用密度、剪切模量、体积模量、抗张强度、黏聚力、膨胀角、内摩擦角七个参数来表征莫尔－库仑本构材料模型的力学性质，渗透率和孔隙率表征模型的流体性质，热导率、热膨胀和比热容系数表征模型的热力学性质。

表 10-3　地质模型转换模拟模型简表

地质模型	模拟模型
地质体形态及空间关系	三维模型/剖面形成几何模型
活动断裂及性质	控矿断裂
围岩和岩体岩性	莫尔－库仑本构模型
围岩流体性质	孔隙度和渗透率
流体性质	对应温压下水的性质
应力场：南北向扩张	边界条件：半扩张速率北为 1.9×10^{-10}m/s，南为 2.85×10^{-10}m/s
地幔上部温度	1200℃
围岩温度场变化	热传导定律，固定热通量冷却 30mW/m^2
海底表面温度及地温梯度	一般地，4℃，60℃/km
围岩孔隙压力	静水压力，$P=\rho_{水}gh$
地幔上部孔隙压力	围岩孔隙压力的 2 倍

依据收集的研究区岩石样品物理性质的实测数据和《岩石和矿物的物理性质》（托鲁基安，1990）中提供的实验数据，同时考虑到岩石样品与实际岩层的区别，参考国内外数值模拟的相关文献，结合前人采用的模拟参数和数量级，综合考虑龙旂热液区具体岩性特征和各地质体间性质的差别与联系，分别设置了各地质体的性质参数（图 10-23 ～图 10-34），具体值见表 10-4。

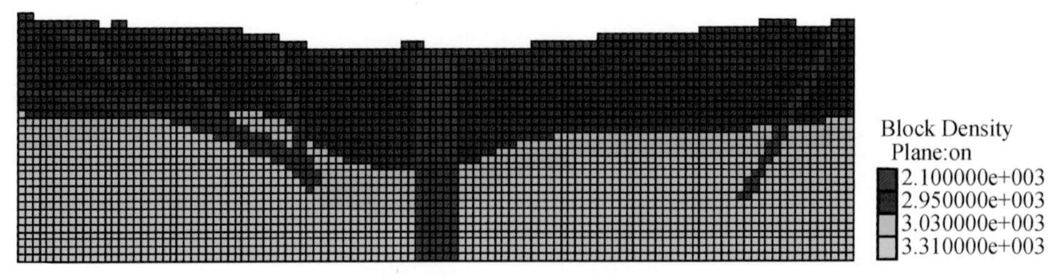

图 10-23　模型密度参数设置

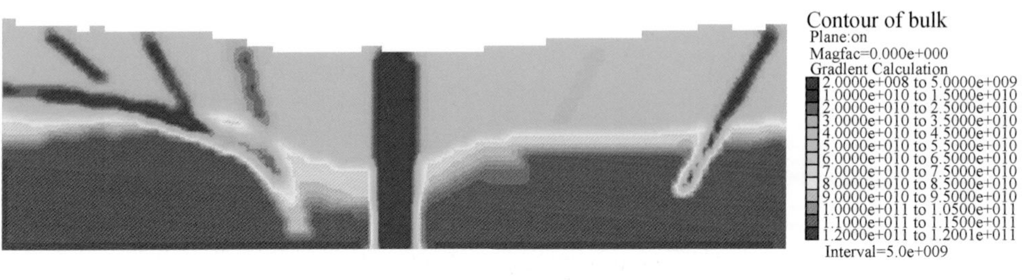

图 10-24　模型体积模量参数设置

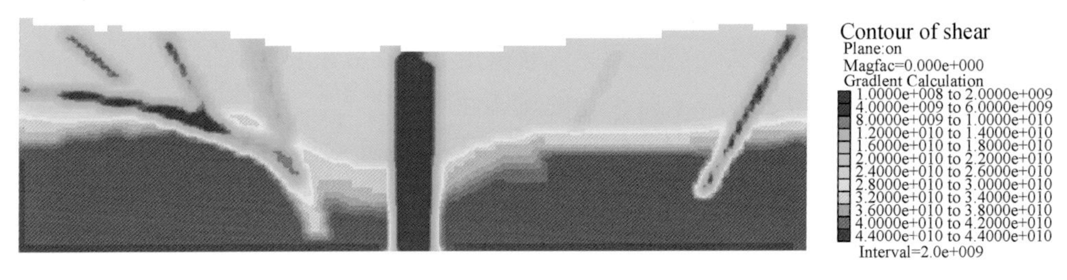

图 10-25　模型剪切模量参数设置

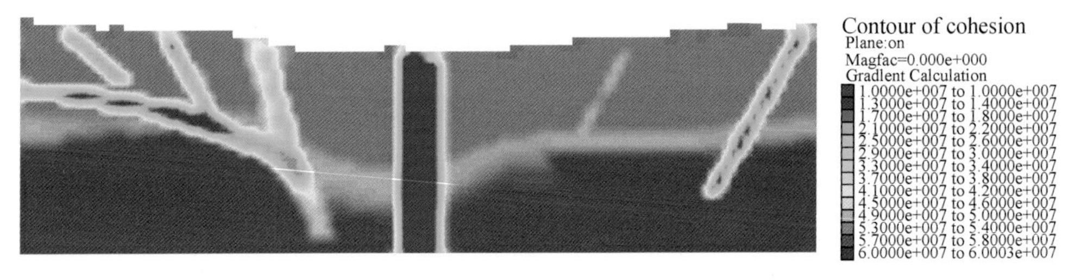

图 10-26　模型黏聚力参数设置

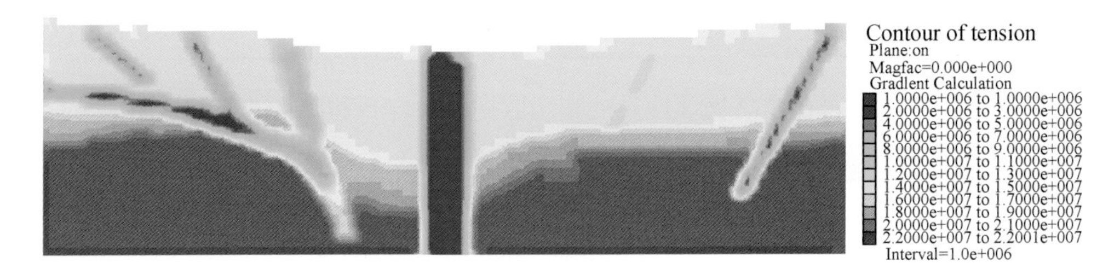

图 10-27　模型抗张强度参数设置

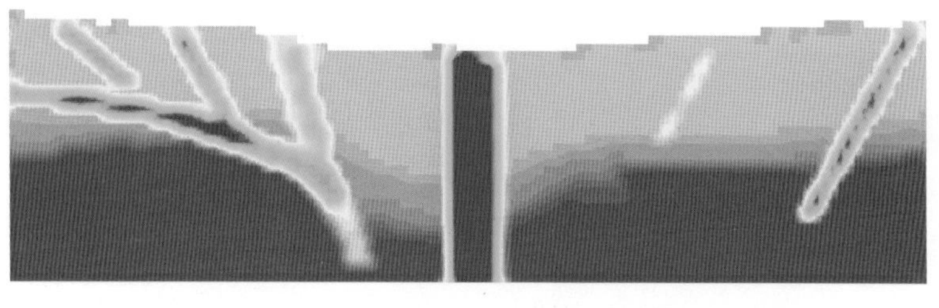
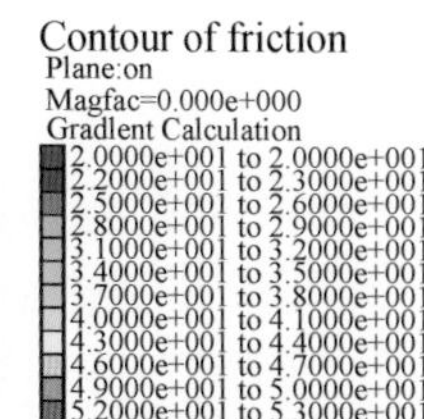

图 10-28　模型内摩擦角参数设置

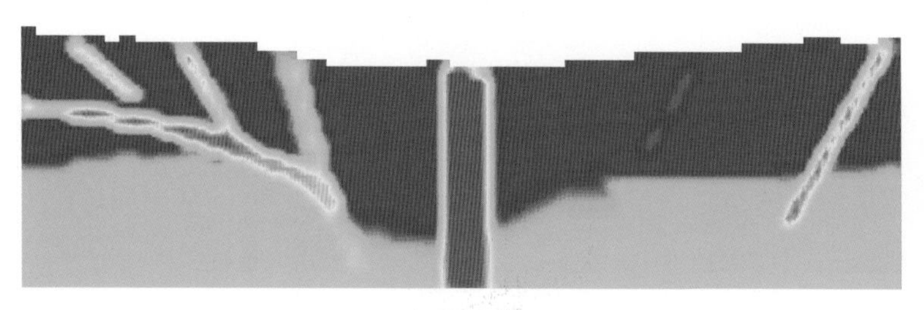

图 10-29　模型膨胀角参数设置

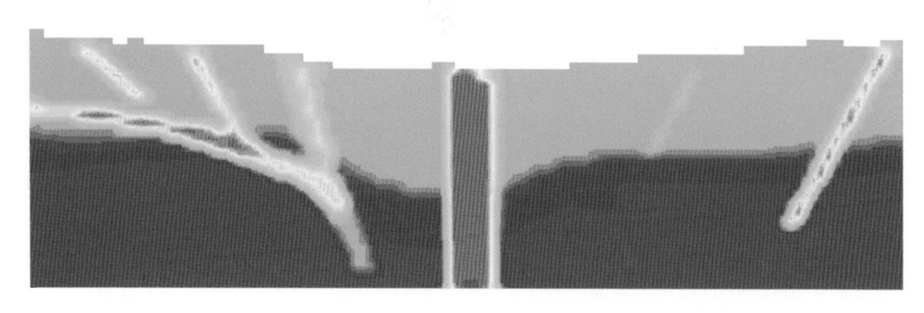
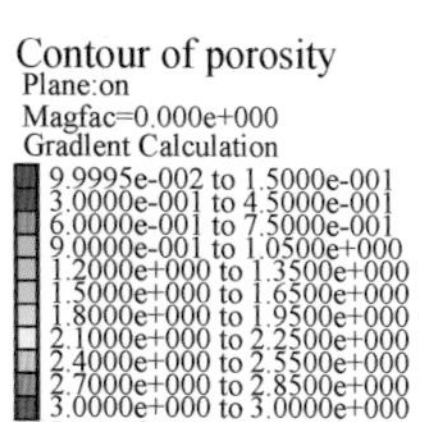

图 10-30　模型孔隙度参数设置

图 10-31　模型渗透率参数设置

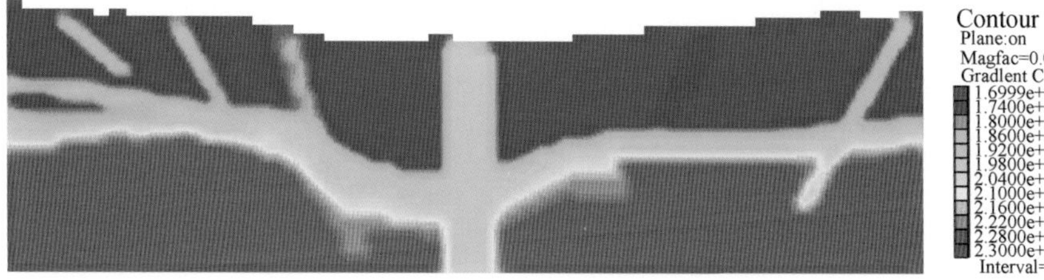

图 10-32　模型热导率参数设置

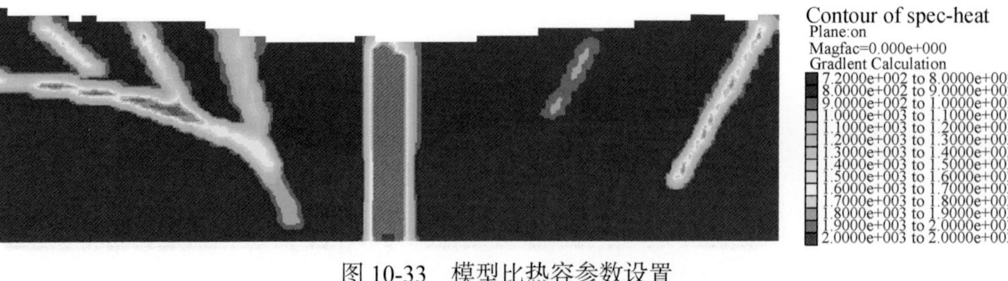

图 10-33　模型比热容参数设置

图 10-34　模型热膨胀系数参数设置

表 10-4　模拟模型中地质体的性质参数

岩性	莫尔－库仑本构模型							流体模型		热模型		
	密度/(g/cm^3)	体积模量/GPa	剪切模量/GPa	黏聚力/MPa	抗拉强度/MPa	内摩擦角/(°)	膨胀角/(°)	孔隙度	渗透率/m^2	热导率/[W/(m·K)]	比热容/[J/(kg·K)]	热膨胀系数/$℃^{-1}$
玄武岩	2.95	41	25	55	15	48	2	0.8	1×10^{-18}	1.7	883	6.6×10^{-6}
辉长岩	3.03	88	34	50	18	50	2	0.3	1×10^{-21}	2	720	9×10^{-6}
橄榄岩	3.31	120	44	60	22	55	3	0.1	1×10^{-22}	2.3	787	9.5×10^{-6}
断裂	2.1	0.2	0.1	10	1	20	5	3	1×10^{-16}	2	2000	14×10^{-6}
洋脊	2.1	0.2	0.1	10	1	20	5	3	1×10^{-16}	2	2000	14×10^{-6}

10.3.5　初始条件和边界条件

动态过程的数值分析模拟是一个瞬时问题，确定边界条件和初始条件才能设定模拟的动力条件。本章初始条件主要分析了压力场和温度场的变化，压力场包括海底表面压力、地压梯度变化及流体压力，温度场分布包括海底表面温度、地热梯度及地幔上部温度；边界条件主要是施加在模型边界的应力场或变形速度，以及持续的时间。以下是对研究区的初始条件和边界条件的设置。

1. 温度场

温度场的设置主要考虑了海底表面温度、地热梯度、洋脊温度及地幔上部温度四个部分。根据已知的统计分析，洋壳的地热梯度变化为每往下延伸 1000m，温度升高 60℃。海底表面温度的设置采用的是平均海水温度 4℃，洋中脊处较高，设为 300℃。本章对洋壳中岩性和断裂采用了 60℃/km 的地温梯度变化。模型底部地幔上部温度较高，设为 1200℃，洋中脊处设为 1500℃。洋中脊温度设置如图 10-35 所示，地幔上部温度设置如图 10-36 所示，地温梯度设置如图 10-37 所示，温度场初始分布设置如图 10-38 所示。

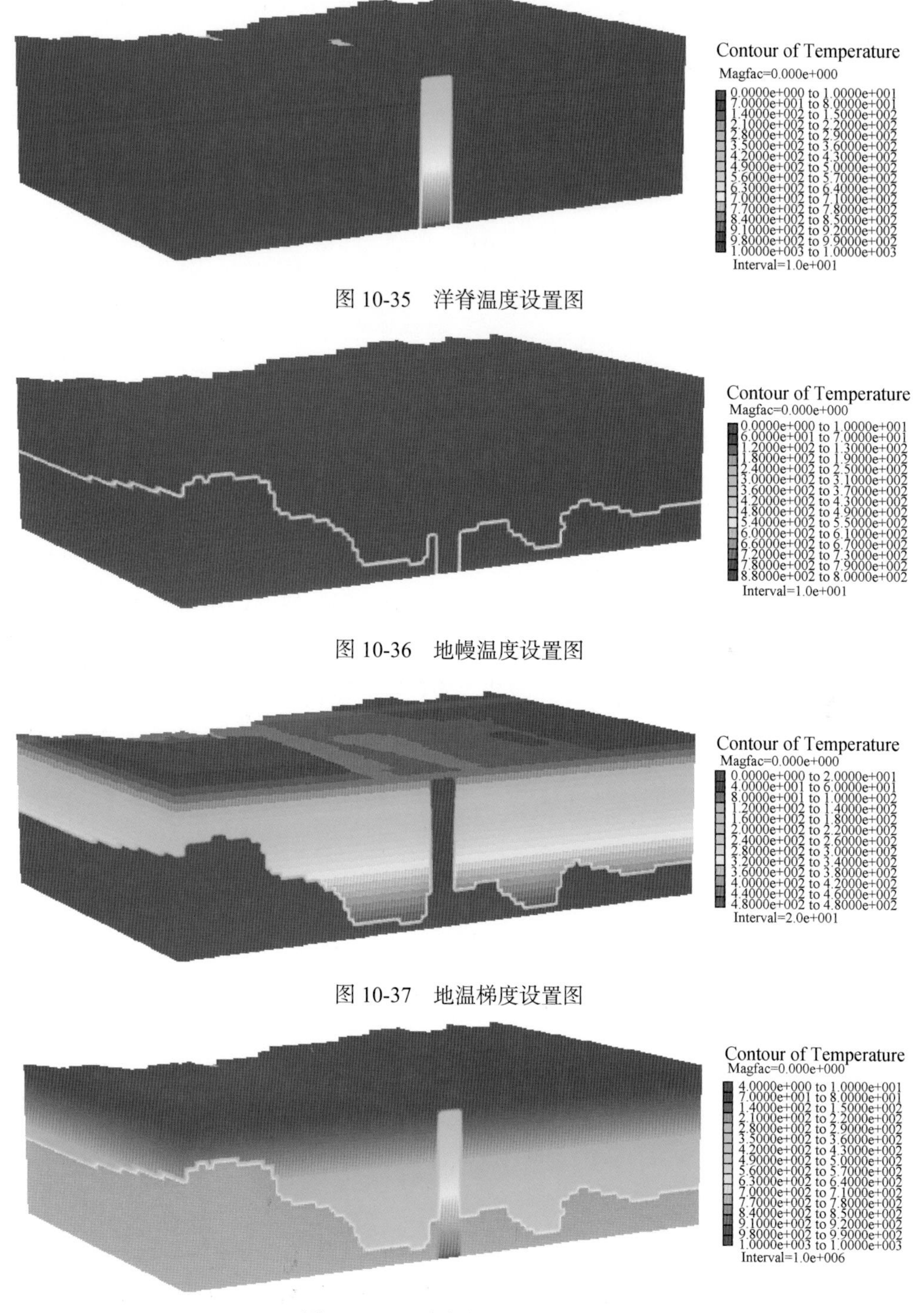

图 10-35　洋脊温度设置图

图 10-36　地幔温度设置图

图 10-37　地温梯度设置图

图 10-38　温度场初始分布设置图

2. 压力场

模拟的时候，研究区主要考虑了海底表面压力、地压梯度和流体压力三个部分。海底表面压力通过 $\rho_{水}gh$ 计算得到为 2×10^7Pa，地压梯度采用的是 1×10^4Pa/m 的变化来表示，通过公式 $P=\rho_{水}gh$ 可计算出模型对应深度的静水压力。研究区的地压梯度设置如图 10-39 所示。

图 10-39　地压梯度设置图

流体压力（孔隙压力）直接关系到流体流动的动力问题，在地下深处，液体所受到的压力，相当于其上覆全部岩石的重量，根据岩石密度和水的密度比例，受到的静压力约等于这个深度水的静压力的 2 ～ 3 倍，当压力条件发生变化时，特别是地壳发生裂隙时，这种压力会使热液受到挤压而到裂隙中去。根据洋壳的实际情况，本章将流体压力设置为此深度下静水压力的 2 倍再加上海水产生的压力，即 3.4×10^8Pa，并施加在地幔上部。图 10-40 为流体压力设置图，图 10-41 为压力场初始分布示意图。

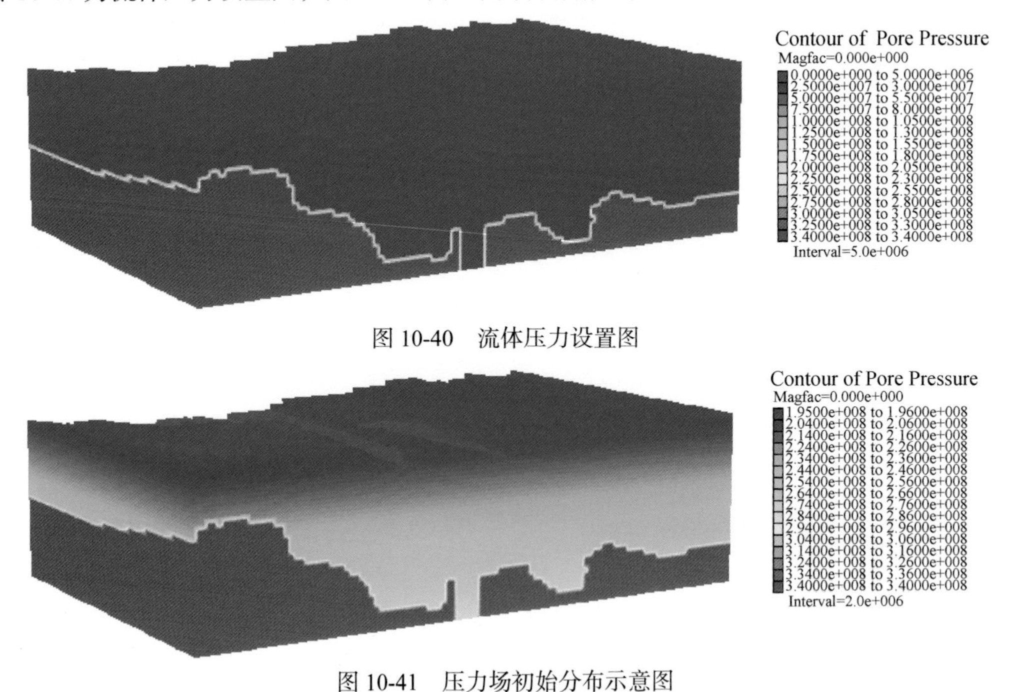

图 10-40　流体压力设置图

图 10-41　压力场初始分布示意图

3. 边界条件

研究区属于超慢速扩张洋中脊，南北向不对称扩张，应力的结果是产生形变，研究区采用通过位移来表示边界条件，即通过作用在模型边界处向两侧外部的一定位移，实际上通过对模型边界施加变形的速度和时间来代替，同时对研究区模型底部施加向上的驱动力，驱动流体向上运移。

10.3.6　模拟结果及分析

模拟结果的分析主要是通过流体运移的路径、孔隙压力的变化以及反映成矿空间位置的体积应变的值来说明。流体运移路径过程现象的分析说明了控矿的因素，孔隙压力和体积应变的变化分析了成矿的位置信息，通过总结这些因素，分析了时间作用下的动态模拟。

图 10-42 和图 10-43 为初始状态和孔隙压力随时间的演化过程图，由于孔隙压力是流体运移的直接动力，断裂是运移的通道，通过对比分析，能直观地反映出流体运移方式及路径，为进一步分析成矿原因和成矿规律奠定基础。图 10-42 和图 10-43 为截取的 X=381969.424 位置的一个剖面，该剖面穿过龙旂热液区已知喷口。

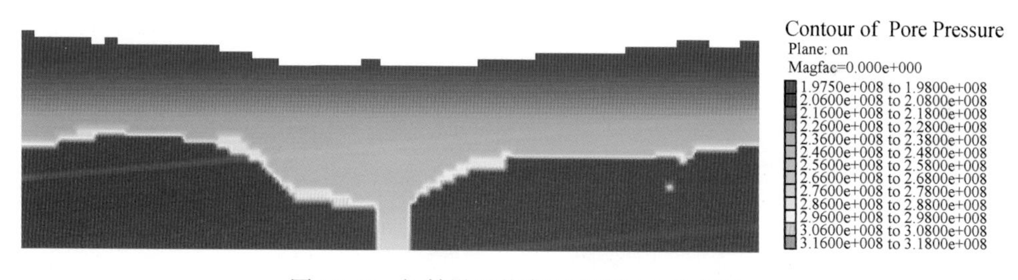

图 10-42　初始设置状态下孔隙压力分布图

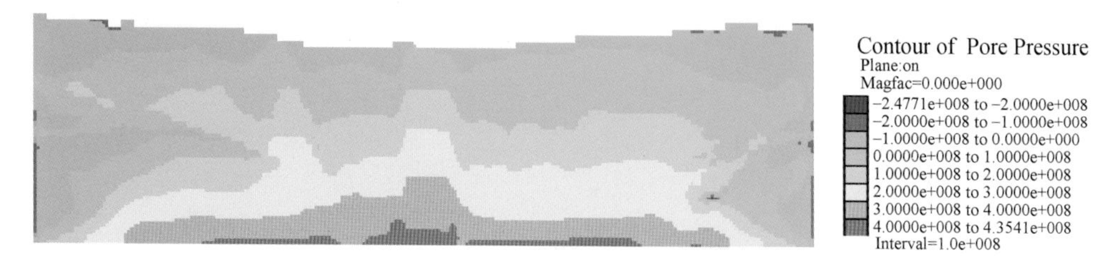

图 10-43　经过应力作用后孔隙压力分布图

通过力–热–流耦合过程分析，流体运移受到断裂因素的影响较大，热液的运移主要通过断裂构造向上移动。由于圈层深部温度较高，流体体积膨胀，形成了大于该深度下的静水压力的驱动力，断裂比围岩的孔隙率大、渗透率高，因此流体沿着断裂向上方运移。运移过程中，断裂带两侧一定区域内的孔隙压力变小，因而部分流体会由断裂通道向断裂两侧区域渗流。孔隙压力的变化间接反映了流体运移的变化。

在应力作用下，岩体会发生破裂，导致孔隙容积增加，流体逐渐向体积应变大的区域汇聚，从而进一步导致该处液压致裂，体积应变值更加增大，流体进一步汇聚。近地表断裂内部表现为正的体积应变值，围岩相对于断裂表现为较低体积应变值，这种现象有利于热液流体沿断裂向上运移，在喷口处喷出，形成烟囱体。如图 10-44 所示，体积膨胀提供了矿体形成的容矿空间。

图 10-44　体积应变产生容矿空间

通过分析成矿模拟过程中孔隙压力值和体积应变值的动态变化过程，明确反映成矿特征的孔隙压力值和体积应变值，将这两个参数值定量化，通过编制的程序转换为与三维成矿预测相同单元块大小，并转入 Surpac 的块体模型中，通过地质统计学方法对其进行分析，为双向预测评价奠定基础。图 10-45 和图 10-46 分别为孔隙压力值和体积应变值导入到块体模型中的结果。

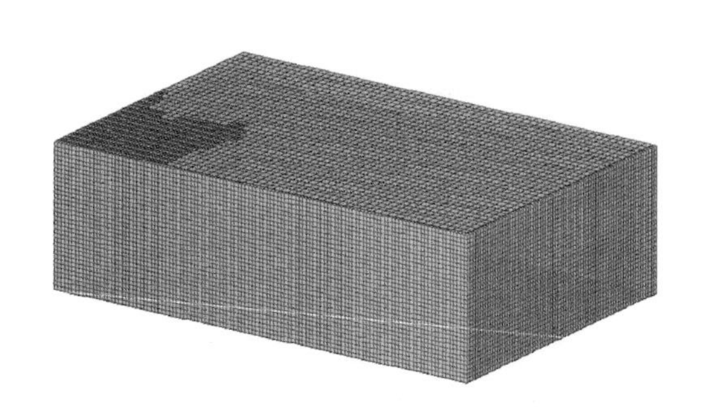

图 10-45　孔隙压力值导入到块体

图 10-46　体积应变值导入到块体

10.4　矿致地质异常定量化预测分析

矿致地质异常是指由于矿化作用发生所产生的局部地质、地球物理和地球化学特征的有利异常组合，是成矿作用结果的客观反映。排除异常解释的多解性，有效提取这种矿化特征有利于圈定找矿的可能部位。本节是在三维建模的基础上，在找矿模型指导下，进行有利成矿信息定量化的综合预测分析。通过分析并提取洋壳圈层、构造等相关找矿有利信息，根据已知矿床（点）与各种成矿有利信息之间的位置关系，判断研究区内任意区块成矿的可能性，实现硫化物矿体三维成矿预测。

10.4.1　“立方体预测模型”的找矿方法

“立方体预测模型”是通过将三维地质模型剖分为块体模型，是定性找矿分析向定量找矿的重大突破。由于该方法是以三维建模为基础，实现了空间上的三维成矿因素的分析，以及定量化成矿因素的数据管理，在此基础上应用地质统计学方法实现了矿体的预测。

立方体/块体（block）是一种传统的建模方法，在地质建模方面的研究主要形成于 20 世纪 60 年代初。该方法主要是将研究区划分为相等大小的立方体，每个立方体都有自己的属性信息，包括三维空间坐标值和反映成矿有利信息的值。

模型区形态实际值是一个坐标范围为南北 –4193480 ～ –4164980m、东西 391570 ～ 373070m 的长方形区域，高程 –9875 ～ –1625m，总体积为 $4.35 \times 10^{12} m^3$，单元块行 × 列 × 高为 250m × 250m × 250m，模型包括块总共有 293249 个单元块。

10.4.2　有利洋壳圈层信息提取

有利洋壳圈层范围主要通过有利的水深范围和有利的洋壳年龄共同约束，洋壳年龄取［0，5.1］Ma，该时期是最新一期印度洋热液活动强烈的时期，热液活动强烈有利于热液流体的运移和喷出，有利于海底热液多金属硫化物矿床的形成；水深取［–2900，–2400］m 的范围，该范围也是全球热液喷口统计中集中最多热液喷口的水深范围。通过这两个变量同时约束洋壳层二和层三的有利区范围（图 10-47）。

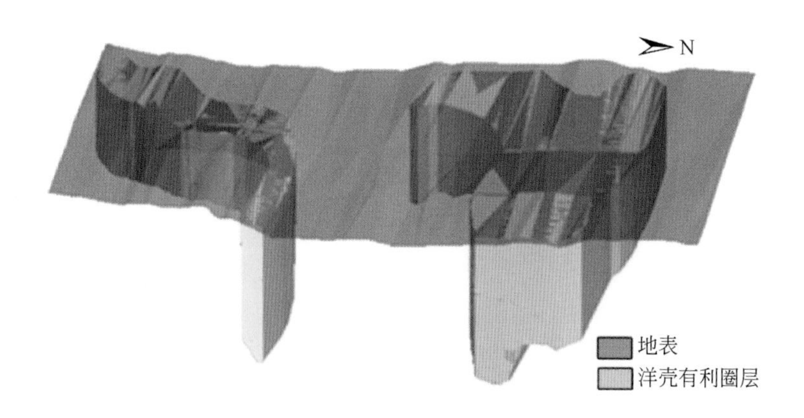

图 10-47　有利洋壳圈层三维模型

10.4.3 有利构造信息提取

1. 断裂缓冲

海底断裂构造的发育程度与海底多金属硫化物成矿密切相关，断裂构造切割海底形成的裂隙是热液活动区最重要的导矿和容矿通道，对热液硫化物的形成起着重要的控制作用。因此，对断裂在三维空间展布上的分析能够很好地了解找矿的方向。断裂两侧一定范围内的构造活动相对弱一点，这些区域更加有利于矿体的沉淀富集，因此需要根据实际情况对断裂做一定范围内的缓冲区处理。由于断裂模型本身断距较大，三维预测时不做缓冲区处理，以断裂模型整体作为预测要素，体现构造带的展布关系。

2. 构造定量化信息

首先，根据研究区内构建的所有断裂的三维模型，作出这些断裂在不同标高的中段平面分布图，为了能够较好地在高度上控制研究区，根据实际情况每隔一段高程距离（本章中每隔 200m）截取一个中段平面，截取高程 –1700 ～ –9100m 断裂平面 38 个，将文件从三维软件中导出；在此基础上通过定量化分析主干断裂、局部构造、方位异常度等信息，形成了不同过程平面上的插值处理，得到了具有三维坐标的不同属性值，然后再将这些反映成矿特征的属性值导回到立方块体中。

构造在矿床形成过程中的重要作用可以通过定量化反映成矿特点的几个因素进行分析，这些因素分别为主干断裂、局部构造、方位异常度，这些变量在不同方面反映了断裂构造的特征，通过定量化后的这些变量，与已知矿体叠加分析，提取出最有利成矿的变量区间值，为下一步找矿提供数据支撑。

1）断裂等密度

断裂等密度是构造发育程度的一个定量化说明，该地区断裂等密度值越高，表明此处构造发育越强烈，但矿体富集往往需要一个相对稳定的环境，因此，断裂等密度中间值或次高值的区域往往可能是矿体富集的区域。

2）构造频数

构造频数在一定程度上体现了构造产出的复杂程度，它表示的是某一区域中断裂构造产出的条数，反映了区域构造的主体特征。

3）主干断裂分析

区域主干断裂是指研究区内的深大断裂，它们不仅在平面上延伸较远，在立体空间上深度的延伸也较大。主干断裂的分析是通过断裂等密度和构造频数的比值来定量说明，主干断裂的值越大，说明单位面积内的断裂越深大但条数越少，反映的是区域主干断裂的特征。研究区内的主干断裂主要为近东西向的断裂。经过与已知热液喷口叠加分析统计可得［0，0.0043］区间作为成矿有利因子（图 10-48），如图 10-49 为主干断裂（有利区间截取的块体）与断裂模型相叠合的图，从图 10-49 可看出，断裂活动强烈的地区即主干断裂有利块体分布区与主要断裂的分布吻合，表明选取的区间较符合实际地质情况。

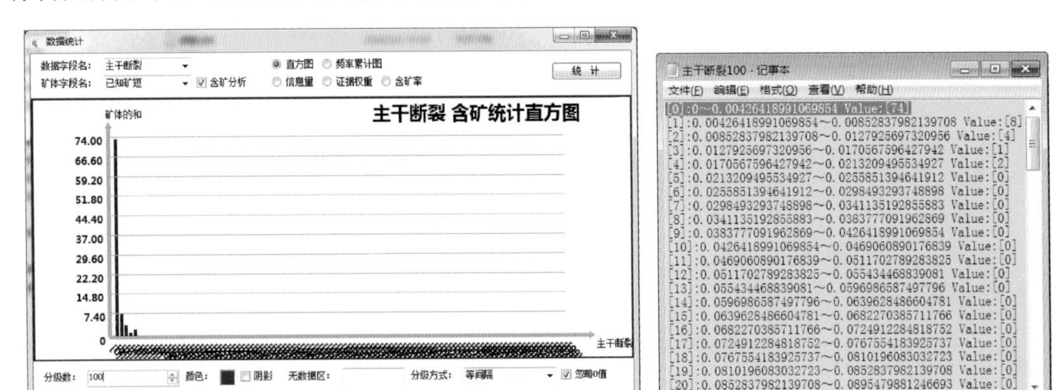

图 10-48　主干断裂（等密度/频度）与已知热液喷口叠加分析图

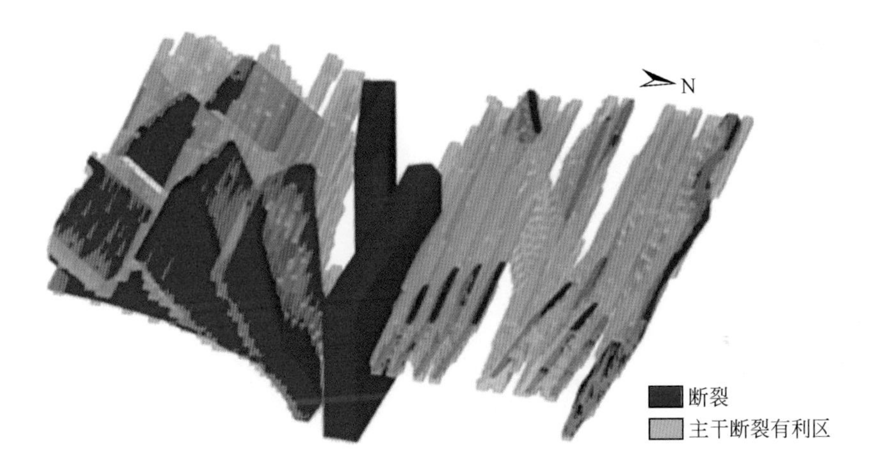

图 10-49　主干断裂有利区与断裂叠合立体图

4）局部构造分析

局部构造在定量化分析时通过用构造频数和断裂等密度的比值来说明分析。局部构造的值越大表明研究区单位面积内断裂构造的条数越多而且断裂发育越小。从构造学上来讲，矿体的沉积需要一个相对稳定的环境，因此对局部构造和已知矿体叠加分析，选取［0，838］区间作为成矿有利因子（图 10-50）。图 10-51 为局部构造有利区与断裂叠合，从立体的角度观察了局部构造所选取有利区间的块体与断裂叠合的情况。

5）构造方位异常度

通过统计研究区的构造方位玫瑰图（图 10-52），可以看出研究区内的主要断裂为近东西向和北西向，因此构造异常方位可以通过这两个方位中挑选出的值来说明。根据方位异常度与已知矿体叠加分析可确定方位异常度的区间值（图 10-53），其取值范围为［0.99，1］。构造方位异常度的有利区间块体与断裂叠加的三维立体图如图 10-54 所示。构造方位异常度同样是描述局部断裂特征的变量，与局部构造有利区间块体基本吻合。

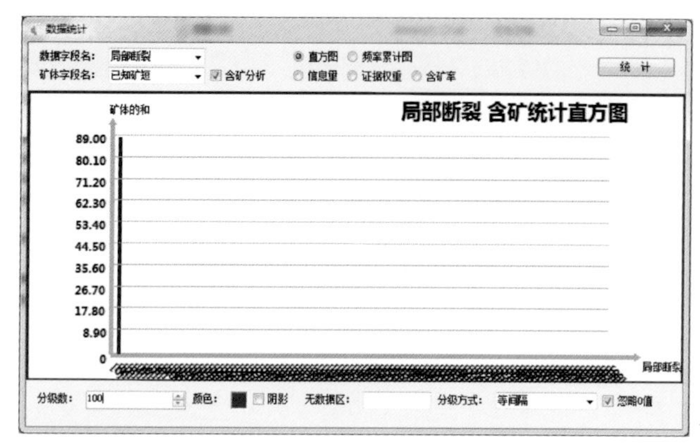

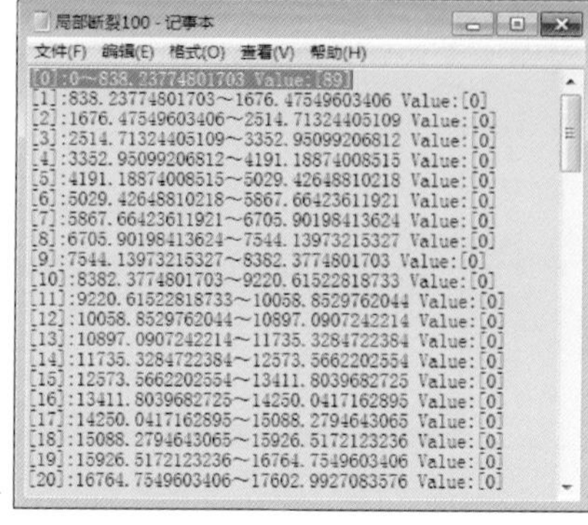

图 10-50　局部构造（频度/等密度）与已知热液喷口叠加分析图

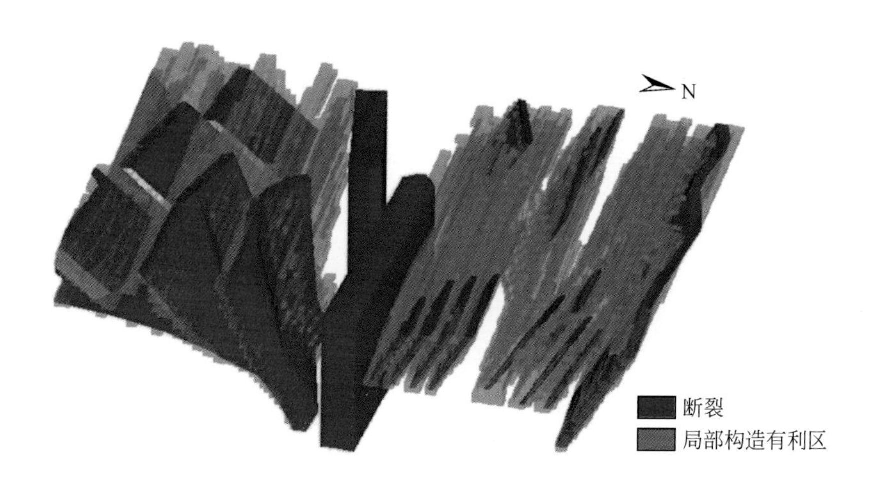

图 10-51　局部构造有利区与断裂叠合立体图

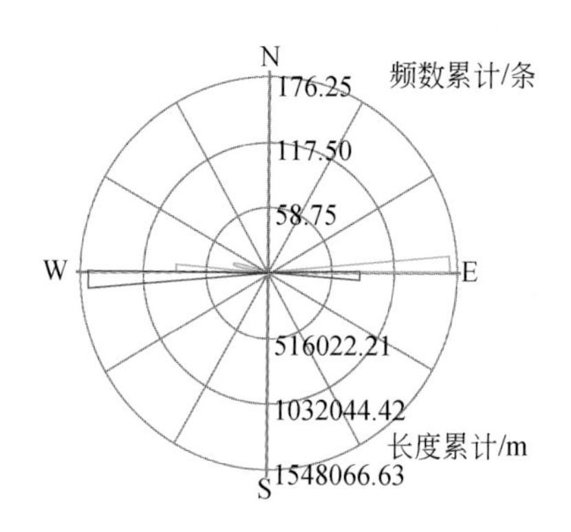

图 10-52　构造方位玫瑰图

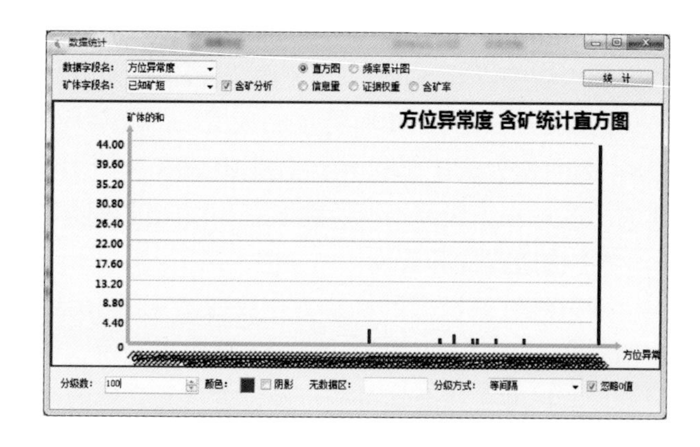

图 10-53　方位异常度分布图

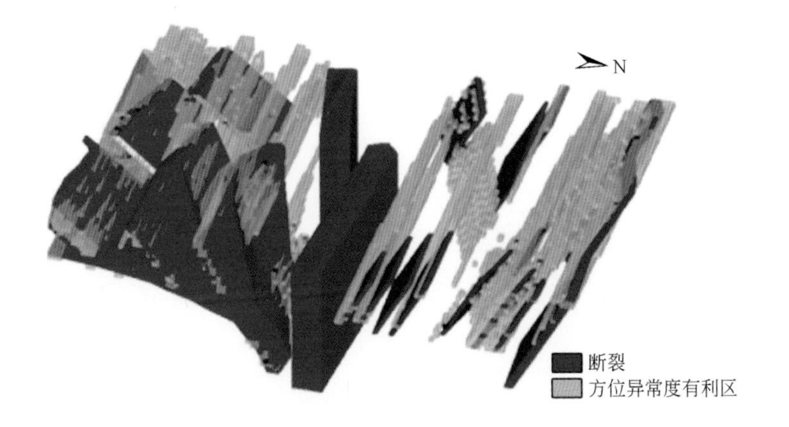

图 10-54　方位异常度有利区间与断裂叠合立体图

3. 地震点影响范围

海底地震活动与区域地壳活动息息相关，指示区域上的断裂构造或岩浆活动，间接反映了热液硫化物成矿的可能性。图 10-55 反映了地震点影响研究区范围的立体图。

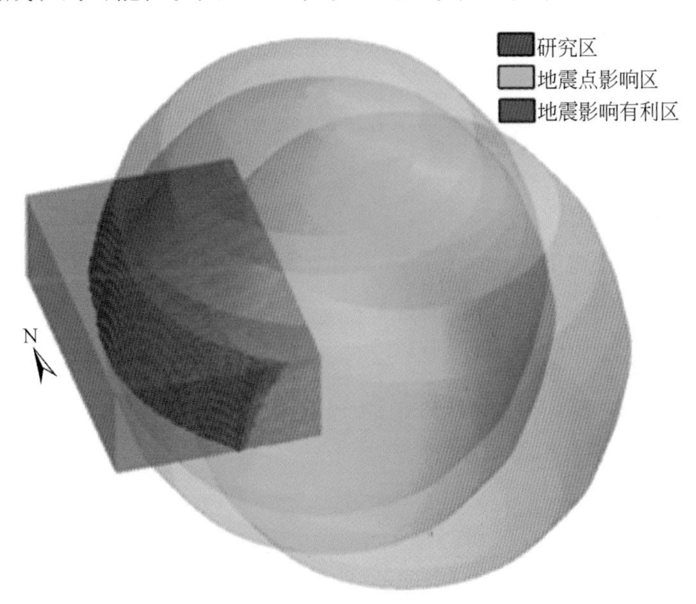

图 10-55　有利地震点影响范围三维模型

10.4.4　深部信息提取

地幔岩浆上涌为热液矿床的形成提供热源及物质来源。岩浆作用作为海底热液活动最重要的热源，它与热液活动通常同时存在，在时间和空间上关系密切，而且岩浆作用不仅为热液活动提供热源，加热流体并使之在壳层物质中发生对流循环，而且可能也提供了部分的物源。图 10-56 为洋壳深部三维形态图。

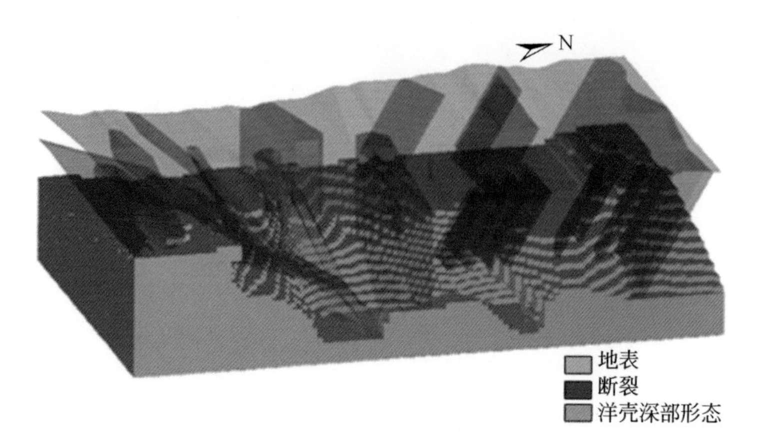

图 10-56 洋壳深部三维形态图

10.4.5 三维成矿预测综合分析

综合预测分析就是由于矿化导致的异常组合的定量成矿预测。针对海底金属硫化物矿床的存在条件、成矿规律，主要包括构造形态、构造分布及水深范围等要素的多重组合，这也是成矿预测的主要依据。

1. 龙旂热液区预测模型

通过上述对龙旂热液区找矿模型的分析及成矿有利信息的提取，结合实际地质情况，本章建立了如表 10-5 所示的龙旂热液区热液喷口及其硫化物矿床预测模型。

表 10-5 龙旂热液区热液喷口及其硫化物矿床预测模型

<table>
<tr><th>控矿要素</th><th>成矿预测因子</th><th colspan="2">特征变量</th><th>特征值</th></tr>
<tr><td rowspan="2">洋壳圈层条件</td><td rowspan="2">成矿有利洋壳圈层</td><td colspan="2">有利水深范围</td><td>[-2400，-2900] m</td></tr>
<tr><td colspan="2">有利洋壳年龄范围</td><td>[0，5.1] Ma</td></tr>
<tr><td rowspan="5">构造条件</td><td rowspan="3">构造展布特征分析</td><td>区域构造分析</td><td>密度 / 频数</td><td>[0，0.0043]</td></tr>
<tr><td rowspan="2">局部构造分析</td><td>频数 / 密度</td><td>[0，838]</td></tr>
<tr><td>方位异常度</td><td>[0.99，1]</td></tr>
<tr><td>构造带特征</td><td colspan="2">构造影响区域</td><td>断裂具体分布形态</td></tr>
<tr><td>构造活动强度特征</td><td colspan="2">地震点影响范围</td><td>地震点 20km 缓冲区</td></tr>
<tr><td>深部岩浆条件</td><td>成矿热源</td><td colspan="2">洋壳深部影响范围</td><td>地幔上部分布形态</td></tr>
</table>

根据建立的龙旂热液区热液喷口及其硫化物矿床的预测模型，选取了七个变量作为分析标志，分别是有利洋壳圈层范围、断裂影响区、主干断裂、局部断裂、方位

异常度、地震点影响区及洋壳深部形态影响区，设定各个成矿有利因子在立方块体中的值为1，统计各个找矿标志在单元块中的分布情况，单元块的大小根据分析设定为250m×250m×250m，通过统计，研究区立方体的数目为293249个单元，预测所用变量及其统计结果见表10-6。

表10-6　龙旂热液区热液喷口及其硫化物矿床立方体预测变量统计表

找矿标志	标志所占立方体数	标志内热液喷口及其硫化物矿床立方体数
有利洋壳圈层	51269	123
断裂影响区	15213	108
方位异常度	15506	44
主干断裂	38791	74
局部构造	44382	89
地震点影响区	191831	194
洋壳深部形态影响区	116663	10

2. 证据权计算

本章首先应用证据权法赋权得到龙旂热液区的每个找矿标志的权值（表10-7），然后通过计算反映找矿意义的单元块的后验概率值，后验概率值越大，说明该区域找矿潜力越大，最后，通过统计不同后验概率值时已知矿体的相对含量，来界定成矿远景区的后验概率值。

表10-7　龙旂热液区热液喷口及其硫化物矿床预测因子权值表

证据项	W^+	S（W^+）	W^-	S（W^-）	C
有利洋壳圈层	1.587399	0.090257	−0.51569	0.118654	2.103088
断裂影响区	2.677059	0.096546	−0.46302	0.107818	3.140081
方位异常度	1.756431	0.150885	0.094303	0.081658	1.662128
主干断裂	1.357954	0.116319	−0.04127	0.09129	1.39922
局部构造	1.407864	0.106077	−0.15257	0.097587	1.560435
地震点影响区	0.722007	0.071823	−6.9055	4.472137	7.627506
洋壳深部形态影响区	−1.74214	0.315454	0.75193	0.073749	−2.49407

3. 信息量计算

信息量法是由维索科奥斯特罗夫斯卡娅于1968年及恰金于1969年先后提出的，主要应用于区域矿产资源的预测评价。为了能够对三维证据权的预测结果进行系统的评价，本次预测研究同时利用三维信息量法对获取的数据进行了相关计算。表10-8为找矿信息量计算结果。

表 10-8　龙旂热液区热液喷口及其硫化物矿床找矿信息量计算结果

信息层名	含标志单元数	信息层单元数	信息量
有利洋壳圈层	123	51162	0.56038945
断裂影响区	108	15195	1.03115490
方位异常度	44	15474	0.63328193
主干断裂	73	38702	0.45502130
局部构造	89	44311	0.48231030
地震点影响区	194	191821	0.18433743
洋壳深部形态影响区	10	116587	−0.88721828

10.5　双向预测评价

前两节分别介绍了通过成矿过程数值模拟预测分析，以及有利成矿信息定量化的综合预测分析。数值模拟预测分析是以成矿条件与成矿过程的定量分析圈定有利成矿条件的组合部位，但是，预测结果包含了可能的不确定性，即有利成矿条件的组合部位并不代表一定有成矿作用过程的发生。而有利成矿信息定量化的综合预测是反映由于存在矿化特征而显示出的综合异常，通常会表述为由于矿化引起的地质异常，但是，由于异常存在可能的多解性，即非矿化原因引起的异常特征，所以预测结果包含了可能的多解性。如果实现了双向预测评价，就是过程模拟与综合预测耦合分析，可以有效提取出既有成矿有利条件组合又有矿化异常存在的耦合部位，预测结果同时排除了不确定性和多解性，有利于大大提高预测结果的可靠程度。

10.5.1　成矿过程数值模拟预测分析

成矿过程模拟预测是指成矿演化过程的定量模拟。针对海底多金属硫化物矿床的形成过程，可以理解为含矿热液沿有利构造部位上侵形成“黑烟囱”或“白烟囱”的成矿过程。因此，断裂带孔隙压力的不同定量，反映出含矿热液可能上侵的路径，而体积应变则定量反映出矿体沉淀析出的部位。因此，孔隙压力和体积应变是定量模拟的重要结果，也是过程模拟预测分析的主要依据。

对于通过模拟分析得到的致矿地质异常信息，反映成矿特征的孔隙压力和体积应变的界限值的选择方法是：首先，模拟趋于平衡状态时，成矿有利区对应的孔隙压力值和体积应变值；其次，分别统计分析孔隙压力值和体积应变值与已知矿体的相关性，综合考虑选取成矿最有利的阈值。将模拟结果定量化输出，结合三维预测综合分析信息，圈定双向预测结果重叠的区域，实现模型指导下的硫化物矿体双向预测评价。

1. 孔隙压力

通过数值模拟软件 FLAC3D 对孔隙压力的变化进行模拟，岩体中的含矿流体沿断裂向上运移，造成孔隙压力值的变化，当孔隙压力值趋于稳定时，间接地反映了矿液汇聚的有利区。由图 10-57、图 10-58 可见，此时孔隙压力值相对于围岩为高值。将孔隙压力值定量化导入 Surpac 中进行不同区间的孔隙压力值与已知矿体的叠加统计，形成的统计直方图（图 10-59）表明孔隙压力值分布在（3.24×10^7，1.70×10^8）区间时，为成矿的有利区间，依此为阈值的成矿远景区如图 10-60 所示。由于孔隙压力的值在断裂部位变化较明显，可以作为断裂控制的热液喷口及其硫化物矿床预测的一个指标。

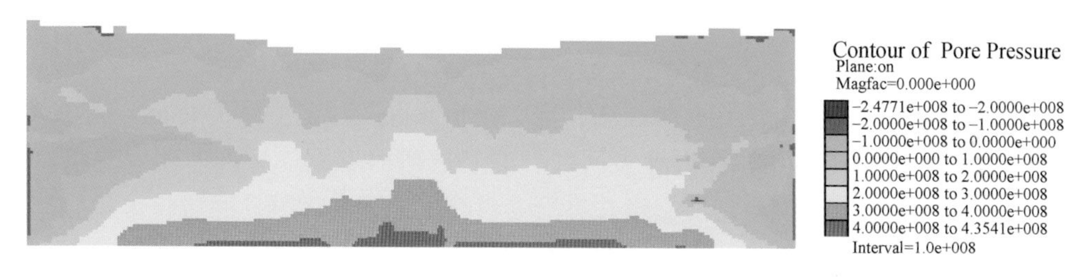

图 10-57　孔隙压力变化剖面

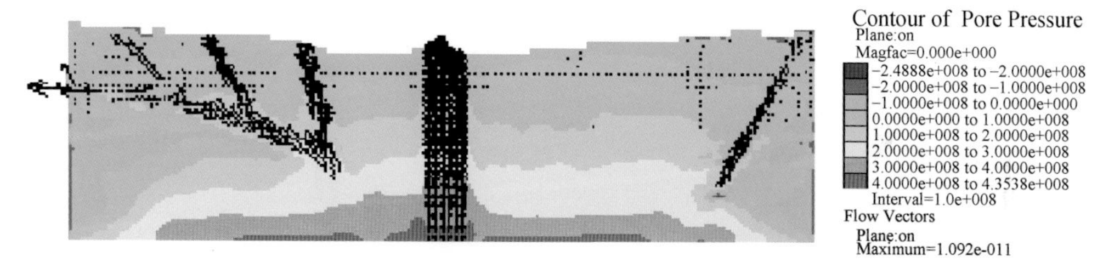

图 10-58　孔隙压力和流向变化剖面

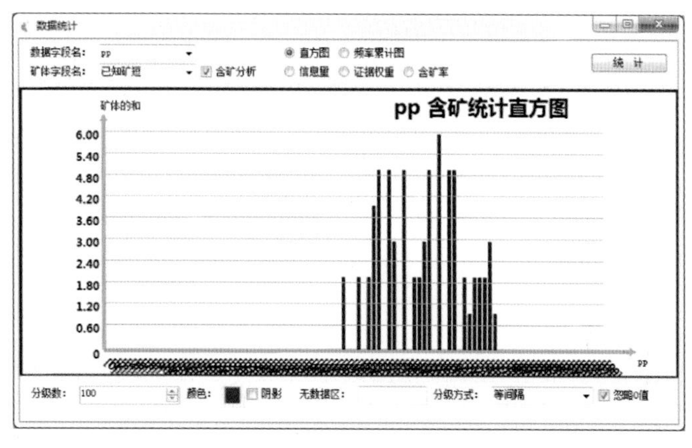

pp100 - 记事本

文件(F)　编辑(E)　格式(O)　查看(V)　帮助(H)

[51]:24339800～32414600 Value:[2]
[52]:32414600～40489400 Value:[4]
[53]:40489400～48564200 Value:[5]
[54]:48564200～56639000 Value:[0]
[55]:56639000～64713800 Value:[5]
[56]:64713800～72788600 Value:[3]
[57]:72788600～80863400 Value:[0]
[58]:80863400～88938200 Value:[5]
[59]:88938200～97013000 Value:[0]
[60]:97013000～105087800 Value:[2]
[61]:105087800～113162600 Value:[2]
[62]:113162600～121237400 Value:[3]
[63]:121237400～129312200 Value:[5]
[64]:129312200～137387000 Value:[0]
[65]:137387000～145461800 Value:[6]
[66]:145461800～153536600 Value:[0]
[67]:153536600～161611400 Value:[5]
[68]:161611400～169686200 Value:[5]
[69]:169686200～177761000 Value:[0]

图 10-59　孔隙压力值与已知热液喷口统计

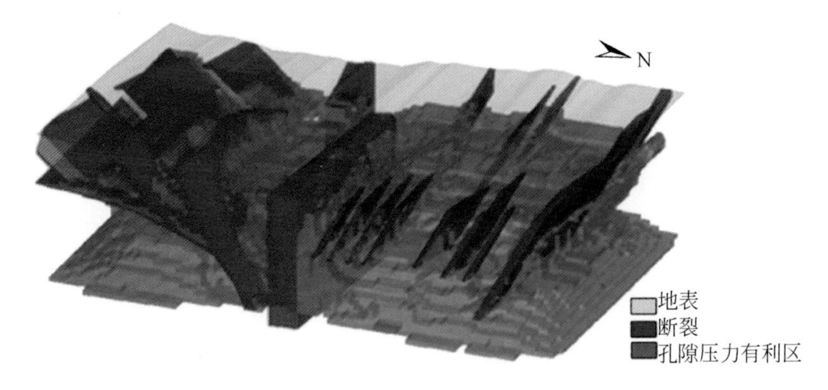

图 10-60　孔隙压力值有利区

2. 体积应变

体积应变的阈值选取方法与孔隙压力相同，该值反映了成矿空间的特征。图 10-61 表明，模拟状态较稳定时，往往在近地表区域的断裂通道内形成一系列体积应变相对高值区，也就是热液流体上移发生物质交换并将沿喷口喷出地表的区域。通过将体积应变值与已知矿体叠加统计分析，形成统计直方图（图 10-62）。统计结果表明，当体积应变值介于（3.73×10^{-15}，4.55×10^{-15}）时，会形成有利的成矿空间，以此为阈值圈定的成矿远景区如图 10-63 所示。

图 10-61　体积应变变化剖面

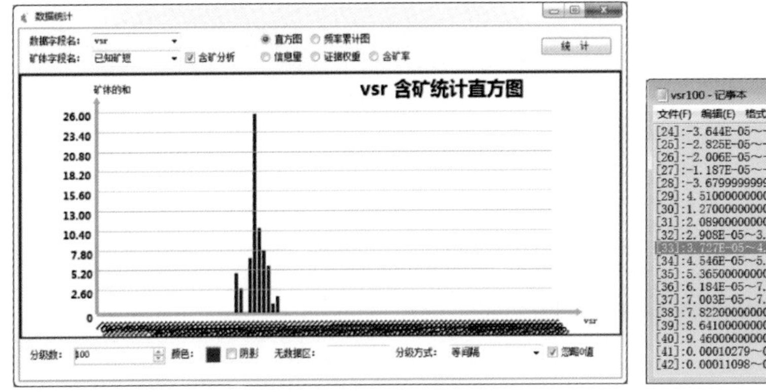

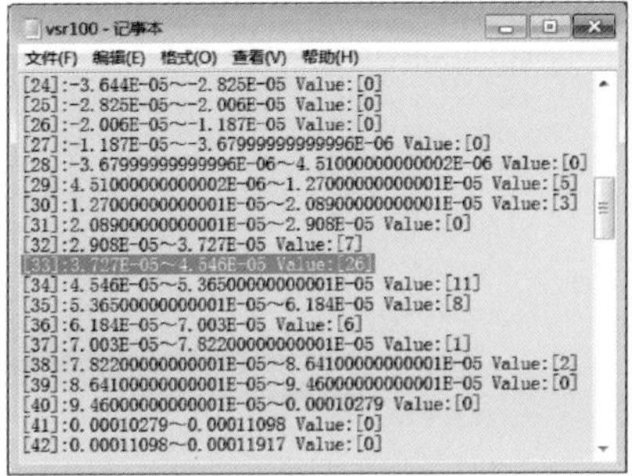

图 10-62　体积应变值与已知热液喷口统计（统计时 vsr 值为扩大 10 倍后的值）

图 10-63 体积应变值有利区

10.5.2 龙旂热液区双向预测

双向预测评价是将提取出的成矿过程模拟的孔隙压力和体积应变两个预测因子的有利成矿区间与定量化综合预测评价的远景区间进行联合约束，圈定靶区成矿最有利部位。

在总结出龙旂热液区热液喷口及其硫化物矿床预测模型以后，应用“三维证据权法”和“三维信息量法”对各找矿因素进行评价，得到预测要素的后验概率值和信息量值，把这些数值赋予块体模型。信息量值和后验概率值高的块体成矿概率就越高，因此统计已知矿体（块）中各信息量值和后验概率值的比例。

后验概率是直接反映成矿概率大小的标志。从图 10-64 和表 10-9 可以看出，后验概率在 0.66 发生陡变，因此选取后验概率值 0.66 作为限制条件，后续依据信息量值圈定预测靶区及靶区分级均在后验概率值大于 0.66 的基础上进行（图 10-65）。

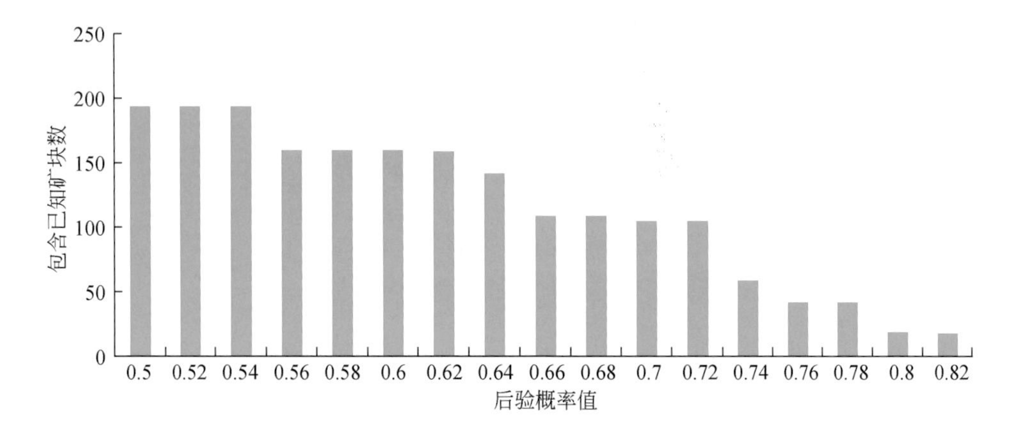

图 10-64 后验概率统计图

表 10-9　后验概率值与已知热液喷口及其硫化物矿床叠加统计表

后验概率值	靶区块数	占总块数比例 /%	含已知矿块数	占总矿块数比例 /%
>0.5	150010	51.15	194	100.00
>0.52	149402	50.95	194	100.00
>0.54	149242	50.89	194	100.00
>0.56	58994	20.12	160	82.47
>0.58	57655	19.66	160	82.47
>0.6	55657	18.98	160	82.47
>0.62	53894	18.38	159	81.96
>0.64	38578	13.16	142	73.20
>0.66	25230	8.60	109	56.19
>0.68	22376	7.63	109	56.19
>0.7	17192	5.86	105	54.12
>0.72	16863	5.75	105	54.12
>0.74	6333	2.16	59	30.41
>0.76	3229	1.10	42	21.65
>0.78	1678	0.57	42	21.65
>0.8	590	0.20	19	9.79
>0.82	393	0.13	18	9.28

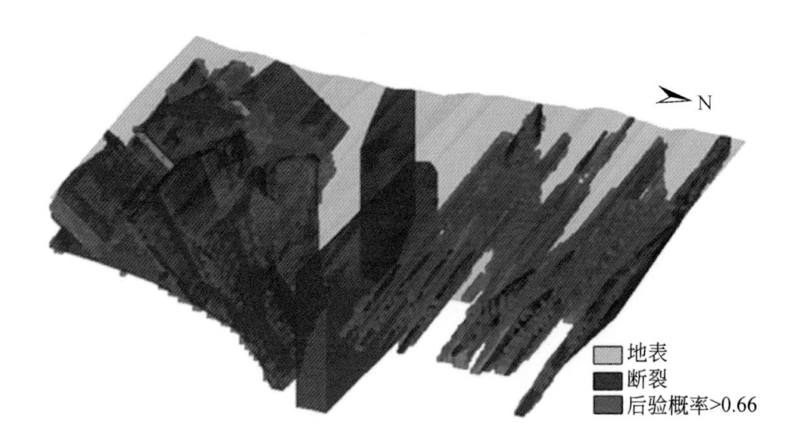

图 10-65　后验概率大于 0.66 时的有利区

表 10-10 是各信息量区间与靶区块体及已知矿体的叠加统计表，由图 10-66、图 10-67 可以直观地将信息量值分级，以 3.2 和 4 为界限，在后验概率大于 0.66 的前提下，将信息量分为两级，成矿有利区如图 10-68、图 10-69 所示。

表 10-10　信息量值与已知热液喷口及其硫化物矿床叠加统计表

信息量值	靶区块数	占总块数比例 /%	含已知矿块数	占总矿块数比例 /%
>0	147285	50.23	183	94.33
>0.2	75856	25.87	134	69.07
>0.4	74187	25.30	129	66.49
>0.6	62020	21.15	129	66.49
>0.8	45859	15.64	116	59.79
>1	43489	14.83	115	59.28
>1.2	36619	12.49	112	57.73
>1.4	32668	11.14	93	47.94
>1.6	28711	9.79	93	47.94
>1.8	20794	7.09	65	33.51
>2	17934	6.12	58	29.90
>2.2	14812	5.05	57	29.38
>2.4	10785	3.68	50	25.77
>2.6	7936	2.71	43	22.16
>2.8	6324	2.16	37	19.07
>3	4374	1.49	37	19.07
>3.2	2561	0.87	17	8.76
>3.4	2073	0.71	17	8.76
>3.6	578	0.20	10	5.15
>3.8	578	0.20	10	5.15
>4	392	0.13	10	5.15

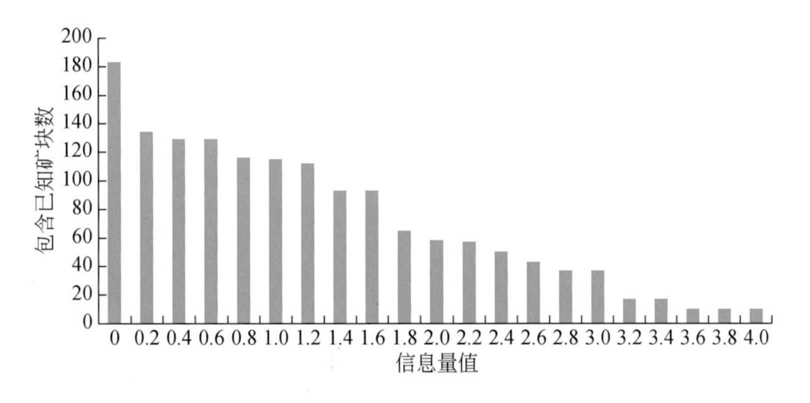

图 10-66　信息量统计图

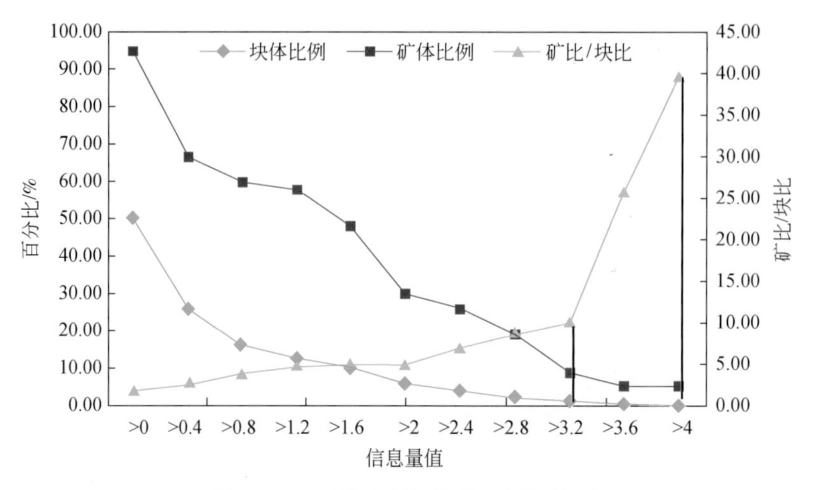

图 10-67　矿体比例与块体比例折线图

块体比例为靶区块数占总块数的比例；矿体比例为含已知矿块数占总矿块数的比例；

矿比 / 块比为含已知矿块占总矿块数的比例与靶区块数占总块数的比例的比值

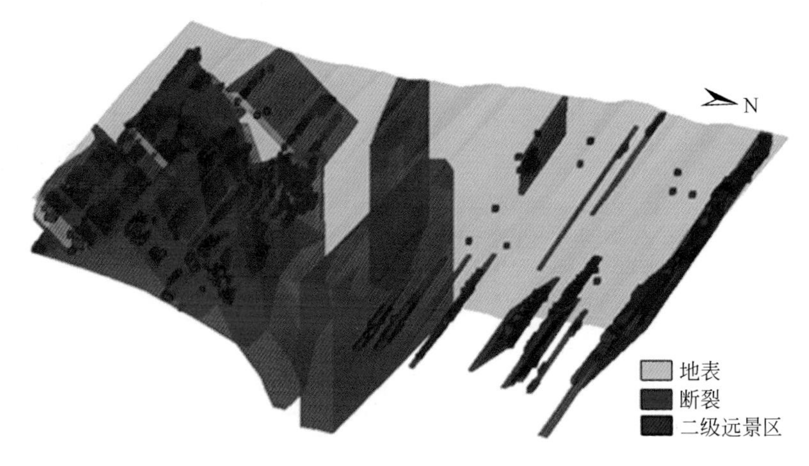

图 10-68　信息量二级远景区（信息量大于 3.2）

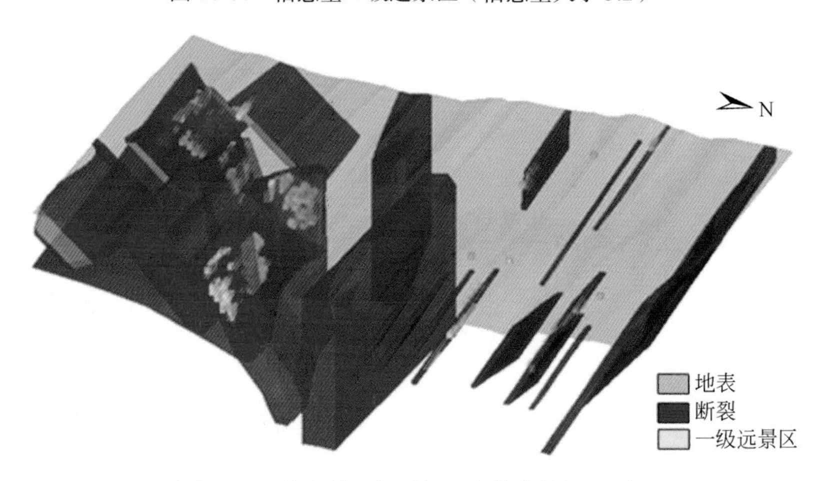

图 10-69　信息量一级远景区（信息量大于 4）

此外，将过程模拟得到的孔隙压力值和体积应变值作为双向预测的约束值。叠合孔隙压力值介于（3.24×10^{7}，1.70×10^{8}）区间，体积应变值介于（3.73×10^{-15}，4.55×10^{-15}）区间的块体作为双向预测成矿有利部位，如图 10-70 所示。共圈出了四处有利于形成热液喷口及其硫化物矿床的位置，图 10-71 为根据双向预测圈定有利区立体图，图 10-72 为根据双向预测圈定有利区平面图。

双向预测减少了综合定量预测的多解性以及成矿过程数值模拟的不确定性。最终的预测结果表明，断裂是控制海底多金属硫化物成矿的关键因素，海洋核杂岩的存在更有利于多金属硫化物的形成。因此在龙旂热液区，海洋核杂岩存在的区域内，发育断裂系统的周边位置是海底多金属硫化物成矿最有利的部位，是找矿勘探工作的首选区域。

图 10-70　双向预测靶区

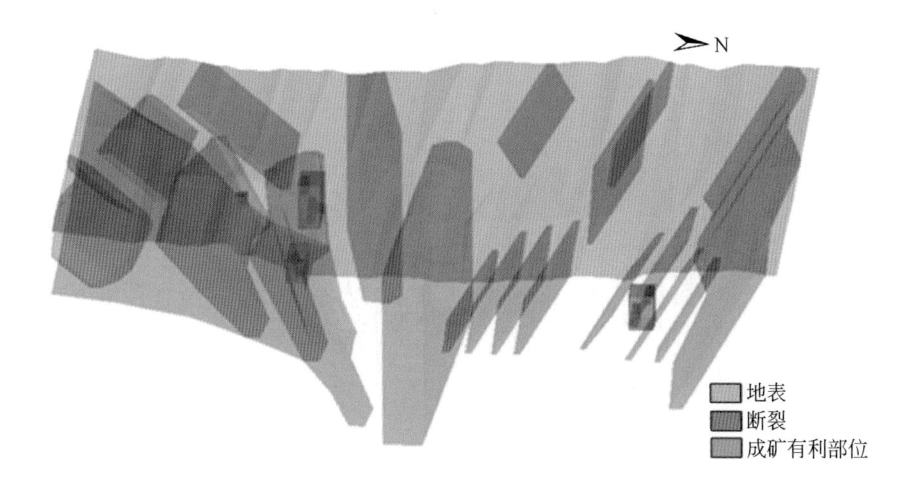

图 10-71　双向预测评价有利区立体图

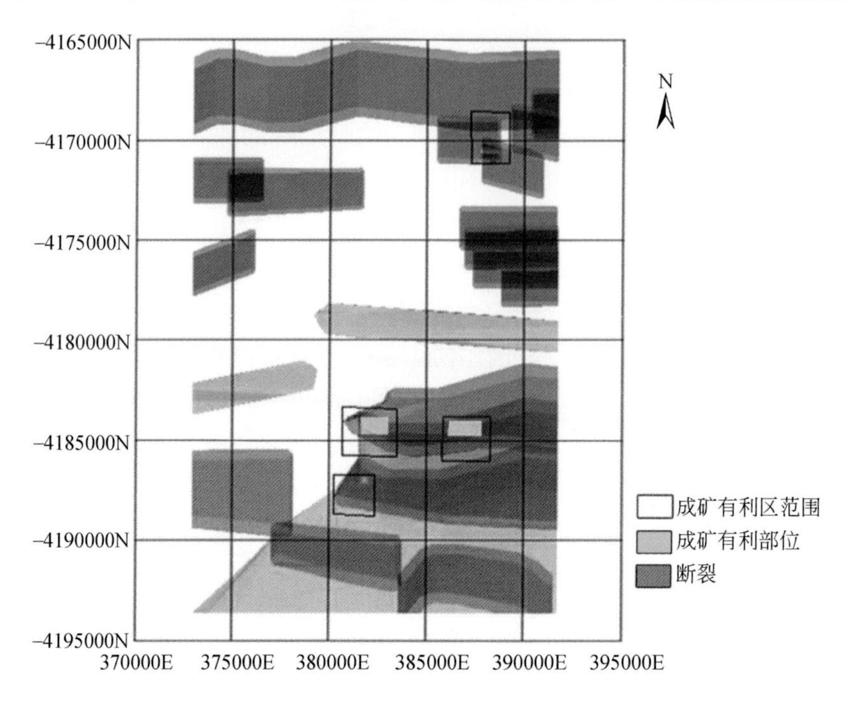

图 10-72　双向预测评价有利区平面图

结　语

21 世纪以来，陆域矿产资源面临难识别、难发现和难开发的局面，海洋矿产资源作为矿产资源的新类型和新领域，已成为学科前缘研究的热点。作者及其团队以多年积累的矿产资源定量预测方法为技术支撑，针对海底多金属硫化物的海洋调查工作的需求，系统地建立了海底多金属硫化物资源定量预测评价的方法体系，并成功地应用于大西洋和印度洋海底多金属硫化物的预测研究中，实现逐步缩小找矿靶区范围的定量化评价过程，并为海底多金属硫化物的勘探规划提供科学依据。本书主要认识和结论如下。

1. 海底多金属硫化物成矿预测流程方法体系

针对矿产资源勘查的三个不同阶段，以现代成矿理论和矿产勘查学为指导，以各种数据综合信息的定量分析为技术手段，建立了应用于各阶段海洋矿产资源勘查的完整理论和技术方法体系。第一阶段为区域海底多金属硫化物远景区定量预测，目标是对公海区域专属合同区快速评价，为海底专属区块申请提供参考；第二阶段为远景区海底多金属硫化物找矿靶区定量预测与评价，目标是专属合同区内有利成矿区带的圈定，为 8 年后减持 50% 勘探区部署提供依据；第三阶段是目标区海底多金属硫化物找矿靶区优选与评价，目标针对成矿区带中的找矿靶区进行优选，并为 10 年后减持 75% 勘探区部署提供依据。

2. 海底区域二维成矿定量预测

从水深、沉积物盖层、围岩类型、断裂构造、扩张速率、基底年龄以及深部岩浆作用几个方面总结了与海底多金属硫化物相关的控矿要素，从地球化学元素异常和地球物理重磁异常两方面概括了与海底多金属硫化物相关的找矿标志，在 GIS 找矿预测方法的基础上，从地形、地质、地球物理以及其他相关方面收集了与海底多金属硫化物相关的数据，建立了海底多金属硫化物的找矿模型。选择了国际公认研究程度相对较高的大西洋开展了多金属硫化物定量预测评价研究，验证了方法的可行性和有效性。继而在不同尺度、不同预测精度、多种数据类型的情况下，选择印度洋海区我国多金属硫化物专属合同区为研究应用区，实现了多金属硫化物三个层次的定量预测评价，进一步明确找矿靶区，并提出了我国硫化物合同区区块规划的建议方案。

3. 三维地质建模与三维成矿预测

以印度洋海区龙旂热液区为典型研究区，收集靶区相关地质、地球物理资料，反演深部信息，利用三维建模技术构建热液区地表、断裂、洋壳圈层的三维地质模型，实现热液区深部三维形态模拟。通过“立方体模型”找矿方法将二维成矿预测中反映构造致矿信息的定量化分析（主要包括构造等密度、构造频数、主干构造、局部构造和方位异常度等）拓展到三维空间内，结合洋壳有利形态范围以及地震点影响范围，采用证据权和信息量预测方法实现海底多金属硫化物三维成矿预测。

4. 成矿过程数值模拟与成矿预测

总结海底多金属硫化物矿床的地质特征和成矿过程，构建海底多金属硫化物矿床模型，并将热液成矿系统分解为应力场、热力场、流体渗流场三个单独的子系统，整理各子系统对应的数学公式及耦合公式，建立热液型矿床的数理模型。将建立的热液型矿床的数理模型对应转换为计算机模拟模型，即将典型靶区——TAG 热液区（大西洋海区）以及龙旂热液区（印度洋海区）多金属硫化物地质模型对应的成矿条件转化为相应的几何模型、性质参数、初始条件和边界条件等，利用数值模拟软件 FLAC3D，构建力 - 热 - 流的耦合模型来进行地质体在温度场、压力场以及应力作用下的成矿过程模拟再现。

5. 成矿数值模拟与异常分析的双向定量预测评价

孔隙压力和体积应变是成矿过程数值模拟的重要结果，断裂带孔隙压力的不同定量反映出含矿热液可能上侵的路径，而体积应变则定量反映出矿体沉淀析出的部位。以印度洋海区龙旂热液区为研究实例，将热液区成矿过程数值模拟的参数结果定量化，统计分析并提取与成矿相关的有利区，与三维成矿预测的结果联合约束开展了海底多金属硫化物双向预测评价研究，在靶区内共圈出了四处有利于形成热液喷口及其硫化物产物的位置。双向预测评价减少成矿预测的多解性以及过程模拟的不确定性，优选找矿靶区，圈定成矿最有利的部位，提高找矿概率。

本书系统总结了海底多金属硫化物成矿定量预测、成矿过程数值模拟以及双向预测评价的相关理论技术方法，并应用于大西洋和印度洋海底多金属硫化物找矿勘探研究中，取得了较好的预测效果。其研究成果可与海底多金属硫化物资源的勘查工作相结合，并为航次开展海底调查相关工作部署提供科学依据。本书中提到的理论技术方法具有通用性，也可应用于其他类型海洋矿产资源的找矿勘探研究工作中。同时，在大数据时代背景下，随着全球化数据库不断发展与更新，可采用数据种类增多，信息丰富程度增大，我们可以开展更加深入的成矿预测研究，也期待对海洋矿产资源勘查感兴趣的同仁继续深入思考和开展进一步工作。

参考文献

别风雷，李胜荣，侯增谦，等. 2000. 现代海底多金属硫化物矿床. 成都理工学院学报，27(4): 335-342.

陈冲，谭俊，石文杰，等. 2012. MORPAS 系统证据权法在中大比例尺成矿预测中的应用. 物探与化探，36(5): 827-833.

陈建平，王功文，侯昌波，等. 2005. 基于 GIS 技术的西南三江北段矿产资源定量预测与评价. 矿床地质，24(1): 15-24.

陈建平，吕鹏，吴文，等. 2007. 基于三维可视化技术的隐伏矿体预测. 地学前缘，14(5): 54-62.

陈建平，陈勇，王全明. 2008a. 基于 GIS 的多元信息成矿预测研究——以赤峰地区为例. 地学前缘，15(4): 18-26.

陈建平，陈勇，曾敏，等. 2008b. 基于数字矿床模型的新疆可可托海 3 号脉三维定位定量研究. 地质通报，27(4): 552-559.

陈建平，尚北川，吕鹏，等. 2009. 云南个旧矿区某隐伏矿床大比例尺三维预测. 地质科学，44(1): 324-337.

陈建平，陈珍平，史蕊，等. 2011a. 基于 GIS 技术的陕西潼关县金矿资源预测与评价. 地质学刊，35(3): 268-274.

陈建平，陈勇，朱鹏飞，等. 2011b. 数字矿床模型及其应用——以新疆阿勒泰地区可可托海 3 号伟晶岩脉稀有金属隐伏矿预测为例. 地质通报，30(5): 630-641.

陈建平，王春女，尚北川，等. 2012a. 基于数字矿床模型的福建永梅地区隐伏矿三维成矿预测. 国土资源科技管理，29(6): 14-20.

陈建平，史蕊，王丽梅，等. 2012b. 基于数字矿床模型的陕西潼关县 Q8 号金矿脉西段三维成矿预测. 地质学刊，36(3): 237-242.

陈建平，严琼，尚北川，等. 2012c. 湖南黄沙坪地区铅锌矿床三维预测研究. 地质学刊，36(3): 243-249.

陈建平，严琼，李伟，等. 2013. 地质单元法区域成矿预测. 吉林大学学报（地球科学版），43(4): 1083-1091.

陈建平，于淼，于萍萍，等. 2014a. 重点成矿带大中比例尺三维地质建模方法与实践. 地质学报，88(6): 1187-1195.

陈建平，于萍萍，史蕊，等. 2014b. 区域隐伏矿体三维定量预测评价方法研究. 地学前缘，21(5): 211-220.

成秋明. 2011. 地质异常的奇异性度量与隐伏源致矿异常识别. 地球科学——中国地质大学学报，36(2): 307-316.

程裕淇，陈毓川，赵一鸣. 1979. 初论矿床的成矿系列问题. 地球学报，1(1): 32-58.

崔汝勇. 2001. 大洋中大型热液硫化物矿床的形成条件. 海洋地质动态，17(2): 1-5.

邓勇，邱瑞山，罗鑫. 2007. 基于证据权重法的成矿预测——以广东省钨锡矿的成矿预测为例. 地质通报，26(9): 1228-1234.

董庆吉，肖克炎，陈建平，等. 2010. 西南“三江”成矿带北段区域成矿断裂信息定量化分析. 地质通报，

29(10): 1479-1485.

杜同军, 翟世奎, 任建国 . 2002. 海底热液活动与海洋科学研究 . 青岛海洋大学学报 (自然科学版), 32(4): 597-602.

付伟, 周永章, 杨志军, 等 . 2005. 现代海底热水活动的系统性研究及其科学意义 . 地球科学进展, 20(1): 81-88.

高爱国 . 1996. 海底热液活动研究综述 . 海洋地质与第四纪地质, 1: 103-110.

龚纪文，席先武，王岳军，等 . 2002. 应力与变形的数据值模型方法——数值模拟软件 FLAC 介绍 . 华东理工大学学报（自然科学版），25(3):220-227.

侯增谦 . 2003. 现代与古代海底热水成矿作用 . 北京 : 地质出版社 .

侯增谦, 莫宣学 . 1996. 现代海底热液成矿作用研究的现状及发展方向 . 地学前缘, 3(3): 263 -272.

胡光道, 陈建国 . 1998. 金属矿产资源评价分析系统设计 . 地质科技情报, 1: 45-49.

胡旺亮, 吕瑞英 . 1995. 矿床统计预测方法流程研究 . 地球科学——中国地质大学学报, 2: 128-132.

黄威, 陶春辉, 李军, 等 . 2016. 洋中脊热液系统中的锇及其同位素 . 地球科学——中国地质大学学报, 41(3): 441-451.

季敏 . 2004. 现代海底典型热液活动区环境特征分析 . 青岛 : 中国海洋大学硕士学位论文 .

景春雷 . 2012. 海底热液多金属硫化物成矿区域地质背景与控矿因素分析 . 青岛 : 国家海洋局第一海洋研究所硕士学位论文 .

李洪林, 李江海, 王洪浩, 等 . 2014. 海洋核杂岩形成机制及其热液硫化物成矿意义 . 海洋地质与第四纪地质, 34(2): 53-59.

李怀明 . 2008. 现代海底热液硫化物矿体内部流体过程的模拟实验研究 . 青岛：中国海洋大学博士学位论文 .

李怀明, 翟世奎, 于增慧 . 2008. 大西洋 TAG 热液活动区流体演化模式 . 中国科学 (地球科学), 38(9): 1136-1145.

李军, 孙治雷, 黄威, 等 . 2014. 现代海底热液过程及成矿 . 地球科学——中国地质大学学报，39(3): 312-324.

李裕伟, 余金生, 谢锡林, 等 . 1980. 闽南铁矿统计预测 . 中国地质科学院矿床地质研究所文集, 114-138.

李紫金 . 1991. 安徽月山地区大比例尺三维立体矿床统计预测的途径和方法 . 地球科学——中国地质大学学报, 3: 311-317.

梁裕扬 . 2014. 西南印度洋脊中段岩浆 – 构造动力学模式 (49° ～ 51° E). 北京 : 中国科学院研究生院 (海洋研究所) 博士学位论文 .

刘世翔, 薛林福, 郄瑞卿, 等 . 2007. 基于 GIS 的证据权重法在黑龙江省西北部金矿成矿预测中的应用 . 吉林大学学报 : 地球科学版, 37(5): 889-894.

栾锡武 . 2004. 现代海底热液活动区的分布与构造环境分析 . 地球科学进展, 19(6): 931-938.

吕鹏 . 2007. 基于立方体预测模型的隐伏矿体三维预测和系统开发 . 北京 : 中国地质大学 (北京) 博士学位论文 .

毛先成, 戴塔根, 吴湘滨, 等 . 2009. 危机矿山深边部隐伏矿体立体定量预测研究——以广西大厂锡多金属矿床为例 . 中国地质, 36(2): 424-435.

毛先成，邹艳红，陈进，等. 2010. 危机矿山深部、边部隐伏矿体的三维可视化预测——以安徽铜陵凤凰山矿田为例. 地质通报，29(2-3): 401-413.

任建业. 2008. 海洋底构造导论. 武汉：中国地质大学出版社.

戎景会，陈建平，尚北川. 2012. 基于找矿模型的云南个旧某深部隐伏矿体三维预测. 地质与勘探，48(1): 191-198.

史蕊，陈建平，陈珍平，等. 2011. 陕西小秦岭金矿带潼关段区域三维定量预测. 地质通报，30(5): 711-721.

史蕊，陈建平，刘汉栋，等. 2014. 山东焦家金成矿带三维预测模型及靶区优选. 现代地质，4: 743-750.

索艳慧. 2014. 印度洋构造－岩浆过程：剩余地幔布格重力异常证据. 青岛：中国海洋大学博士学位论文.

唐勇，和转，吴招才，等. 2012. 大西洋中脊 Logatchev 热液区的地球物理场研究. 海洋学报，34(1): 120-126.

陶春辉. 2011. 中国大洋中脊多金属硫化物资源调查现状与前景. 中国地球物理学会第二十七届年会论文集.

陶春辉，李怀明，杨耀民，等. 2011. 我国在南大西洋中脊发现两个海底热液活动区. 中国科学（地球科学），41(7): 887-889.

陶春辉，李怀明，金肖兵，等. 2014. 西南印度洋脊的海底热液活动和硫化物勘探. 科学通报，19: 1812-1822.

托鲁基安 Y S. 1990. 岩石与矿物的物理性质. 北京：石油工业出版社.

王功文，陈建平. 2008. 基于 GIS 技术的三江北段铜多金属成矿预测与评价. 地学前缘，15(4): 27-32.

王丽梅，陈建平，唐菊兴. 2010. 基于数字矿床模型的西藏玉龙斑岩型铜矿三维定位定量预测. 地质通报，29(4): 565-570.

王世称，成秋明，范继璋. 1989. 金矿综合信息找矿模型. 吉林大学学报，3: 311-316.

王世称，叶水盛，杨永强. 1999. 综合信息成矿系列预测专家系统. 吉林：长春出版社.

王世称，陈永良，夏立显. 2000. 综合信息矿产预测理论与方法. 北京：科学出版社.

吴健生，黄浩，杨兵，等. 2001. 新疆阿舍勒铜锌矿床三维矿体模拟及资源评估. 矿产与地质，15(82): 119-123.

吴世迎. 1995. 大洋钻探与深海热液作用. 地球科学进展，10(3): 223-228.

夏建新，李畅，马彦芳. 2007. 深海底热液活动研究热点. 地质力学学报，13(2)：179-191.

向杰，陈建平，胡桥，等. 2016. 基于矿床成矿系列的三维成矿预测——以安徽铜陵矿集区为例. 现代地质，30(1): 230-238.

肖克炎，朱裕生. 2000. 矿产资源 GIS 定量评价. 中国地质，27(7): 29-32.

肖克炎，张晓华，陈郑辉，等. 1999. 成矿预测中证据权重法与信息量法及其比较. 物探化探计算技术，21(3): 223-226.

肖克炎，张晓华，王四龙，等. 2000. 矿产资源 GIS 评价系统. 北京：地质出版社.

肖克炎，张晓华，李景朝，等. 2007. 全国重要矿产总量预测方法. 地学前缘，14(5): 20-26.

肖克炎，李楠，孙莉，等. 2012. 基于三维信息技术大比例尺三维立体矿产预测方法及途径. 地质学刊，36(3):229-236.

修群业, 王军, 高兰, 等. 2005. 云南金顶矿床矿体三维模型的建立及其研究意义. 矿床地质, 24(5): 501-507.

徐东禹. 2013. 大洋矿产地质学. 北京: 海洋出版社.

严琼, 陈建平, 尚北川. 2012. 云南个旧高松矿田芦塘坝研究区三维预测模型及靶区优选. 现代地质, 26(2): 286-293.

杨慧宁, 萧绪琦. 1995. 从太平洋中部热液矿物的发现探讨热液活动的广泛性. 岩石矿物学杂志, 14(2): 119-125.

杨耀民, 石学法, 刘季花, 等. 2007. 海底热液硫化物区域成矿演变与控制因素探讨. 矿物学报, 367-368.

杨永, 姚会强, 邓希光. 2011. 重磁方法在海底热液硫化物勘探中的应用研究. 中南大学学报 (自然科学版), 42(zl): 127-134.

叶俊, 石学法, 杨耀民, 等. 2011. 西南印度洋超慢速扩张脊 49. 6°E 热液区硫化物矿物学特征及其意义. 矿物学报, 31(1): 17-29.

叶天竺, 朱裕生, 夏庆霖, 等. 2004. 固体矿产预测评价方法技术. 北京: 中国大地出版社.

叶天竺, 肖克炎, 严光生. 2007. 矿床模型综合地质信息预测技术研究. 地学前缘, 14(5): 11-19.

曾华霖. 2005. 重力场与重力勘探. 北京: 地质出版社.

曾志刚. 2011. 海底热液地质学. 北京: 科学出版社.

曾志刚, 秦蕴珊, 赵一阳, 等. 2000. 大西洋中脊 TAG 热液活动区海底热液沉积物的硫同位素组成及其地质意义. 海洋与湖沼, 31（5）: 518-529.

曾志刚, 蒋富清, 秦蕴珊, 等. 2001. 现代海底热液沉积物的硫同位素组成及其地质意义. 海洋学报, 23(3): 48-56.

翟裕生. 1999. 论成矿系统. 地学前缘, 6(1): 13-28.

张佳政, 赵明辉, 丘学林. 2012. 西南印度洋洋中脊热液活动区综合地质地球物理特征. 地球物理学进展, 27(6): 2685-2697.

张涛, 高金耀. 2011. 西南印度洋中脊超慢速扩张的构造和岩浆活动特征. 海洋科学进展, 29(3): 314-322.

张涛, Lin J, 高金耀. 2013. 西南印度洋中脊热液区的岩浆活动与构造特征. 中国科学 (地球科学), 43(11): 1834-1846.

张正伟, 蔡克勤, 徐章华. 1999. 大比例尺成矿预测研究方法. 地学前缘, 6(1): 12.

赵鹏大. 1978. 宁芜地区铁矿床统计预测. 宁芜火山岩铁矿床会议选集. 北京: 地质出版社.

赵鹏大. 1992. 重点成矿区三维立体矿床统计预测: 以安徽月山地区为例. 武汉: 中国地质大学出版社.

赵鹏大. 2001. 矿产勘查理论与方法. 武汉: 中国地质大学出版社.

赵鹏大. 2002. "三联式"资源定量预测与评价——数字找矿理论与实践探讨. 地球科学——中国地质大学学报, 27(5): 482-489.

赵鹏大. 2006. 矿产勘查理论与方法. 武汉: 中国地质大学出版社.

赵鹏大. 2007. 成矿定量预测与深部找矿. 地学前缘, 14(5): 1-10.

赵鹏大. 2010. 临清坳陷东部油气地质异常研究与资源综合评价. 武汉: 中国地质大学出版社.

赵鹏大. 2013-3-14. 大数据时代需重视数字地质研究. 中国国土资源报, 6.

赵鹏大 . 2015. 大数据时代数字找矿与定量评价 . 地质通报 , 34(7): 1255-1259.

赵鹏大 , 池顺都 . 1991. 初论地质异常 . 地球科学——中国地质大学学报 , 16(3): 241-248.

赵鹏大 , 胡旺亮 . 1992. 地质异常理论与矿产预测 . 新疆地质 , 2: 93-100.

赵鹏大 , 孟宪国 . 1993. 地质异常与矿产预测 . 地球科学——中国地质大学学报 , 18(1): 39-46.

赵鹏大 , 池顺都 . 1996. 查明地质异常 : 成矿预测的基础 . 高校地质学报 , 2(4): 361-373.

赵鹏大 , 胡旺亮 , 李紫金 . 1983. 矿床统计预测 . 北京 : 地质出版社 .

赵鹏大 , 陈永清 , 金友渔 . 2000. 基于地质异常的 "5P" 找矿地段的定量圈定与评价 . 地质论评 , 46(zl): 6-16.

朱德洲 , 钱秀丽 . 2014. 科技文化力与海洋强国 . 海洋开发与管理 , 31(1): 42-46.

朱裕生 , 肖克炎 , 丁鹏飞 , 等 . 1997. 成矿预测方法 . 北京 : 地质出版社 .

Agterberg F P. 1989. Computer programs for mineral exploration. Science, 245: 76-81.

Agterberg F P, Kelly A M. 1971. Geomathematical methods for use in prospecting. Canadian Mining Journal, 92(5): 61-72.

Agterberg F P, Bonham-Carter G F, Cheng Q, *et al*.1993. Weights of Evidence Modeling and Weighted Logistic Regression for Mineral Potential Mapping. Computers in Geology-25 years of Progress. Oxford: Oxford University Press, Inc: 13-32.

Allais M. 1957. Method of appraising economic prospects of mining exploration over large territories: algerian sahara case study. Management Science, 3(4): 285-347.

Amante C, Eakins B W. 2009. ETOPO1 1 arc-minute global relief model: procedures, data sources and analysis. Colorado: US Department of Commerce, National Oceanic and Atmospheric Administration, National Environmental Satellite, Data, and Information Service, National Geophysical Data Center, Marine Geology and Geophysics Division.

Ames D E, Franklin J M, Hannington M D. 1993. Mineralogy and geochemistry of active and inactive chimneys and massive sulfide, Middle Valley, northern Juan de Fuca Ridge: an evolving hydrothermal system. Canadian Mineralogist, 31(3): 997-1024.

Bach W, Banerjee N R, Dick H J B, *et al*.2002. Discovery of ancient and active hydrothermal systems along the ultra-slow spreading Southwest Indian Ridge 10°-16°E. Geochemistry, Geophysics, Geosystems, 3(7): 1-14.

Baker E T, German C R. 2004. On the global distribution of hydrothermal vent fields. In: German C R, Lin J, Parson L M(eds.). In Mid-Ocean Ridges: Hydrothermal interactions between the lithosphere and oceans, Geophysical Monograph Series 148. Washington DC: American Geophysical Union: 245-266.

Baker E T, German C R, Elderfield H. 1995. Hydrothermal plumes over spreading center axes: Global distribution and geological inferences. Geophysical Monograph, 91: 47-71.

Baker E T, Chen Y J, Morgan J P. 1996. The relationship between near-axis hydrothermal cooling and the spreading rate of mid-ocean ridges. Earth Planetary Science Letters, 142: 137-145.

Barnicoat A C, Andrews C J. 2007. Mineral systems and exploration science: linking fundamental controls on ore deposition with the exploration process. Digging Deeper. Dublin: Proceedings of the Ninth Biennial SGA

Meeting: 1407-1411.

BergR C, Mathers S J, Kessler H, *et al*.2011. Synopsis of Current Three-dimensional Geological Mapping and Modeling in Geological Survey Organization. Champaign, Illinois: Illinois State Geological Survey, Circular, 578: 104.

Bernard A, Munschy M, Rotstein Y, *et al*.2005. Refined spreading history at the Southwest Indian Ridge for the last 96Ma, with the aid of satellite gravity data. Geophysical Journal International, 162(3): 765-778.

Bird P. 2003. An updated digital model of plate boundaries. Geochemistry, Geophysics, Geosystems, 4(3): 1027.

Bischoff J L. 1969. Red Sea Geothermal Brine Deposits: Their Mineralogy, Chemistry, and Genesis. New York: Springer-Verlag.

Bischoff J L, Roserbauser R J. 1989. Salinity variations in submarine hydrothermal system by layered double-diffusive convection. Journal of Geology, 97: 613-623.

Bohnenstiehl D R, Dziak R P, Tolstoy M, *et al*.2004. Temporal and spatial history of the 1999-2000 Endeavour Segment seismic series, Juan de Fuca Ridge. Geochemistry Geophysics Geosystems, 5(9): 41-48.

Bonham-Carter G F, Agterberg F G, Wright D F. 1988. Integration of geological datasets for gold exploration in Nova Scotia. Photogrammetric Engineering and Remote Sensing, 54(11): 1585-1592;

Bonham-Carter G F, Agterberg F P, Wright D F. 1989. Weights of evidence modeling: a new approach to mapping mineral potential. Geological Survey of Canada Paper, 89(9): 171-183.

Bonvalot S, Balmino G, Briais A, *et al*.2012. World Gravity Map. Commission for the Geological Map of the World. Eds. http://bgi. omp. obs-mip. fr/data-products/Grids-and-models/wgm 2012.

Cassard D, Billa M, Lambert A, *et al*.2008. Gold predictivity mapping in French Guiana using an expert-guided data-driven approach based on a regional-scale GIS. Ore Geology Reviews, 1009(3): 52-57.

Charlou J L, Dmitriev L, Bougault H, *et al*.1988. Hydrothermal CH_4, between 12 °N and 15 °N over the Mid-Atlantic Ridge. Deep Sea Research Part A Oceanographic Research Papers, 35(1): 121-131.

Corliss J B, Dymond J, Gordon L I, *et al*.1979. Submarine thermal springs on the galapagos rift. Science, 203(4385): 1073-1083.

Craig H, Horibe Y, Farley K A, *et al*.1978. Hydrothermal vents in the Mariana Trough: results of the first Alvin dives. EOS, American Geophysical Union Transactions, 68(44): 1531.

Czarnota K, Blewett R S, Goscombe B. 2010. Predictive mineral discovery in the eastern Yilgarn Craton, Western Australia: An example of district scale targeting of anorogenic gold mineral system. Precambrian Research, 183: 356-377.

Davis E E, Villinger H. 1992. Tectonic and thermal structure of the Middle Valley sedimented rift, northern Juan de Fuca Ridge. In: Davis E E, Mottl M J, Fisher A T, *et al*.(eds.). Proceedings of the Ocean Drilling Program, Initial Reports, 139: 9-41.

de Ronde C E J, Massoth G J, Baker E T, *et al*.2003. Submarine hydrothermal venting related to volcanic arcs. Society of Economic Geologists Special Publication, 10: 91-110.

Dick H J B, Lin J, Schouten H. 2003. An ultraslow-spreading class of ocean ridge. Nature, 426: 405-412.

Divins D L. 2003. Total Sediment Thickness of the World's Oceans & Marginal Seas. NOAA National Geophysical Data Center, Boulder, CO. http://www. ngdc. noaa. gov/mgg/sedthick/sedthick. html.

Dover C L V, Humphris S E, Fornari D, *et al*.2001. Biogeography and ecological setting of Indian Ocean hydrothermal vents. Science, 294(5543): 818-823.

Edmonds H N, Michael P J, Baker E T, *et al*.2003. Discovery of abundant hydrothermal venting on the ultraslow-spreading Gakkel ridge in the Arctic Ocean. Nature, 421(6920): 252-256.

Elder J W. 1965. Physical processes in geothermal areas. American Geophysical Union, Geophysical Monograph Series, 8: 211-239.

Escartin J, Mevel C, Macleod C J, *et al*.2003. Constraints on deformation conditions and the origin of oceanic detachments: The Mid-Atlantic Ridge core complex at 15°45′ N. Geochemistry Geophysics Geosystems, 4(8): 1067.

Fouquet Y. 1997. Where are the large hydrothermal sulfide deposits in the ocean. Philosophical Transsactions of the Royal Society A: Mathematical, Physical and Engineering Sciences, 355: 427-441.

Francheteau J, Needham H D, Choukroune P, *et al*.1979. Massive deep-sea sulphide ore deposits discovered on the East Pacific Rise. Nature, 277(5697): 523-528.

Fujimoto H, Cannat M, Fujioka K, *et al*.1999. First submersible investigations of mid-ocean ridges in the Indian Ocean. InterRidge News, 8(1): 22-24.

Gamo T, Chiba H, Yamanaka T, *et al*.2001. Chemical characteristics of newly discovered black smoker fluids and associated hydrothermal plumes at the Rodriguez Triple Junction, Central Indian Ridge. Earth & Planetary Science Letters, 193(3-4): 371-379.

Georgen J E, Lin J, Dick H J B. 2001. Evidence from gravity anomalies for interactions of the Marion and Bouvet hotspots with the Southwest Indian Ridge: effects of transform offsets. Earth and Planetary Science Letters, 187: 283-300.

Gessner K, Kühn M, Rath V, *et al*.2009. Coupled process models as a tool for analysing hydrothermal systems. Surveys in Geophysics, 30(3): 133-162.

Glasby G P. 1998. The relation between earthquakes, faulting and submarine hydrothermal mineralization. Marine Georesources & Geotechnology, 16(2): 145-175.

Hannington M D, de Ronde C D J, Petersen S. 2005. Sea-floor tectonics and submarine hydrothermal systems. Economic Geology, 100th Anniversary: 111-141.

Hannington M, Jamieson J, Monecke T, *et al*.2010. Modern sea-floor massive sulfides and base metal resources: toward an estimate of global sea-floor massive sulfide potential. Society of Economic Geologists Special Publication, 15: 317-338.

Hannington M, Jamieson J, Monecke T, *et al*.2011. The abundance of seafloor massive sulfide deposits. Geology, 39(12): 1155-1158.

Harris D P. 1984. Mineral Resources Appraisal-Mineral Endowment, Resources and Potential Supply: Concepts, Methods and Cases. New York: Oxford University Press.

Harris J R, Wilkinson L, Grunsky E C. 2000. Effective use and interpretation of lithogeochemical data in regional mineral exploration programs: application of Geographic Information Systems(GIS)technology. Ore Geology Reviews, 16(3-4): 107-143.

Harris J R, Sanbornbarrie M, Panagapko D A, *et al.*2007. Gold prospectivity maps of the Red Lake greenstone belt: application of GIS technology. Canadian Journal of Earth Science, 43(7): 865-893.

Haymon R M, Kastner M. 1981. Hot spring deposits on the East Pacific Rise at 21° N: preliminary description of mineralogy and genesis. Earth and Planetary Science Letters, 53: 363-381.

Hekinian R, Francheteau J, Renard V, *et al.*1983. Intense hydrothermal activity at the axis of the east pacific rise near 13° N: Sumbersible witnesses the growth of sulfide chimney. Marine Geophysical Researches, 6(1): 1-14.

Herzig P M, Hannington M D. 1995. Polymetallic massive sulfide at the modern seafloor: a review. Ore Geology Review, 10: 95-115.

Herzig P M, Becker K P, Stoffers P, *et al.*1988. Hydrothermal silica chimney fields in the Galapagos Spreading Center at 86° W. Earth & Planetary Science Letters, 89(3-4): 261-272.

Herzig P M, Humphris S E, Miller D J, *et al.* 1998. Geochemistry and sulfur-isotopic composition of the TAG hydrothermal mound, MID-Atlantic Ridge, 26° N. proceedings of the Ocean Drilling Program, Scientific Results, 158: 47-70.

Hlitgord K D, Mudie J D. 1974. The galapagos spreading centre: A near-bottom geophysical survey. Geophysical Journal International, 38(3): 563-586.

Houlding B S, Renholme S. 1998. The use of soild modeling in the underground mine design. Computer Application in the Mineral Industry, 12: 67-89.

Huang P Y, Solomon S C. 1988. Centroid depths of mid-ocean ridge earthquakes: dependence on spreading rate. Journal of Geophysical Research Solid Earth, 93(B11): 13445-13477.

Humphris S E, Tivey M K. 2000. A synthesis of geological and geochemical investigations of the TAG hydrothermal field: Insights into fluid-flow and mixing processes in a hydrothermal system. Special Paper-Geological Society of America, 349: 213-236.

Huston D L, Wygralak A, Mernagh T, *et al.*2004. The Tanami region, northern Australia, a summary of its geology and mineralization. Australian Institute of Geoscientists Newsletter, 77: 1-9.

Ildefonse B, Blackman D K, John B E, *et al.*2007. International ocean drilling program expeditions 304/305 science party. Geology, 35(7): 623-626.

James R H, Rudnicki M D, Palmer M R. 1999. The alkali element and boron geochemistry of the Escanaba Trough sediment-hosted hydrothermal system. Earth and Planetary Science Letters, 171(1): 157-169.

Jenkins W J, Edmond J M, Corliss J B. 1978. Excess ^{3}He and ^{4}He in Galapagos submarine hydrothermal waters. Nature, 272: 156-158.

Kappel E S, Ryan W B F. 1986. Volcanic episodicity and a non-steady state rift valley along northeast Pacific Spreading Centers: Evidence from Sea MARC I. Journal of Geophysical Research, 91(B14): 13925-13940.

Kastner M, Martin J B. 1993. Fluid composition in subduction zones. Oceanus, 94, 36(4): 87-90.

Knott R, Fouquet Y, Honnorez Y, *et al*.1998. Petrology of hydrothermal mineralization: a vertical section through the TAG mound. Proceedings of the Ocean Drilling Program, Scientific Results, 139: 5-26.

Kreuzer O P, Etheridge M A, Guj P, *et al*.2008. Linking mineral deposit models to quantitative risk analysis and decision-making in exploration. Economic Geology, 103: 829-850.

Kuo B Y, Forsyth D W. 1988. Gravity anomalies of the ridge-transform system in the south Atlantic between 31° S and 34. 5° S: upwelling centers and variations in crustal thickness. Marine Geophysical Researches, 10: 205-232.

Lewis P. 1997. A review of GIS techniques for handling geoscience data within Australian geological surveys. Proceedings of Exploration, 8: 81-86.

Lin J, Purdy G M, Schouten H, *et al*.1990. Evidence from gravity data for focused magmatic accretion along the Mid-Atlantic Ridge. Nature, 344: 627-632.

Lonsdale P, Bischoff J L, Burns V M, *et al*.1980. A high-temperature hydrothermal deposit on the seabed at a Gulf of California spreading center. Earth and Planetary Science Letters, 49: 8-20.

Macdonald K C. 2001. Mid-ocean ridge tectonics, volcanism and geomorphology. Encyclopedia of Ocean Sciences, 1798-1813.

Macdonald K C, Becker K, Spiess F N, *et al*.1980. Hydrothermal heat flux of the "black smoker" vents on the East Pacific Rise. Earth & Planetary Science Letters, 48(1): 1-7.

Macdonald K C, Fox P J, Perram L J, *et al*.1988. A new view of the mid-ocean ridge from the behaviour of ridge-axis discontinuities. Nature, 335(6187): 217-225.

Maus S, Barckhausen U, Berkenbosch H, *et al*.2009. EMAG2: A2-arc min resolution earth magnetic anomaly grid compiled fromsatellite, airborne, and marine magnetic measurements. Geochemistry, Geophysics, Geosystems, 10(8): 4918.

McCuaig T C, Beresford S, Hronsky J. 2010. Translating the mineral systems approach into an effective exploration targeting system. Ore Geology Reviews, 38: 128-138.

McGregor B A, Harrison C G A, Lavelle J W, *et al*.1977. Magnetic anomaly patterns on Mid-Atlantic Ridge crest at 26° N. Journal of Geophysical Research, 82: 231-328.

McLellan J G, Oliver N H S, Schaubs P M. 2004. Fluid flow in exfensional environments; numerical modelling with an application to Hamersley iron ores. Journal of Structural Geology, 26(6): 1157-1171.

Muller M R, Minshull T A, White R S. 1985. Segmentation and melt supply at the Southwest Indian Ridge. Journal of the National Cancer Institute, 74(2): 267-273.

Muller R D, Sdrolias M, Gaina C, *et al*.2008. Age, spreading rates, and spreading asymmetry of the world's ocean crust. Geochemistry, Geophysics, Geosystems, 9(4): 1-42.

Munch U, Lalou C, Halbach P, *et al*.2001. Relict hydrothermal events along the super-slow Southwest Indian spreading ridge mineralogy, chemistry and chronology of sulfide samples. Chemical Geology, 177(3-4): 341-349.

Nath B N. 2007. Hydrothermal Minerals. Geology and Geophysical, Lecture notes, 78-83.

Ohmoto H. 1996. Formation of volcanogenic massive sulfide deposits: the Kuroko perspective. Ore Geology

Reviews, 10: 135-177.

Ren M Y, Chen J P, Shao K, *et al.*2016a. Quantitative prediction process and evaluation methodof seafloor polymetallic sulfide resources. Geoscience Frontiers, 7: 245-252.

Ren M Y, Chen J P, Shao K, *et al.*2016b. Metallogenic information extraction and quantitative prediction process of seafloor massive sulfide resources in the Southwest Indian Ocean. Ore Geology Reviews, 76C: 108-121.

Renard V, Hekinian R, Francheteau J, *et al.*1985. Submersible observations at the axis of the ultra-fast-spreading East Pacific Rise(17° 30′ to 21° 30′ S). Earth & Planetary Science Letters, 75(4): 339-353.

Revelle R, Maxwell A E, Bullard E C. 1952. Heat flow through the floor of the Eastern North Pacific Ocean. Nature, 170: 199-200.

Rona P A. 1988. Hgdrothermal mineralization at oceanic ridges. Canadian Mineralogist, 26: 431-465.

Rona P A, Scott S D. 1993. A special issue on sea-floor hydrothermal mineralization: new perspectives. Economic Geology , 88(8): 1935-1975.

Rona P A, Klinkhammer G, Nelsen T A, *et al.*1986. Black smokers, massive sulphides and vent biota at the Mid Atlantic Ridge. Nature, 321: 33-37.

Rona P A, Bogdanov Y A, Gurvich E G, *et al.*1993a. Relict hydrothermal zones in the TAG Hydrothermal Field, Mid-Atlantic Ridge 26° N, 45° W. Journal of Geophysical Research Solid Earth, 98(B6): 9715-9730.

Rona P A, Hannington M D, Raman C V, *et al.*1993b. Active and relict sea-floor hydrothermal mineralization at the TAG hydrothermal field, Mid-Atlantic Ridge. Economic Geology, 88(8): 1989-2017.

Scott R B, Rona P A, Mcgregor B A, *et al.*1974. The TAG hydrothermal field. Nature, 251(5473): 301-302.

Simon W H. 1994. 3D Geoscience modeling: computer techniques for geological characterization. Springer Verla, 26(3): 283-297.

Sinton J M, Detrick R S. 1992. Mid-Ocean ridge magma chambers. Journal of Geophysical Research Atmospheres, 97(B1): 197-216.

Slicker L B. 1960. The need for a new philosophy of prospecting. Mining Engineering, 12(6): 570-576.

SpiessF N, Macdonald K C, Atwater T, *et al.*1980. East pacific rise: hot springs and geophysical experiments. Science, 207(4438): 1421-1433.

Tao C H, Lin J, Guo S Q, *et al.*2011. First active hydrothermal vents on an ultraslow-spreading center: Southwest Indian Ridge. Geology, 40(1): 47-50.

Thompson G, Humphris S E, Schroeder B, *et al.*1988. Active vents and massive sulfides at 26° N(TAG)and 23° N (Snakepit)on the Mid-Atlantic Ridge. The Canadian Mineralogist, 26: 697-711.

Thorleifson H, Berg R C, Russell H A J. 2010. Geological mapping goes 3-D in response to societal needs. GSA Today, 20(8): 27-29.

Tivey M A, Dyment J. 2010. The magnetic signature of hydrothermal systems in slow spreading environments. Washington Dc American Geophysical Union Geophysical Monograph, 188: 43-66.

Trautwein C M, Pearson R C, Elliott J E. 1988. GIS Applications To Conterminous United States Mineral Assessment Program Investigations. Abstracts of GIS Symposium on Integrating Technology and Geoscience

Applications, 20-21.

Tunnicliffe V, Botros M, Burgh M E D, *et al.*1986. Hydrothermal vents of explorer ridge, northeast pacific. Deep Sea Research Part A Oceanographic Research Papers, 33(3): 401-412.

Whitmeyer S J, Nicoletti J, DePaor D G. 2010. The digital revolution in geologic mapping. GSA Today, 20(4-5): 4-10.

William S D, Wilcock J R. 1996. Mid-ocean ridge sulfide deposits: evidence for heat extraction from magma chambers or cracking fronts? Earth and Planetary Science Letters, 145: 49-64.

Wooldridge A L, Haggerty S E, Rona P A, *et al.*1990. Magnetic properties and opaque mineralogy of rocks from selected seafloor hydrothermal sites at oceanic ridges. Journal of Geophysical Research, 95: 12351-12374.

Wright I C, de Ronde C E J, Faure K, *et al.*1998. Discovery of hydrothermal sulfide mineralization from southern Kermadec arc volcanoes(SW Pacific). Earth & Planetary Science Letters, 164(1-2): 335-343.

Wyborn L, Gallagher R. 1995. Using GIS for mineral evaluation in areas with few known mineral occurrences. Second National forum on GIS in the Geosciences, (29-31): 199-211.

Zervas C, Lin J, Rona P. 1990. Asymmmetric V-shaped gravity stripes at the Mid-Atlantic Ridge 26° N. ESO, American Geophysical Union Transactions, 71: 1572.

Zhao M H, Qiu X L, Li J B, *et al.*2013. Three-dimensional seismic structure of the Dragon Flag oceanic core complex at the ultraslow spreading Southwest Indian Ridge(49°39′E). Geochemistry Geophysics Geosystems, 14(10): 4544-4563.

Zhao P D. 1992. Theories, principles, and methods for the statistical prediction of mineral deposits. Mathematical Geology, 24(6): 589-595.

Zhu J, Lin J, Chen Y J, *et al.*2010. A reduced crustal magnetization zone near the first observed active hydrothermal vent field on the Southwest Indian Ridge. Geophysical Research Letters, 37(18): 389-390.

Zierenberg R A, Fouquet Y, Miller D J, *et al.*1996. The roots of seafloor sulphide deposits: preliminary results from ODP Leg 169 drilling in Middle Valley and Escanaba Trough. American Geophysical Union Transactions, 77: 765.

Zierenberg R A, Fouquet Y, Miller D J, *et al.*1998. The deep structure of a sea-floor hydrothermal deposit. Nature, 392: 485-488.